不确定原理引论

唐素芳　钮鹏程　郭千桥　著

西北工業大學出版社

【内容简介】 本书是作者对近年来关于不确定原理方向已有研究成果的总结，其内容既吸收了国外数学家关于这个领域的经典论述和最新研究进展，也包括了作者在此方向取得的一些研究成果．为方便读者阅读，在撰写过程中尽量做到详尽，特别是对已有的来自国外文献的阐述做了较多补充，有些内容甚至改写或重写，以使得本书更加完备．本书分为8章，包含欧氏空间、Heisenberg群、二步幂零Lie群、非紧秩1对称空间、调和*NA*群、半单Lie群、复空间以及Schwartz空间上的不同形式的不确定原理．本书内容力图由浅入深，为对分析数学有兴趣的读者提供一本合适的参考书．

本书可供大学数学系学生、研究生、教师和有关的科学工作者参考．

图书在版编目(CIP)数据

不确定原理引论/唐素芳，钮鹏程，郭千桥著．—西安：西北工业大学出版社，2011.11

ISBN 978-7-5612-3227-9

Ⅰ.①不… Ⅱ.①唐… ②钮… ③郭… Ⅲ.①不确定系统 Ⅳ.①N94

中国版本图书馆CIP数据核字(2011)第228739号

出版发行：西北工业大学出版社

通信地址：西安市友谊西路127号　　邮编：710072

电　　话：(029)88493844　88491757

网　　址：www.nwpup.com

印 刷 者：陕西兴平报社印刷厂

开　　本：850 mm×1 168 mm　1/32

印　　张：6.75

字　　数：172千字

版　　次：2011年11月第1版　2011年11月第1次印刷

定　　价：25.00元

前　言

不确定原理来源于多个学科领域. 在量子力学领域，不确定原理阐述了规范的共轭对(例如位移和动量)在任何量子状态下不能同时确定. 该原理最早出现在 Heisenberg 的论文中，并得到广泛的传播.

不确定原理在经典物理学中也有重要的解释. 例如，若用 $f(t)$ 表示在时间 t 处的信号(可以是声波，也可以是光波)，则 Fourier 变换 $\hat{f}$ 将告诉人们如何从不同频率的正弦波得到 f. 不确定原理表明了信号是能够同时被时间和频带限制的极限. 这是 N. Wiener 于 1925 年指出的，后来发表在 Gabor 的基础性著作中，使得不确定原理成为信号分析的基础之一，并渗透到其他领域.

从数学上来看，人们感兴趣的是函数与其 Fourier 变换究竟有怎样的衰减，才会使这个函数等于 0. 1933 年，Hardy 发表了刻画实直线上可积函数与其 Fourier 变换之间关系的一个重要结果(现在通常将其称为 Hardy 定理)，并指出了非零函数与它的 Fourier 变换不能同时精确地局部化，即它们不能同时在无穷远处速降(现在常称之为不确定原理).

之后，Hardy 定理受到数学界的广泛关注并得到各种推广，其形式主要有 Cowling - Price 定理(实直线上的 L^p-L^q 形式的 Hardy 定理)，Morgan 定理(实直线上的 $p-q$ 形式的 Hardy 定理)以及 Beurling 定理(可包括前述这些定理). Hardy 不确定原理在数个不同方向上得到进一步发展，如推广到齐型空间上、半单 Lie 群上或叙述成相空间上时间-频率分布的衰减. 别的方向包括 Hardy 不确定原理的变形的研究，关于 Hermite 展开和相关算子的特征值的衰减的叙述. 这些推广的证明几乎都是归结为 Hardy 型不确定原理[1]或 Beurling 型不确定原理[2]的最初形式.

Thangavelu 在其相关著作中介绍了欧氏空间、Heisenberg 群及非紧秩 1 对称空间上调和分析的基础知识，包括 Fourier 变换和酉表示，论述了这三类空间上的 Hardy 不确定原理. Hardy 不确定原理涉及 Fourier 变换，而在代数、分析、几何中有重要作用的幂零 Lie 群、半单 Lie 群中的酉表示或群 Fourier 变换可看做是欧氏空间中 Fourier 变换的对应物，这使得在比欧氏空间更为广泛的非交换 Lie 群中研究 Hardy 不确定原理变得自然. 本书就是在这样的背景下试图把经典理论、作者学习的体会及取得的一些研究成果进行较为系统的整理和总结，以便于相关数学工作者较为便利地进入该研究领域.

本书内容只包括作者近几年了解和涉及的知识. 从理论或应用上看，不确定原理的范围实际上非常广泛，有兴趣的读者可参考 V. Havin 和 B. Jöricke 著的 *The uncertainty principle in harmonic analysis*. 正因如此，本书定名为《不确定原理引论》. 不确定原理研究中尚有许多未解决的问题，欲在此领域开展研究工作的读者可在 Thangavelu 的著作 *An Introduction to the Uncertainty Principle* 中找到许多问题.

我们的导师罗学波教授从 1984 年开始与他指导的博士生以幂零 Lie 群上的酉表示作为工具研究不变微分算子的亚椭圆性、可解性和谱性质. 我们利用酉表示在 Hardy 不确定原理方面进行研究也可看做是罗学波教授开创的本方向研究的延续.

2009 年 3 月 28 日至 4 月 1 日，我们受刘和平教授邀请前往北京大学参加“非交换调和分析学术研讨会”，与彭立中教授、刘和平教授及国内调和分析方向的众多专家进行了有益的交流. 这对本书的撰写和完成有极大的帮助. 在此谨向他们表示衷心的感谢.

本书由 8 章组成. 第 1～2 章介绍欧氏空间和 Heisenberg 群上

的不确定原理，其中欧氏空间情形主要取材于参考文献[1][2][5]和[6]，Heisenberg 群情形主要取材于参考文献[6]和[7].

第 3 章是关于二步幂零 Lie 群上的不确定原理，主要取材于参考文献[8]及我们自己的研究结果[9].

第 4 章是关于非紧秩 1 对称空间上的不确定原理，主要取材于参考文献[5]及我们自己的研究结果.

第 5 章讨论调和 *NA* 群上的不确定原理，主要取材于我们自己的研究结果[10-11].

第 6 章讨论半单 Lie 群上的不确定原理，主要取材于我们自己的研究结果[12-14].

第 7 章研究复空间上的不确定原理，关于复平面的情形主要取材于参考文献[15]，关于一般复空间的情形则是我们自己的研究结果[16].

第 8 章是关于 Schwartz 函数的短时 Fourier 变换及 Hardy 形式的不确定原理，主要取材于参考文献[17]及我们自己的研究结果[16].

全书的材料有多处取材于已有文献，但在整理过程中有些结果的证明重写了，有些内容进行了补充. 为方便读者，本书内容尽量写得详细和完备，以使读者只需实变函数、复变函数和泛函分析初步知识即可阅读. 本书是由唐素芳(西安财经学院)、钮鹏程(西北工业大学)和郭千桥(西北工业大学)合作完成的。陕西师范大学魏广生教授、西北工业大学丁晓庆教授、张胜贵教授审阅了书稿，提出了许多建设性的意见和建议. 在此谨向他们表示衷心的感谢.

由于学识浅薄，不足之处在所难免，欢迎读者和专家指正.

著 者

目　录

第 1 章　欧氏空间上的不确定原理

本章分 2 节，第 1 节为建立实直线上的不确定原理；第 2 节为建立欧氏空间 $\mathbf{R}^n$ 上的不确定原理.

1.1　实直线上的不确定原理

本节给了出实直线上的不确定原理(包括 Hardy 不确定原理、Cowling-Price 不确定原理、Morgan 不确定原理以及 Beurling 不确定原理). 首先，我们给出几个要用到的概念和引理.

定义 1.1.1　(1) 令 f 是定义在实直线 $\mathbf{R}$ 上的函数，它的 Fourier 变换定义为

$$\hat{f}(y)=\int_{\mathbf{R}} f(x)\mathrm{e}^{-\mathrm{i}x\cdot y}\mathrm{d}x$$

Fourier 逆变换定义为

$$f(x)=(2\pi)^{-1}\int_{\mathbf{R}}\hat{f}(y)\mathrm{e}^{\mathrm{i}x\cdot y}\mathrm{d}y$$

(2) 由等式 $H_n(x)=(-1)^n\left(\frac{\mathrm{d}^k}{\mathrm{d}t^k}\{\mathrm{e}^{-t^2}\}\mathrm{e}^{t^2}\right)$ 给出的 $H_n(x)$ 称为 Hermite 多项式，且称

$$\phi_n(x)=\mathrm{e}^{-\frac{1}{2}x^2}H_n(x)=\mathrm{e}^{\frac{1}{2}x^2}\left(\frac{\mathrm{d}}{\mathrm{d}x}\right)^n\mathrm{e}^{-x^2}$$

为 Hermite 函数. 注意到 $\phi_n(x)$ 的 Fourier 变换为 $(-\mathrm{i})^n\phi_n(x)$.

引理 1.1.2(Phragmén-Lindelöf 定理)[19]　设 $f(z)$ 为 $z=r\mathrm{e}^{\mathrm{i}\theta}$ 的解析函数，它位于在原点处相交成 π/α 角的两条直线间的区域 D 中，且在这两条直线上都正则(即可导). 假定

（ⅰ）在这些直线上，$|f(z)|\leqslant M$；

（ⅱ）当 $r\to\infty$ 时，在角状区域 D 中一致地有 $f(z)=O(\mathrm{e}^{r^\beta})$，$\beta<\alpha$，则 $|f(z)|\leqslant M$ 在整个区域 D 中都成立.

证明：不失一般性，我们可以假设这两条直线就是 $\theta=\pm\pi/(2\alpha)$. 令

$$F(z)=\mathrm{e}^{-\varepsilon z^\gamma}f(z)$$

其中 $\beta<\gamma<\alpha$，$\varepsilon>0$，则有

$$|F(z)|=\mathrm{e}^{-\varepsilon r^\gamma\cos(\gamma\theta)}|f(z)|$$

因为 $\gamma<\alpha$，故在直线 $\theta=\pm\pi/(2\alpha)$ 上 $\cos(\gamma\theta)>0$. 所以在这两直线上

$$|F(z)|\leqslant|f(z)|\leqslant M$$

又在圆 $|z|=R$ 的弧段 $|\theta|\leqslant\pi/(2\alpha)$ 上

$$|F(z)|=\mathrm{e}^{-\varepsilon R^\gamma\cos(\frac{1}{2}\gamma\pi/\alpha)}|f(z)|<C\mathrm{e}^{R^\beta-\varepsilon R^\gamma\cos(\frac{1}{2}\gamma\pi/\alpha)}$$

右端随 $R\to\infty$ 而趋于 0，故当 R 充分大时，在这弧段上也有 $|F(z)|\leqslant M$. 因此由解析函数的最大模定理可知，$|F(z)|\leqslant M$ 在区域 $|\theta|\leqslant\pi/(2\alpha)$，$r\leqslant R$ 的整个内部都成立；又因 R 任意大，所以它在区域 D 中都成立. 故在 D 中有 $|f(z)|\leqslant M\mathrm{e}^{\varepsilon r^\gamma}$. 再令 $\varepsilon\to 0$，就得到引理 1.1.2.

引理 1.1.3[1,4] 若 $f(z)$ 是可积函数，满足下面两个条件：

（ⅰ）$f(z)=O(|z|^s\mathrm{e}^{a|z|})$，对 $s>0$，$a>0$，$|z|$ 足够大；

（ⅱ）$f(x)=O(x^s\mathrm{e}^{-ax})$，对足够大的正的 x.

则 $f(z)=\mathrm{e}^{-az}P(z)$，其中 P 是 s 阶的多项式.

证明：首先假设 f 是偶函数. 对任意的 α，使得 $0<\alpha<\pi$，定义

$$w(z,\alpha)=w(r,\theta,\alpha)=\exp\left[aiz\frac{\mathrm{e}^{-\mathrm{i}\alpha/2}}{\sin(\alpha/2)}\right]$$

其中 $z=r\mathrm{e}^{\mathrm{i}\theta}\in G_\alpha=\{r\mathrm{e}^{\mathrm{i}\theta}\mid r>0,0<\theta<\alpha\}$. 那么，

(a) $|w(r,0,\alpha)|=\left|\exp\left[air\frac{\mathrm{e}^{-\mathrm{i}\alpha/2}}{\sin(\alpha/2)}\right]\right|=$

$$\left|\exp\left[air\frac{\cos(-\alpha/2)+\mathrm{i}\sin(-\alpha/2)}{\sin(\alpha/2)}\right]\right|=$$

$$|\exp[ar(1+\mathrm{i}\cot(\alpha/2))]|$$

(b) $|w(r,\alpha,\alpha)|=\left|\exp\left[aire^{\mathrm{i}\alpha}\frac{e^{-\mathrm{i}\alpha/2}}{\sin(\alpha/2)}\right]\right|=$

$$\left|\exp\left[air\frac{e^{\mathrm{i}\alpha/2}}{\sin(\alpha/2)}\right]\right|=e^{-ar}$$

(c) $\lim_{\alpha\to\pi}w(z,\alpha)=e^{az}$

然后，考虑函数 $F(z)=w(z,\alpha)f(z)/(\mathrm{i}+z)^s$，$z=re^{\mathrm{i}\theta}\in G_\alpha$. F 在这个开区域内解析，在闭区域内连续. 对 $\theta=0$，利用(a) 和(ⅱ)，有

$$|F(x)|=\frac{|w(x,0,\alpha)||f(x)|}{|\mathrm{i}+x|^s}\leqslant C$$

且在 $\{z=re^{\mathrm{i}\alpha}\mid r>0\}$ 上，利用(b) 和(ⅰ)，有

$$|F(re^{\mathrm{i}\alpha})|\leqslant C\left(\frac{(1+r)}{|\mathrm{i}+re^{\mathrm{i}\alpha}|}\right)^s\leqslant C$$

其中常数不依赖 α. 利用引理 1.1.2，对 $z\in G_\alpha$，有 $|F(z)|\leqslant C$. 令 $\alpha\to\pi$，对上半平面上任意的 z，得到

$$\left|\frac{f(z)e^{az}}{(\mathrm{i}+z)^s}\right|\leqslant C$$

类似地，对下半平面上任意的 z，得到

$$\left|\frac{f(z)e^{az}}{(z-\mathrm{i})^s}\right|\leqslant C$$

由上面的两个式子以及 $f(z)e^{az}$ 是阶数不超过 s 的多项式 $P(z)$ 可知，对任意的 $z\in\mathbf{C}$，有

$$|f(z)e^{az}|\leqslant C(1+|z|)^s$$

因此

$$f(z)=Ce^{-az}P(z)$$

如果 f 是奇函数，那么 $g(z)=f(z)/z$ 是偶整函数. 仿照上面过程可知，存在多项式 P，使得 $f(z)=Ce^{-az}zP(z)$. 最后，通过把

f 分解为奇部和偶部：

$$f(z)=\frac{f(z)+f(-z)}{2}+\frac{f(z)-f(-z)}{2}=f_{\text{even}}(z)+f_{\text{odd}}(z)$$

即知引理的结论也成立.

实直线 $\mathbf{R}$ 上的 Hardy 不确定原理阐述为：

定理 1.1.4[1,4] 如果 f 与 $\hat{f}$ 都等于 $O(|x|^m e^{-\frac{1}{2}x^2})$，其中 $|x|$ 足够大，m 是正整数，那么 f 与 $\hat{f}$ 都为有限个 Hermite 函数的线性组合. 特别地，若 f 与 $\hat{f}$ 都等于 $O(e^{-\frac{1}{2}x^2})$，则 $f=\hat{f}=Ce^{-\frac{1}{2}x^2}$，其中 C 是大于零的常数；若 f 和 $\hat{f}$ 都等于 $o(e^{-\frac{1}{2}x^2})$，则 $f=\hat{f}=0$.

证明：对 $z=x+\mathrm{i}y\in\mathbf{C}$，$\hat{f}(z)$ 定义为

$$\hat{f}(z)=\int_{\mathbf{R}}f(x)e^{-\mathrm{i}x\cdot z}\mathrm{d}x$$

则

$$|\hat{f}(z)|\leqslant C\int_{\mathbf{R}}|f(x)||e^{-\mathrm{i}x\cdot z}|\mathrm{d}x\leqslant C\int_{\mathbf{R}}|x|^m e^{-\frac{1}{2}x^2}e^{x\cdot y}\mathrm{d}x=$$

$$Ce^{\frac{1}{2}y^2}\int_{\mathbf{R}}|x|^m e^{-\frac{1}{2}(x-y)^2}\mathrm{d}x\leqslant C|y|^m e^{\frac{1}{2}y^2}\qquad(1.1.1)$$

从式(1.1.1) 可知 $\hat{f}(z)$ 是一个整函数.

首先假设 f 与 $\hat{f}$ 都是偶函数，此时 m 为偶数，则可以令 $\hat{f}(z)=F(z^2)$，其中 F 是整函数. 从式(1.1.1) 和定理的条件(即 $|F(x)|\leqslant Cz^{m/2}e^{-|x|/2}$) 可知 F 满足引理 1.1.3 的两个条件(其中取 $s=m/2, a=1/2$)，从而推出 $F(z)=CP(z)e^{-z/2}$，其中 P 是 $m/2$ 阶的多项式. 因此得到 $\hat{f}(x)$ 等于有限个 Hermite 函数的线性组合(这里的 Hermite 函数具有偶数阶).

下面假设 f 与 $\hat{f}$ 都是奇函数，则 $g: z\to z^{-1}\hat{f}(z)$ 是偶函数. 再令 $g(z)=G(z^2)$，则从式(1.1.1) 和定理的条件可知

$$G(z)\leqslant C|y|^{(m-1)/2}e^{|y|/2}$$

$$|G(x)|\leqslant Cx^{(m-1)/2}e^{-|x|/2}$$

因此推出 G 满足引理 1.1.3 的两个条件(其中取 $s=(m-1)/2$)，

从而推出 $G(z)=CP_1(z)e^{-z/2}$，其中 P_1 是 $(m-1)/2$ 阶的多项式，进一步可以得到 $\hat{f}(z)=CQ(z)e^{-z^2/2}$，其中 Q 是 m 阶的多项式．从而 $\hat{f}(x)$ 等于有限个 Hermite 函数的线性组合（这里的 Hermite 函数具有奇数阶）.

对于一般的情况，我们可以令

$$f(z)=f_{\text{even}}(z)+f_{\text{odd}}(z)$$

其中 $f_{\text{even}}(z)$ 和 $f_{\text{odd}}(z)$ 分别是 f 的奇部和偶部．从上面两种情形的推导过程可知 $f_{\text{even}}(z)$ 和 $f_{\text{odd}}(z)$ 都满足定理的条件和结论，从而可知对一般的 f，引理 1.1.3 都成立.

若 f 和 $\hat{f}$ 都等于 $o(e^{-\frac{1}{2}x^2})$．我们不妨设 $f(x)=O(e^{-ax^2})$，其中 $a>1/2$．则从式(1.1.1)可知

$$\hat{f}(y)=O(e^{-y^2/(4a)})$$

由于 $1/(4a)<1/2$，因此 $e^{-y^2/(4a)}>e^{-\frac{1}{2}x^2}$，所以上式与 $\hat{f}$ 等于 $o(e^{-\frac{1}{2}x^2})$ 的条件矛盾，即可得到 $f=\hat{f}=0$．证毕.

定理 1.1.4 还可以进一步按照下面的形式阐述.

定理 1.1.5[20-21]　如果 f 是定义在实直线 $\mathbf{R}$ 上的函数，使得不等式

$$|f(x)|\leqslant Ce^{-ax^2} \quad 与 \quad |\hat{f}(y)|\leqslant Ce^{-by^2}$$

成立，其中 C,a,b 是大于零的常数，那么有

（ⅰ）当 $ab=1/4$ 时，$f(x)=Ce^{-ax^2}$；

（ⅱ）当 $ab>1/4$ 时，$f(x)=0$；

（ⅲ）当 $ab<1/4$ 时，存在无限多个线性无关的函数，满足上面两个不等式.

证明：利用伸缩来证明.

（ⅰ）令 $\rho=(b/a)^{1/4}$，$f_\rho(x)=f(\rho x)$，及 $\hat{f}_\rho(y)=\hat{f}(y/\rho)$．则有

$$|f_\rho(x)|\leqslant C\exp\left(-a\frac{b^{1/2}}{(a^{1/2})}x^2\right)\leqslant Ce^{-x^2/2}$$

$$|\hat{f}_\rho(y)| \leqslant C\exp\left(-b\frac{a^{1/2}}{(b^{1/2})}y^2\right) \leqslant Ce^{-y^2/2}$$

因此从定理 1.1.4 可知 $f_\rho(x)=Ce^{-x^2/2}$，从而利用 $ab=1/4$，有

$$f(x)=C\exp\left(-\frac{1}{2\rho^2}x^2\right)=C\exp\left(-(ab)^{1/2}\left(\frac{a}{b}\right)^{1/2}x^2\right)=Ce^{-ax^2}$$

（ⅱ）若 $ab>1/4$，则根据定理 1.1.4 的推导过程可知 $f_\rho(x)=0$，故有 $f(x)=0$.

（ⅲ）若 $ab<1/4$，则根据定理 1.1.4 的推导过程可知，$f_\rho(x)$ 可以表示为任意多个 Hermite 函数的线性组合，再通过适当的伸缩得到结论. 证毕.

定理 1.1.5 表明非零函数和它的 Fourier 变换不能同时精确地局部化（这里"精确地局部化"理解为在无穷远处速降）. 之后，Hardy 不确定原理的研究引起了国际数学界广泛的关注并取得了巨大的进展.

1983 年，Cowling 和 Price 证得了"L^p-L^q"形式的不确定原理[18]. 它阐述为：

定理 1.1.6（Cowling－Price 定理）[2]　令 $e_a(x)=e^{ax^2}$，若 f 满足下面两个不等式

$$\|e_a f\|_{L^p}<\infty \quad 与 \quad \|e_a\hat{f}\|_{L^q}<\infty$$

其中 $\min(p,q)<\infty$，那么：

（ⅰ）当 $ab\geqslant\dfrac{1}{4}$ 时，$f(x)=0$；

（ⅱ）当 $ab<\dfrac{1}{4}$ 时，存在无限多个线性无关的函数，满足上面两个不等式.

当 $ab>\dfrac{1}{4}$ 时，定理 1.1.5 能推出定理 1.1.6[6]. 当不考虑 $ab=\dfrac{1}{4}$ 的情况时，显然 Cowling-Price 不确定原理能推出 Hardy

不确定原理.

随后，一些学者相继证得了不同形式的不确定原理. 参考文献[4] 推广了 Hardy 不确定原理,以下列形式描述。

定理 1.1.7(Morgan 定理)　令 $f:\mathbf{R}\to\mathbf{C}$ 是可测的,且对所有的 x,y 满足:

$$|f(x)|\leqslant Ce^{-a\pi|x|^p}\quad 与\quad |\hat{f}(y)|\leqslant Ce^{-(A(a)+\varepsilon)\pi|y|^q}$$

其中 $p>2,p^{-1}+q^{-1}=1,a,\varepsilon>0$ 且 $A(a)=2^q/[\sin\alpha(q(pa)^{q-1})]$, $\alpha=\pi(q-1)/2$. 那么 $f=0$ a.e. 成立.

定理 1.1.6 与 1.1.7 可由下面的 Beurling 定理(定理 1.1.8)推出，下面先叙述 Hörmander 的证明过程。

定理 1.1.8(Beurling 定理)[2]　若 $f\in L^1(\mathbf{R})$ 满足 $\int_{\mathbf{R}}\int_{\mathbf{R}}|f(x)\|\hat{f}(y)|e^{|xy|}dxdy<\infty$，则 $f=0$ 几乎处处成立.

证明：令

$$\hat{M}(y)=\int_{-\infty}^{\infty}|f(x)|e^{|xy|}dx \text{ 和 } M(x)=\int_{-\infty}^{\infty}|\hat{f}(y)|e^{|xy|}dy$$

则 $\hat{M}(y)$ 和 $M(x)$ 分别是 $|y|$ 和 $|x|$ 的增函数，且

$$\int_{-\infty}^{\infty}|\hat{f}(y)|\hat{M}(y)dy=\int_{-\infty}^{\infty}|f(x)|M(x)dx=$$

$$\int_{\mathbf{R}}\int_{\mathbf{R}}|f(x)\|\hat{f}(y)|e^{|xy|}dxdy<\infty \tag{1.1.2}$$

若 f 有紧支集且 $f\neq 0$,则 $\hat{M}$ 按照指数增长. 因此,在包含实轴的带型区域中，f 是解析的，从而推出 f 一定为零. 若 $\hat{f}$ 有紧支集,则可以作类似的讨论.

若 f 和 $\hat{f}$ 都没有紧支集，则 M 和 $\hat{M}$ 比任何指数函数增长得还要快. 由 Fourier 逆变换可知，f 和 $\hat{f}$ 都是整函数，且

$$|f(z)|\leqslant\int_{-\infty}^{\infty}|\hat{f}(y)\|e^{izy}|dy=$$

$$\int_{-\infty}^{\infty}|\hat{f}(y)|e^{-\mathrm{Im}\,z\cdot y}dy\leqslant M(-\mathrm{Im}z) \tag{1.1.3}$$

$$|\hat{f}(z)| \leqslant \int_{-\infty}^{\infty} |f(x)\| e^{-iz\cdot x}| dx =$$

$$\int_{-\infty}^{\infty} |f(x)| e^{\operatorname{Im} z\cdot x} dx \leqslant \hat{M}(\operatorname{Im} z),\ z \in \mathbf{C}$$

令

$$F(z)=\int_0^z f(z) f(\mathrm{i}z) dz \qquad (1.1.4)$$

由于

$$\int_{-\infty}^{\infty} |f(x)\| f(\pm \mathrm{i}x)| dx \leqslant \int_{-\infty}^{\infty} |f(x)| M(x) dx < \infty$$

因此，整函数 F 在实轴和虚轴上都是有界的，则

$$\lim_{|x|\to\infty} M(x) e^{-cx^2/2}=0$$

对任意的 $c>0$，则从引理 1.1.2 可知 f 是一个有界函数，因而推出 $f=0$. 若 $f\neq 0$，则可以找到常数 $c>0$ 和 $\hat{c}>0$ 使得

$$M(x)>e^{cx^2/2},\ \hat{M}(y)>e^{\hat{c}y^2/2}，当 x,y 足够大时$$

由于

$$f(z)=(2\pi)^{-1}\int_{-\infty}^{\infty} \hat{f}(y) e^{\mathrm{i}zy} dy$$

因此推出

$$|f(z)| \leqslant (2\pi)^{-1}\int_{\mathbf{R}} |\hat{f}(y)| \hat{M}(y) e^{|y\|\operatorname{Im} z|-\hat{c}y^2/2} dy \leqslant$$

$$(2\pi)^{-1} \sup_y e^{|y\|\operatorname{Im} z|-\hat{c}y^2/2} \int_{\mathbf{R}}\int_{\mathbf{R}} |f(x)|$$

$$|\hat{f}(y)| e^{|xy|} dx dy \leqslant K \sup_y e^{|y\|\operatorname{Im} z|-\hat{c}y^2/2} \leqslant$$

$$K \sup_y \exp\left[-\frac{\hat{c}}{2}\left(|y|-\frac{|\operatorname{Im} z|}{\hat{c}}\right)^2+\frac{|\operatorname{Im} z|^2}{2\hat{c}}\right]=$$

$$K e^{|\operatorname{Im} z|^2/(2\hat{c})}$$

这表明 f 被指数函数控制，且指数是 2 阶的，或 $f\equiv 0$.

令 $z=re^{\mathrm{i}\alpha}$，其中 α 是实的，则从式(1.1.2) 和式(1.1.3) 得到

$$\int_0^{\infty} |f(r) f(re^{\mathrm{i}\alpha})| dr \leqslant \int_{-\infty}^{\infty} |f(r)| M(r) dr = K' < \infty$$

由于 f 的阶数 $\leqslant 2$,则从引理 1.1.2 推出

$$\int_0^\infty |f(re^{i\alpha/2})|^2 dr \leqslant K', \quad 0 < \alpha < \pi/2 \tag{1.1.5}$$

事实上,若 $\varphi \in C_0(\mathbf{R}^+)$, $|\varphi| \leqslant 1$, 则解析函数

$$z \mapsto z\int_0^\infty f(tz)\overline{f(e^{i\alpha}t\bar{z})}\varphi(t)dt$$

的绝对值在角域 $0 < \arg z < \alpha$ 的边界上是有界的，且可以被 K' 控制. 又由于这个解析函数是 2 阶的，所以同样的有界性在角域的内部也成立. 至此，当 $z = e^{i\alpha/2}$ 时,不等式(1.1.5) 就得证了.

令 $\alpha \to \pi/2$, 我们就得到

$$\int_0^\infty |f(re^{i\pi/4})|^2 dr \leqslant K'$$

同样,我们可以得到

$$\int_0^\infty |f(\pm re^{\pm i\pi/4})|^2 dr < \infty$$

因此，我们推出 $F(\pm re^{\pm i\pi/4})$ 是有界的，且引理 1.1.2 表明 F 是一个常数. 从而 $f(z)f(iz) = 0$, 这表明 $f = 0$. 证毕.

当 $ab > \frac{1}{4}$ 时,由定理 1.1.8 也能推出定理 1.1.6. 进一步，从定理 1.1.8, 还能得到强于定理 1.1.7 的两个结果,即:

定理 1.1.9(强 Morgan 定理)[2]　令 $f:\mathbf{R}\to\mathbf{C}$ 是可测的，且对所有的 x,y 满足下面的两个估计:

$$|f(x)| \leqslant Ce^{-a\pi|x|^p} \quad 与 \quad |\hat{f}(y)| \leqslant Ce^{-b\pi|y|^q}$$

其中 $p^{-1}+q^{-1}=1$. 若 $(ap)^{1/p}(bq)^{1/q} > 2$,.则 $f=0$ 几乎处处成立.

定理 1.1.10 (Gelfand-Shilov 定理)[2]　令 $f \in L^2(\mathbf{R})$ 是可测的函数，假设对正常数 α,β, 有下面两个不等式成立:

(1) $\int_{\mathbf{R}} |f(x)| e^{\frac{(\alpha|x|)^p}{p}} dx < \infty$;

(2) $\int_{\mathbf{R}} |\hat{f}(y)|^2 e^{\frac{(\beta|y|)^q}{q}} dy < \infty$.

其中，$1<p,q<\infty,1/p+1/q=1$. 那么当 $\alpha\beta>1$ 时，$f(x)=0$ 几乎处处成立.

下面简单地给出证明. 首先证明定理 1.1.6 可以从定理 1.1.8 推出. 令 f 满足定理 1.1.6 的条件. 则可以选取 $0<\alpha'<\alpha$ 及 $0<\beta'<\beta$ 使得 $\alpha'\beta'<\frac{1}{4}$. 这表明 $e_{\alpha'}f\in L^p(\mathbf{R})$ 及 $e_{\beta'}\hat{f}\in L^q(\mathbf{R})$. 选取 $\beta''<\beta'$ 使得 $\alpha'\beta''=\frac{1}{4}$，则有 $e_{\beta''}\tilde{f}\in L^q(\mathbf{R})$ 且

$$I:=\int_{\mathbf{R}}\int_{\mathbf{R}}|f(x)\|\hat{f}(y)|e^{|xy|}dxdy=$$

$$\int_{\mathbf{R}}\int_{\mathbf{R}}e_{\alpha'}(x)|f(x)|e_{\beta''}(\lambda)|\hat{f}(y)|e^{-\alpha'|x|^2}e^{-\beta''|y|^2}e^{|xy|}dxdy=$$

$$\int_{\mathbf{R}}\int_{\mathbf{R}}e_{\alpha'}(x)|f(x)|e_{\beta''}(y)|\hat{f}(y)|e^{-(\sqrt{\alpha'}|x|-\sqrt{\beta''}|y|)^2}dxdy=$$

$$\int_{\mathbf{R}}\int_{\mathbf{R}}e_{\alpha'}(x)|f(x)|e_{\beta''}(y)|\hat{f}(y)|dxdy<+\infty$$

这表明 f 与 $\hat{f}$ 满足定理 1.1.8 的条件. 所以 $f=0$ 几乎处处成立.

类似地，定理 1.1.10 可以从定理 1.1.8 推出，事实上，由于 $\alpha\beta|xy|\leqslant\frac{\alpha^p}{p}|x|^p+\frac{\beta^q}{q}|y|^q$ 及定理 1.1.10 的条件(1) 和(2)，我们得到

$$I=\int_{\mathbf{R}}\int_{\mathbf{R}}e^{\frac{(\alpha|x|)^p}{p}}|f(x)|e^{\frac{(\beta|y|)^q}{q}}|\hat{f}(y)|e^{-\frac{(\alpha|x|)^p}{p}}e^{-\frac{(\beta|y|)^q}{q}}e^{|xy|}dxdy\leqslant$$

$$\int_{\mathbf{R}}\int_{\mathbf{R}}e^{\frac{(\alpha|x|)^p}{p}}|f(x)|e^{\frac{(\beta|y|)^q}{q}}|\hat{f}(y)|e^{(\alpha\beta-1)|xy|}dxdy\leqslant$$

$$\left(\int_{\mathbf{R}}e^{\frac{(\alpha|x|)^p}{p}}|f(x)|dx\right)\cdot\left(\int_{\mathbf{R}}e^{\frac{(\beta|y|)^q}{q}}|\hat{f}(y)|dy\right)<+\infty$$

这表明 f 与 $\hat{f}$ 满足定理 1.1.8 的条件.

注意到用定理 1.1.10 容易推出定理 1.1.9，用定理 1.1.9 容易推出 Morgan 定理(定理 1.1.7)，这是因为

$$(ap)^{1/p}\{(A(a)+\varepsilon)q\}^{1/q}>2$$

1.2　欧氏空间 $\mathbf{R}^n$ 上的不确定原理

首先建立 $\mathbf{R}^n$ 上 Hardy 形式的不确定原理.

按照极坐标的形式，$f \in L^1(\mathbf{R}^n)$ 的欧氏 Fourier 变换定义为

$$\hat{f}(\lambda,\omega)=\int_{\mathbf{R}^n} f(x)\mathrm{e}^{-\mathrm{i}\lambda x\cdot\omega}\mathrm{d}x \tag{1.2.1}$$

其中 $\omega \in S^{n-1}$，$\lambda \geqslant 0$，令 $\mathscr{H}_m$ 是 S^{n-1} 上的 m 阶球调和空间(全体调和的 k 阶齐次多项式在单位球面 S^{n-1} 上的限制). 令

$$p_t(x)=(4\pi t^{-n/2})\mathrm{e}^{-|x|^2/(4t)}$$

是 $\mathbf{R}^n$ 上相应于 Laplace 算子的热核. 按照极坐标形式的 Fourier 变换式(1.2.1)，$\mathbf{R}^n$ 上 Hardy 形式的不确定原理如下.

定理 1.2.1[5]　如果 f 是定义在实直线 $\mathbf{R}^n$ 上的可测函数，满足估计

(ⅰ) $|f(x)| \leqslant Cp_s(x)$，$s>0$；

(ⅱ) 对任意一个非负整数 m 和 $S_m(\omega) \in \mathscr{H}_m$，假设

$$\left|\lambda^{-m}\int_{S^{n-1}}\hat{f}(\lambda,\omega)S_m(\omega)\mathrm{d}\omega\right| \leqslant C_m\mathrm{e}^{-t\lambda^2}$$

对所有的 $\lambda>0$ 及所有的常数 $C_m \geqslant 0$ 和 $t>0$. 那么，

(a) 当 $s<t$ 时，$f=0$ 几乎处处成立；

(b) 当 $s=t$ 时，$f(x)=cp_t(x)$；

(c) 当 $s>t$ 时，存在无限多个线性无关的函数满足(ⅰ)和(ⅱ).

为了证明定理 1.2.1，我们需要用到下面的复解析引理.

引理 1.2.2　令 f 是定义在复平面上的一个整函数，且对某个常数 $a>0$ 满足如下两个估计：

(ⅰ) $|f(z)| \leqslant C(1+|z|)^m\mathrm{e}^{a|\mathrm{Im}\,z|^2}$，对 $z \in \mathbf{C}$；

(ⅱ) $|f(x)| \leqslant C(1+|x|)^m\mathrm{e}^{-ax^2}$，对 $x \in \mathbf{R}$.

则 $f(z)=P(z)\mathrm{e}^{-az^2}$,其中 P 是阶数 $\leqslant m$ 的多项式.

证明[22]：证明过程与引理 1.1.3 的证明类似. 首先假设 f 是偶函数. 令 $\phi(z)=f(\sqrt{z})$, $z\in\mathbf{C}$,那么 φ 是整函数,且满足:

(a) $|\phi(z)|\leqslant C(1+|z|)^s\mathrm{e}^{a|z|}$,其中 $s=m/2$;

(b) $|\phi(x)|\leqslant C(1+|x|)^s\mathrm{e}^{-ax}$,其中 $x\geqslant 0$.

对任意的 α,使得 $0<\alpha<\pi$,定义

$$w(z,\alpha)=w(r,\theta,\alpha)=\exp\left[a\mathrm{i}z\frac{\mathrm{e}^{-\mathrm{i}\alpha/2}}{\sin(\alpha/2)}\right]$$

其中 $z=r\mathrm{e}^{\mathrm{i}\theta}\in G_\alpha=\{r\mathrm{e}^{\mathrm{i}\theta}\mid r>0, 0<\theta<\alpha\}$. 那么，作与引理 1.1.3 类似的推导得

(a′) $|w(r,0,\alpha)|=\mathrm{e}^{ar}$,

(b′) $|w(r,\alpha,\alpha)|=\mathrm{e}^{-ar}$,

(c′) $\lim\limits_{\alpha\to\pi}w(z,\alpha)=\mathrm{e}^{az}$.

然后,考虑函数 $F(z)=w(z,\alpha)\phi(z)/(\mathrm{i}+z)^s$, $z=r\mathrm{e}^{\mathrm{i}\theta}\in G_\alpha$. F 在这开区域解析,在闭区域连续. 对 $\theta=0$,利用(a′) 和(b),有

$$|F(x)|=\frac{|w(x,0,\alpha)||\phi(x)|}{|\mathrm{i}+x|^s}\leqslant C$$

且在 $\{z=r\mathrm{e}^{\mathrm{i}\alpha}\mid r>0\}$ 上,利用(b′) 和(a),有

$$|F(r\mathrm{e}^{\mathrm{i}\alpha})|\leqslant C\left(\frac{(1+r)}{|\mathrm{i}+r\mathrm{e}^{\mathrm{i}\alpha}|}\right)^s\leqslant C$$

其中常数不依赖 α. 利用引理 1.1.2,对 $z\in G_\alpha$,有 $|F(z)|\leqslant C$. 令 $\alpha\to\pi$, 对上半平面上任意的 z,得到

$$\left|\frac{\phi(z)\mathrm{e}^{az}}{(\mathrm{i}+z)^s}\right|\leqslant C$$

类似地,对下半平面上任意的 z,得到

$$\left|\frac{\phi(z)\mathrm{e}^{az}}{(z-\mathrm{i})^s}\right|\leqslant C$$

由上面的两个式子可知 $\phi(z)\mathrm{e}^{az}$ 是阶数不超过 s 的多项式 $Q(z)$,即对任意的 $z\in\mathbf{C}$,有

$$|\phi(z)e^{az}| \leqslant C(i+|z|)^s$$

因此

$$f(z)=Ce^{-az^2}Q(z^2)$$

其中 $Q(z^2)$ 是阶数不超过 m 的多项式.

如果 f 是奇函数,那么 $g(z)=f(z)/z$ 是偶整函数. 仿照上面,存在多项式 Q,使得

$$f(z)=Ce^{-az^2}zQ(z^2)$$

但是,根据条件(ⅱ),当 $zQ(z^2)$ 不是非零常数时,$f=0$. 最后,通过把 f 分解为奇部和偶部:$f(z)=f_{\mathrm{even}}(z)+f_{\mathrm{odd}}(z)$, 即可知引理的结论对一般的情况也成立.

定理 1.2.1 的证明: 考虑积分

$$\int_{S^{n-1}}\hat{f}(\lambda,\omega)S_m(\omega)d\omega =$$
$$\int_{\mathbf{R}^n}\left(\int_{S^{n-1}}e^{-i\lambda x\cdot\omega}S_m(\omega)d\omega\right)f(x)dx,\ S_m\in\mathscr{H}_m$$

令 $x=rx',x'\in S^{n-1}$. 利用下面的恒等式[5]

$$\int_{S^{n-1}}e^{-i\lambda rx'\cdot\omega}S_m(\omega)d\omega=C_{n,m}\frac{J_{n/2+m-1}(\lambda r)}{(\lambda r)^{n/2-1}}S_m(x') \tag{1.2.2}$$

其中 J_α 表示 α 阶 Bessel 函数, 它的 Poisson 表示式为

$$J_\alpha(t)=\frac{(t/2)^k}{\Gamma(\frac{2k+1}{2})\Gamma(\frac{1}{2})}\int_{-1}^{1}e^{its}(1-s^2)^{(2k-1)/2}ds$$

我们有

$$\int_{S^{n-1}}\hat{f}(\lambda,\omega)S_m(\omega)d\omega=C_{n,m}\int_{\mathbf{R}^n}f(x)\frac{J_{n/2+m-1}(\lambda r)}{(\lambda r)^{n/2-1}}S_m(x')dx=$$
$$C_{n,m}\int_0^\infty\int_{S^{n-1}}f(rx')\frac{J_{n/2+m-1}(\lambda r)}{(\lambda r)^{n/2+m-1}}(\lambda r)^m r^{n-1}S_m(x')dx'dr=$$
$$C_{n,m}\int_0^\infty f_m(r)\frac{J_{n/2+m-1}(\lambda r)}{(\lambda r)^{n/2+m-1}}(\lambda r)^m r^{n-1}dr \tag{1.2.3}$$

其中 $f_m(r)$ 定义为

$$f_m(r)=\int_{S^{n-1}} f(rx')S_m(x')\mathrm{d}x'$$

从式(1.2.3)知道函数

$$F_m(\lambda)=\lambda^{-m}\int_{S^{n-1}} \hat{f}(\lambda,\omega)S_m(\omega)\mathrm{d}\omega$$

是关于 $\lambda\in\mathbf{R}$ 的一个偶函数，且满足如下估计：

$$|F_m(\lambda)|\leqslant C_m\mathrm{e}^{-t\lambda^2},\ \lambda\in\mathbf{R}$$

令 $x=rx',x'\in S^{n-1}$. 由于径向函数 $f_m(|x|)=f_m(r)$ 的 Fourier 变换为(仍是径向函数)

$$\hat{f}_m(\xi)=\hat{f}_m(|\xi|)=\hat{f}_m(\lambda)=\int_{\mathbf{R}^n} f_m(|x|)\mathrm{e}^{-\mathrm{i}x\cdot\xi}\mathrm{d}x=$$

$$\int_0^\infty f_m(r)\frac{J_{(n-2)/2}(\lambda r)}{(\lambda r)^{(n-2)/2}}r^{n-1}\mathrm{d}r$$

因此由式(1.2.3)推出

$$F_m(\lambda)=\int_{S^{n-1}}\hat{f}(\lambda,\omega')S_m(\omega')\mathrm{d}\omega'=$$

$$C_{n,m}\int_0^\infty f_m(r)\frac{J_{n/2+m-1}(\lambda r)}{(\lambda r)^{n/2+m-1}}r^{n+m-1}\mathrm{d}r=$$

$$C_{n,m}\int_0^\infty f_m(r)r^{-m}\frac{J_{(n+2m-2)/2}(\lambda r)}{(\lambda r)^{(n+2m-2)/2}}r^{n+2m-1}\mathrm{d}r=$$

$$C_{n,m}\int_{\mathbf{R}^{n+2m}} f_m(|x|)|x|^{-m}\mathrm{e}^{-\mathrm{i}\lambda x\cdot\omega}\mathrm{d}x \tag{1.2.4}$$

对任意的 $\omega\in S^{n+2m-1}$. 在 f 的假设下，有 $|f_m(|x|)|\leqslant C_m p_s(x)$，因此 F_m 可以延拓为整个复平面上的关于 $\lambda\in\mathbf{R}$ 的一个整函数. 令 $x=rx'\in\mathbf{R}^{n+2m},x'\in S^{n+2m-1}$，对 $\lambda\in\mathbf{C}$，由于 $|p_s(x)|\leqslant C\mathrm{e}^{-|x|^2/(4s)}$，所以有

$$|F_m(\lambda)|\leqslant C_m\int_0^\infty \mathrm{e}^{-r^2/(4s)}\mathrm{e}^{r|\mathrm{Im}\,\lambda|}r^{n+m-1}\mathrm{d}r=$$

$$C_m\mathrm{e}^{s|\mathrm{Im}\,\lambda|^2}\int_0^\infty \mathrm{e}^{-(r-2s|\mathrm{Im}\,\lambda|)^2/(4s)}r^{n+m-1}\mathrm{d}r\leqslant$$

$$C_m(1+|\mathrm{Im}\,\lambda|)^{n+m-1}\mathrm{e}^{s|\mathrm{Im}\,\lambda|^2}$$

对 $F_m(\lambda)$ 利用引理 1.2.2，推出 $F_m(\lambda)=C_m e^{-s\lambda^2}$，其中 $s\leqslant t$. 由于 $F_m(\lambda)$ 是 $f_m(|x|)|x|^{-m}$ 在 $\mathbf{R}^{n+2m}$ 上的 Fourier 变换，因此有

$$f_m(|x|)=C_m|x|^m p_t(x)$$

若 $s<t$，则上式与估计 $|f_m(|x|)|\leqslant Cp_s(x)$ 矛盾，除非 $C_m=0$ 对所有的 $m>0$，于是 $f_m=0$，从而 $f=0$，(a) 得证. 若 $s=t$，取 $m=0$，有

$$f(x)=f_0(|x|)=C_0 p_t(x)$$

令 P 是 $k\geqslant 1$ 阶球调和函数. 当 $s>t$ 时，选取 $\delta>0$ 使得 $s>(1+\delta)t$，考虑

$$h_{k,\delta}(x)=P(x)p_{(1+\delta)^{-1}}(x) \tag{1.2.5}$$

显然有

$$|h_{k,\delta}(x)|\leqslant C|P(x)|p_{\delta^{-1}}(x)p_s(x)\leqslant$$
$$C|P(x)|e^{-\delta|x|^2/4}p_s(x)\leqslant Cp_s(x)$$

另外，由于径向函数的 Fourier 变换还是径向函数，所以有

$$\hat{h}_{k,\delta}(\lambda,\omega)=CP(\lambda\omega)\hat{p}_{(1+\delta)^{-1}s}(\lambda)=CP(\lambda\omega)e^{-s\lambda^2/(1+\delta)}$$

则对于任意的 $S_m(\omega)\in\mathscr{H}_m$，有

$$|\lambda^{-m}\int_{S^{n-1}}\hat{h}_{k,\delta}(\lambda,\omega)S_m(\omega)d\omega|\leqslant$$
$$Ce^{-s\lambda^2/(1+\delta)}|\lambda^{-m}\int_{S^{n-1}}P(\lambda\omega)S_m(\omega)d\omega|\leqslant Ce^{-t\lambda^2}$$

对 $s>(1+\delta)t$. 证毕.

下面建立 $\mathbf{R}^n$ 上 Cowling-Price 形式的不确定原理，在这个定理的证明过程中，需要如下的关于整函数的引理.

引理 1.2.3　令 $f:\mathbf{C}\to\mathbf{C}$ 是一个整函数，且对某个 $1\leqslant p<\infty$ 满足如下两个估计：

(i) $|f(z)|\leqslant Ae^{\pi|\mathrm{Re}\,z|^2}$，对 $z\in\mathbf{C}$；

(ii) $\left(\int_{\mathbf{R}}|f(x)|^p dx\right)^{1/p}<\infty$，对 $x\in\mathbf{R}$.

则 $g=0$.

证明：令 $g(z)=\dfrac{f(z)}{(\mathrm{i}+z)^m}$，对 $\mathrm{Im}\,z>0$. 则 g 满足引理的两个条件，满足估计：

$$\int_{\sigma}^{\sigma+1}|g(\rho e^{i\psi})|\,d\rho\leqslant C\max(e^a,(\sigma+1)^{1/p})$$

对 $\sigma>0$ 和 $\psi\in[0,\frac{\pi}{2}]$. 考虑 $g_1(z)=\dfrac{f(-z)}{(\mathrm{i}+z)^m}$，$g_2(z)=\dfrac{\overline{f(\bar{z})}}{(\mathrm{i}+z)^m}$ 及 $g_3(z)=\dfrac{\overline{f(-\bar{z})}}{(\mathrm{i}+z)^m}$，对足够大的 σ，我们有

$$\int_{\sigma}^{\sigma+1}|f(\rho e^{i\psi})|\,d\rho\leqslant C(\sigma+1)^m(\sigma+1)^{1/p}$$

对 $\psi\in[0,\frac{\pi}{2}]$. 由 Cauchy 积分公式，得到

$$|f^{(n)}(0)|\leqslant n!\,(2\pi)^{-1}\int_0^{2\pi}|f(\rho e^{i\psi})|\rho^{-n}d\psi$$

因此，对足够大的 σ，有

$$|f^{(n)}(0)|\leqslant n!\,(2\pi)^{-1}\int_0^{2\pi}\left(\int_{\sigma}^{\sigma+1}|f(\rho e^{i\psi})|\rho^{-n}d\rho\right)d\psi\leqslant$$
$$Cn!\,(2\pi)^{-1}\sigma^{-n}(\sigma+1)^m(\sigma+1)^{1/p}$$

所以 $f^{(n)}(0)=0$，对足够大的 n. 从而 f 是一个多项式. 再从条件(ⅱ)可以知道 $f=0$.

在下文，用 $(x_1,\cdots,\hat{x}_k,\cdots,x_n)$ 表示 $(x_1,\cdots,x_{k-1},x_{k+1},\cdots,x_n)\in\mathbf{R}^{n-1}$.

定理 1.2.4[6] 令 $f:\mathbf{R}^n\to\mathbf{C}$ 是可测的. 假设对某个 k，$1\leqslant k\leqslant n$，有如下两个估计：

(ⅰ) $\int_{\mathbf{R}^n}e^{pa\pi x_k^2}|g(x_1,\cdots,\hat{x}_k,\cdots,x_n)|^p|f(x_1,\cdots,x_n)|^p\times dx_1\cdots dx_n<\infty$；

(ⅱ) $\int_{\mathbf{R}^n}e^{qb\pi y_k^2}|h(y_1,\cdots,\hat{y}_k,\cdots,y_n)|^q|\hat{f}(y_1,\cdots,y_n)|^q\times dy_1\cdots dy_n<\infty$.

其中，$a,b>0$，$g,h:\mathbf{R}^{n-1}\to\mathbf{C}$ 是可测的，且 $g\geqslant\alpha>0$，$h\geqslant\beta>0$，这里 α,β 是常数，$1/g\in L^{p'}(\mathbf{R}^{n-1})$，$p^{-1}+p'^{-1}=1$，$1/h\in L^{q'}(\mathbf{R}^{n-1})$，$q^{-1}+q'^{-1}=1$. 当 $ab\geqslant 1$ 时，$f=0$ a.e. 成立.

为证明定理 1.2.4，需要下面的复分析中的基础引理.

引理 1.2.5(Morera 定理)　若函数 $f(z)$ 是复平面内开区域 D 上的连续复值函数，满足

$$\oint_C f(z)\mathrm{d}z=0$$

其中 C 是 D 内任意的闭曲线，则 f 在 D 上必解析.

证明：不失一般性，假设 D 是连通的. 固定 D 中的一点 a，定义 D 上的复值函数 F 为

$$F(b)=\int_a^b f(z)\mathrm{d}z$$

上述积分从点 a 到点 b 可以沿着任意路径定义. 由于 f 的积分从点 a 到点 b 沿着任意两条路径均相等，所以函数 F 的定义有意义. 从而 F 的导数为 f，即 $F'(z)=f(z)$. 特别地，函数 F 是解析的. 那么 f 作为解析函数的导数也是解析的.

定理 1.2.4 的证明：根据假设(ⅰ)和(ⅱ)，可知 $f,\hat{f}\in L^1(\mathbf{R}^n)$. 与实直线的情况类似，我们只要证明 $a=b=1$ 的情形即可，其他情形可以利用伸缩来证明. 若固定 $(y_1,\cdots,\hat{y}_k,\cdots,y_n)\in\mathbf{R}^{n-1}$，则对所有的 $\omega=u+\mathrm{i}v\in\mathbf{C}$，利用 Hölder 不等式和(ⅰ)有

$$\begin{aligned}
&|\hat{f}(y_1,\cdots,y_{k-1},\omega,y_{k+1},\cdots,y_n)|\leqslant\\
&\int_{\mathbf{R}^n}|f(x_1,\cdots,x_n)|\mathrm{e}^{2\pi vx_k}\mathrm{d}x_1\cdots\mathrm{d}x_n\leqslant\\
&\int_{\mathbf{R}^n}(\mathrm{e}^{\pi x_k^2}|g(x_1,\cdots,\hat{x}_k,\cdots,x_n)f(x_1,\cdots,x_n)|)\times\\
&(\mathrm{e}^{2\pi vx_k}g^{-1}(x_1,\cdots,\hat{x}_k,\cdots,x_n)\mathrm{e}^{-\pi x_k^2})\mathrm{d}x\cdots\mathrm{d}x_n\leqslant\\
&\Big(\int_{\mathbf{R}^n}(\mathrm{e}^{p\pi x_k^2}|g(x_1,\cdots,\hat{x}_k,\cdots,x_n)|^p\times\\
&|f(x_1,\cdots,x_n)|^p)\mathrm{d}x_1\cdots\mathrm{d}x_n\Big)^{1/p}\times
\end{aligned}$$

$$(\int_{\mathbf{R}^n} |\mathrm{e}^{-\pi x_k^2}\mathrm{e}^{2\pi u x_k} g(x_1,\cdots,\hat{x}_k,\cdots,x_n)|^{p'}\mathrm{d}x_1\cdots\mathrm{d}x_n)^{1/p'} \leqslant$$
$$A\mathrm{e}^{\pi v^2}$$

其中A是一个常数. 根据Lebesgue控制收敛定理,Fubini定理以及 Morera 定理,可知对固定的$(y_1,\cdots,y_{k-1},y_{k+1},\cdots,y_n)$, $\hat{f}$是ω的一个整函数. 定义

$$g(\omega)=\mathrm{e}^{\pi\omega^2}\hat{f}(y_1,\cdots,y_{k-1},\omega,y_{k+1},\cdots,y_n)$$

对几乎所有的$(y_1,\cdots,y_{k-1},y_{k+1},\cdots,y_n)$, g满足引理 1.2.3 的条件. 因此$\hat{f}=0$几乎处处成立. 再利用Fourier变换的逆公式,可知$f=0$几乎处处成立. 证毕.

下面给出$\mathbf{R}^n$上 Beurling 形式的不确定原理.

定理 1.2.6 若$f\in L^1(\mathbf{R}^n)$对某个k:$1\leqslant k\leqslant n$满足

$$\int_{\mathbf{R}^{2n}} |f(x_1,\cdots,x_n)\|\hat{f}(y_1,\cdots,y_n)|\,\mathrm{e}^{2\pi|x_k y_k|}\mathrm{d}x_1\cdots\mathrm{d}x_n\mathrm{d}y_1\cdots\mathrm{d}y_n<\infty$$

则$f=0$ a.e. 成立.

证明: 固定$(y_1,\cdots,y_{k-1},y_{k+1},\cdots,y_n)$, 定义

$$g_y(x)=\widetilde{\mathscr{F}}_k f(y_1,\cdots,y_{k-1},x,y_{k+1},\cdots,y_n),\ x\in\mathbf{R}$$

其中

$$\widetilde{\mathscr{F}}_k f(y_1,\cdots,y_{k-1},x,y_{k+1},\cdots,y_n)=$$
$$\int_{\mathbf{R}^{n-1}} f(x_1,\cdots,x_{k-1},x,x_{k+1},\cdots,x_n)\times$$
$$\mathrm{e}^{-2\mathrm{i}\pi\langle(x_1,\cdots,\hat{x}_k,\cdots,x_n),(y_1,\cdots,\hat{y}_k,\cdots,y_n)\rangle}\mathrm{d}x_1\cdots\mathrm{d}x_{k-1}\mathrm{d}x_{k+1}\cdots\mathrm{d}x_n$$

那么
$$\hat{g}_y(y)=\hat{f}(y_1,\cdots,y_{k-1},y,y_{k+1},\cdots,y_n)$$

现在

$$\int_{\mathbf{R}}\int_{\mathbf{R}} |g_y(x)\|\hat{g}_y(y)|\,\mathrm{e}^{2\pi|xy|}\mathrm{d}x\mathrm{d}y\leqslant$$
$$\int_{\mathbf{R}^{n-1}}\int_{\mathbf{R}} |f(x_1,\cdots,x_{k-1},x,x_{k+1},\cdots,x_n)|\times$$
$$|\hat{f}(y_1,\cdots,y_{k-1},y,y_{k+1},\cdots,y_n)|\times$$
$$\mathrm{e}^{2\pi|xy|}\mathrm{d}x_1\cdots\mathrm{d}x_{k-1}\mathrm{d}x_{k+1}\cdots\mathrm{d}x_n\mathrm{d}x\mathrm{d}y<\infty$$

对几乎所有的$(y_1,\cdots,y_{k-1},y_{k+1},\cdots,y_n)$. 因此由实直线上的Beurling形式的不确定原理(定理 1.1.8), 可知对几乎所有的$(y_1,\cdots,y_{k-1},y_{k+1},\cdots,y_n)$, 有

$$\mathscr{F}_k f(y_1,\cdots,y_{k-1},x,y_{k+1},\cdots,y_n)=0$$

对几乎所有的 x, Fubini 定理和 Fourier 变换的逆公式表明 $f=0$ 几乎处处成立. 证毕.

推论 1.2.7　令 $f\in L^1(\mathbf{R}^n)$.

(a) 若$\int_{\mathbf{R}^{2n}}|f(x)\|\hat{f}(y)|\mathrm{e}^{2\pi\|x\|\cdot\|y\|}\mathrm{d}x\mathrm{d}y<\infty$,则 $f=0$ 几乎处处成立.

(b) 若$\int_{\mathbf{R}^{2n}}|f(x_1,\cdots,x_n)\|\hat{f}(y_1,\cdots,y_n)|\mathrm{e}^{2\pi\Sigma_j|x_jy_j|}\mathrm{d}x_1\cdots\mathrm{d}x_n\mathrm{d}y_1\cdots\mathrm{d}y_n<\infty$,则 $f=0$ 几乎处处成立.

(c) 假设对某个 k:$1\leqslant j\leqslant n$,使得 f 和 $\hat{f}$ 满足:

(ⅰ) $|f(x_1,\cdots,x_n)|\leqslant Cg(x_1,\cdots,\hat{x}_k,\cdots,x_n)\mathrm{e}^{-a\pi|x_k|^p}$;

(ⅱ) $|\hat{f}(y_1,\cdots,y_n)|\leqslant Ch(y_1,\cdots,\hat{y}_k,\cdots,y_n)\mathrm{e}^{-b\pi|y_k|^q}$.

其中,$p^{-1}+q^{-1}=1$,$g,h(\geqslant 0)\in L^1(\mathbf{R}^{n-1})$. 若$(ap)^{1/p}(bq)^{1/q}>2$,则 $f=0$ a.e. 成立.

注: 在 $\mathbf{R}^n$ 中, 从 f 和 $\hat{f}$ 的第k 个坐标的衰减就可以推出函数为零. 事实上, $\mathbf{R}^n$ 为n 个 $\mathbf{R}$ 的直积. 我们还注意到利用Fubini定理推导定理 1.2.4 比利用引理 1.2.3 的 n 维形式更有效. 对于 $ab=1$ 的情况,引理 1.2.3 推导不出定理 1.2.4.

习　题　1

(1) 证明 Hermite 函数 $\phi_n(x)$ 的 Fourier 变换为$(-\mathrm{i})^n\phi_n(x)$.

(2) 证明式(1.2.2).

第 2 章 Heisenberg 群上的不确定原理

本章分 3 节，2.1 节介绍 Heisenberg 群的一些基础知识，包括群表示和一些特殊函数的性质. 2.2 节建立 Heisenberg 群上 Hardy 形式的不确定原理. 2.3 节建立 Heisenberg 群上 Cowling-Price 形式的不确定原理.

2.1 Heisenberg 群的基础知识

在这一节，将给出 Heisenberg 群 H_n 的定义和性质.

令 $x,y,u,v\in\mathbf{R}^n,t,s\in\mathbf{R},\langle\cdot,\cdot\rangle$ 表示 $\mathbf{R}^n$ 上通常意义下的内积. 通过下面的运算

$$(x,y,t)(u,v,s)=(x+u,y+v,t+s+\frac{1}{2}(\langle u,y\rangle-\langle v,x\rangle))$$

可以把 $\mathbf{R}^n\times\mathbf{R}^n\times\mathbf{R}$ 与 Heisenberg 群 H_n 同构起来. 对 $z=x+\mathrm{i}y\in\mathbf{C}^n,\xi\in\mathbf{R}^n,\lambda\in\mathbf{R}^*$，$\mathbf{R}^*=\mathbf{R}\backslash\{0\}$，$L^2(\mathbf{R}^n)$ 上的酉算子 $\Pi_\lambda(z,t)$ 定义为

$$\Pi_\lambda(z,t)\varphi(\xi)=\Pi_\lambda(x,y,t)\varphi(\xi)=$$
$$\mathrm{e}^{\mathrm{i}\lambda t}\,\mathrm{e}^{\mathrm{i}\lambda(x\cdot\xi+\frac{1}{2}x\cdot y)\varphi(\xi+y)},\quad \varphi\in L^2(\mathbf{R}^n)$$

对 $\lambda\in\mathbf{R}^*$，函数 $f\in L^1(H_n)$ 的群 Fourier 变换定义

$$\hat{f}(\lambda)=\int_{H_n}f(z,t)\Pi_\lambda(z,t)\mathrm{d}z\mathrm{d}t \tag{2.1.1}$$

这个积分按弱的意义理解. 这表明对任意的 $\varphi,\psi\in L^2(\mathbf{R}^n)$，有

$$\langle\hat{f}(\lambda)\varphi,\psi\rangle=\int_{H_n}f(z,t)\langle\Pi_\lambda(z,t)\varphi,\psi\rangle\mathrm{d}z\mathrm{d}t \tag{2.1.2}$$

注意到 $\Pi_\lambda(z,t)$ 是酉算子，所以有

$$|\langle\Pi_\lambda(z,t)\varphi,\psi\rangle|\leqslant\|\varphi\|_2\|\psi\|_2$$

从而对 $f\in L^1(H_n)$ 有

$$|\langle\hat{f}(\lambda)\varphi,\psi\rangle|\leqslant\|f\|_1\|\varphi\|_2\|\psi\|_2$$

这表明 $\hat{f}(\lambda)$ 是 $L^2(\mathbf{R}^n)$ 上的有界算子，且满足

$$\|\hat{f}(\lambda)\|\leqslant\|f\|_1$$

我们记 $\Pi_\lambda(z,t)=\mathrm{e}^{\mathrm{i}\lambda t}\Pi_\lambda(z)$，其中 $\Pi_\lambda(z)=\Pi_\lambda(z,0)$. 定义 f 关于变量 t 的逆 Fourier 变换为

$$f^\lambda(z)=\int_{-\infty}^{\infty}\mathrm{e}^{\mathrm{i}\lambda t}f(z,t)\mathrm{d}t \tag{2.1.3}$$

则有

$$\hat{f}(\lambda)=\int_{\mathbf{C}^n}f^\lambda(z)\Pi_\lambda(z)\mathrm{d}z \tag{2.1.4}$$

因此可以考察 $\mathbf{C}^n$ 上的算子：

$$W_\lambda(g)=\int_{\mathbf{C}^n}g(z)\Pi_\lambda(z)\mathrm{d}z,\quad g\in L^1(\mathbf{C}^n)$$

当 $\lambda=1$ 时，称这个变换为 Weyl 变换. 通常把 $\Pi_1(x,\xi)$ 简写成 $\Pi(x,\xi)$，因此

$$W(g)\varphi(\zeta)=\int_{\mathbf{R}^n}g(z)\Pi(z)\varphi(\zeta)\mathrm{d}z \tag{2.1.5}$$

按照 $\Pi_\lambda(z,t)$ 的显式表示，有

$$W_\lambda(g)\varphi(\xi)=\int_{\mathbf{C}^n}\mathrm{e}^{\mathrm{i}\lambda(x\cdot\xi+\frac{1}{2}x\cdot y)}g(x,y)\varphi(\xi+y)\mathrm{d}x\mathrm{d}y$$

其中 $z=x+\mathrm{i}y$，$g(x,y)$ 表示 $g(x+\mathrm{i}y)$. 因此 $W_\lambda(g)$ 是一个积分算子，其核 $K_g^\lambda(y,\eta)$ 为

$$K_g^\lambda(y,\eta)=\int_{\mathbf{R}^n}g(x,\eta-\xi)\mathrm{e}^{\mathrm{i}\frac{\lambda}{2}x\cdot(\eta+\xi)}\mathrm{d}x \tag{2.1.6}$$

从而，若 $g\in L^1(\mathbf{C}^n)\cap L^2(\mathbf{C}^n)$，则核 $K_g^\lambda(y,\eta)$ 属于 $L^2(\mathbf{R}^{2n})$，故从积分算子理论可知 $W_\lambda(g)$ 是 Hilbert-Schmidt 算子（回忆到 Hilbert-Schmidt 算子 T 是 Hilbert 空间上的有界算子，且对 Hilbert 空间上的一组正交基 $\{\mathrm{e}_i;i\in I\}$，T 的 Hilbert-Schmidt

范数 $\| T \|_{\mathrm{HS}}$ 满足：$\| T \|_{\mathrm{HS}}^2 = \sum_{i \in I} \| Te_i \|^2 < \infty$)，其范数为

$$\| W_\lambda(g) \|_{\mathrm{HS}}^2 = \int_{\mathbf{R}^{2n}} | K_g^\lambda(\xi, \eta) |^2 \mathrm{d}\xi \mathrm{d}\eta$$

再利用式(2.1.6)和欧氏空间中的Plancherel公式，得到

$$\begin{aligned}\| W_\lambda(g) \|_{\mathrm{HS}}^2 &= \int_{\mathbf{R}^{2n}} \left| \int_{\mathbf{R}^n} g(x, \eta - \xi) \mathrm{e}^{\mathrm{i}\frac{\lambda}{2} x \cdot (\eta + \xi)} \mathrm{d}x \right|^2 \mathrm{d}\xi \mathrm{d}\eta = \\ & \int_{\mathbf{R}^{2n}} \left| \int_{\mathbf{R}^n} \mathscr{F}_1^{-1} g\left(\frac{1}{2}\lambda(\eta + \xi), \eta - \xi\right) \mathrm{d}x \right|^2 \mathrm{d}\xi \mathrm{d}\eta \\ & \underline{\underline{\left(令 \zeta = \frac{1}{2}\lambda(\eta+\xi), y = \eta - \xi\right)}} \\ & | \lambda |^{-n} \int_{\mathbf{R}^{2n}} | \mathscr{F}_1^{-1} | g(\zeta, y) |^2 \mathrm{d}\zeta \mathrm{d}y = \\ & (2\pi)^n | \lambda |^{-n} \int_{\mathbf{R}^{2n}} | g(x, y) |^2 \mathrm{d}x \mathrm{d}y = \\ & (2\pi)^n | \lambda |^{-n} \int_{\mathbf{C}^n} | g(z) |^2 \mathrm{d}z \qquad (2.1.7)\end{aligned}$$

其中 $\mathscr{F}_1^{-1} g$ 表示对 g 的第一个变量的 Fourier 逆变换. 这是关于 Weyl 变换的 Plancherel 公式.

下面对群Fourier变换式(2.1.1)建立Plancherel定理. 令 S_2 表示 $L^2(\mathbf{R}^n)$ 上的 Hilbert-Schmidt 算子组成的 Hilbert 空间，其内积为 $\langle T, S \rangle = \mathrm{tr}(TS^*)$, $\forall S, T \in S_2$. 以 $\mathrm{d}\mu(\lambda) = (2\pi)^{-n-1} | \lambda |^n \mathrm{d}\lambda$ 表示 H_n 上的 Plancherel 测度，$L^2(\mathbf{R}^*, S_2; \mathrm{d}\mu)$ 表示 $\mathbf{R}^*$ 上的、取值于 S_2 的、关于 $\mathrm{d}\mu$ 二次方可积的函数空间.

定理 2.1.1 群Fourier变换是 $L^2(H_n)$ 与 $L^2(\mathbf{R}^*, S_2; \mathrm{d}\mu)$ 之间的一个同构.

证明：首先假设 $f \in L^1(H_n) \cap L^2(H_n)$. 从式(2.1.4)知道 $\hat{f}(\lambda)$ 是一个积分算子，其核可以显式地表示出来. 对 $\forall \lambda \in \mathbf{R}^*$，从式(2.1.7)有

$$\| W_\lambda(f^\lambda) \|_{\mathrm{HS}}^2 = (2\pi)^n | \lambda |^{-n} \int_{\mathbf{C}^n} | f^\lambda(z) |^2 \mathrm{d}z$$

利用式(2.1.3)，对上式两边关于 $d\mu(\lambda)$ 积分，我们得到

$$\int_{\mathbf{R}} \| \hat{f}(\lambda) \|_{HS}^2 d\mu(\lambda) = (2\pi)^{-1} \int_{\mathbf{R}} \int_{\mathbf{C}^n} | f^{\lambda}(z) |^2 dz d\lambda \quad (2.1.8)$$

由欧氏空间上关于变量 t 的 Plancherel 公式(即 $(2\pi)^{-1}\int_{\mathbf{R}} | f^{\lambda}(z) |^2 \times d\lambda = \int_{\mathbf{R}} | f(z,t) |^2 dt$)有

$$\| \hat{f} \|_{L^2(\mathbf{R}^*, S_2; d\mu)} = \| f \|_{L^2(H_n)} \quad (2.1.9)$$

由于 $L^1(H_n) \cap L^2(H_n)$ 在 $L^2(H_n)$ 中是稠的，所以从等式(2.1.9)容易知道，我们可以将群 Fourier 变换的定义延拓到整个 $L^2(H_n)$ 上，且延拓后的群 Fourier 变换满足式(2.1.9). 证毕.

若 f 与 g 是 H_n 上的函数，则它们的卷积定义为

$$f * g(z,t) = \int_{H_n} f((z,t)(-\omega,-s)) g(\omega,s) d\omega ds,$$

$$z,\omega \in \mathbf{C}^n, t,s \in \mathbf{R}$$

注意到 $f * g \neq g * f$，这是因为 H_n 是不可交换群引起的. 从群 Fourier 变换的定义可知，卷积的群 Fourier 变换等于群 Fourier 变换的卷积，即

$$(\widehat{f * g})(\lambda) = \hat{f}(\lambda)\hat{g}(\lambda)$$

若 f 和 g 是可积的，则 $f * g$ 也是可积的，且

$$\| f * g \|_1 \leqslant \int_{H_n}\int_{H_n} | f(z-\omega, t-s-\frac{1}{2}\mathrm{Im}\,(z\cdot\bar{\omega})) \| g(\omega,s) | d\omega ds dz dt \leqslant \| f \|_1 \| g \|_1$$

利用卷积的定义我们有

$$(f * g)^{\lambda}(z) = \int_{\mathbf{R}}\int_{H_n} f(z-\omega, t-s-\frac{1}{2}\mathrm{Im}\,(z\cdot\bar{\omega})) g(\omega,s) e^{i\lambda t} d\omega ds dt = \int_{\mathbf{C}^n} (\int_{\mathbf{R}} f(z-\omega, t-s-\frac{1}{2}\mathrm{Im}(z\cdot\bar{\omega})) e^{\frac{i}{2}\lambda(t-s-\frac{1}{2}\mathrm{Im}\,(z\cdot\bar{\omega}))})$$

$$(\int_{\mathbf{R}} g(\omega,s)\mathrm{e}^{\mathrm{i}\lambda s}\mathrm{d}s)\mathrm{e}^{\frac{\mathrm{i}}{2}\lambda\mathrm{Im}(z\cdot\bar{\omega})}\mathrm{d}z=$$

$$\int_{\mathbf{C}^n} f^\lambda(z-\omega)g^\lambda(\omega)\mathrm{e}^{\frac{\mathrm{i}}{2}\lambda\mathrm{Im}(z.\bar{\omega})}\mathrm{d}z$$

等式右端的积分称为 f^λ 与 g^λ 的 λ-扭曲卷积，记作 $h^\lambda *_\lambda g^\lambda$. 更一般地，若 F,G 是定义在 $\mathbf{C}^n$ 上的函数，则 $F*_\lambda G$ 定义为

$$F*_\lambda G(z)=\int_{\mathbf{C}^n} F(z-\omega)G(\omega)\mathrm{e}^{\frac{\mathrm{i}}{2}\lambda\mathrm{Im}(z\cdot\bar{\omega})}\mathrm{d}z$$

当 $\lambda=1$ 时，我们把 λ-扭曲卷积简称为扭曲卷积，记为 $F\times G$. 因此

$$(F\times G)(z)=\int_{\mathbf{C}^n} F(z-\omega)G(\omega)\mathrm{e}^{\frac{\mathrm{i}}{2}\mathrm{Im}(z\cdot\bar{\omega})}\mathrm{d}z \tag{2.1.10}$$

于是我们有

$$W_\lambda(F*_\lambda G)=W_\lambda(F)W_\lambda(G),\ F,G\in L^1(\mathbf{C}^n) \tag{2.1.11}$$

对 $f,g\in L^2(\mathbf{C}^n)$ 我们有 $f*_\lambda g$ 在 $L^2(\mathbf{C}^n)$ 上有界，即

$$\| f*_\lambda g\|_2\leqslant C_\lambda\| f\|_2\| g\|_2 \tag{2.1.12}$$

事实上，根据式(2.1.7) 和式(2.1.11) 得到

$$\| f*_\lambda g\|_2=(2\pi)^{-\frac{n}{2}}\| W_\lambda(f*_\lambda g)\|_{\mathrm{HS}}=$$

$$(2\pi)^{-\frac{n}{2}}\| W_\lambda(f)W_\lambda(g)\|_{\mathrm{HS}}$$

因此再利用 $\| TS\|_{\mathrm{HS}}\leqslant\| T\|_{\mathrm{HS}}\| S\|_{\mathrm{HS}}$ 就得到式(2.1.12).

对任意的多重指标 $\alpha,\beta\in\mathbf{N}^n$ 及 $z=x+\mathrm{i}y\in\mathbf{C}^n$，定义特殊的 Hermite 函数 $\Phi_{\alpha,\beta}$ 为

$$\Phi_{\alpha,\beta}(z)=(2\pi)^{-n/2}\int_{\mathbf{R}^n}\mathrm{e}^{\mathrm{i}x\cdot\xi}\Phi_\alpha(\xi+\frac{y}{2})\Phi_\beta(\xi-\frac{y}{2})\mathrm{d}\xi$$

其中 $\Phi_\alpha(x)=\prod_{j=1}^n\phi_{\alpha_j}(x_j)$，$|\alpha|=\sum_{j=1}^n\alpha_j$，$\phi_{\alpha_j}$ 是一维的 Hermite 函数，形如

$$\phi_{\alpha_j}(x_j)=(-1)^{\alpha_j}(2^{\alpha_j}\sqrt{\pi}\,\alpha_j!)^{-\frac{1}{2}}\left(\frac{\mathrm{d}^{\alpha_j}}{\mathrm{d}x_j^{\alpha_j}}(\mathrm{e}^{-x_j^2})\mathrm{e}^{x_j^2}\right)\mathrm{e}^{-\frac{1}{2}x_j^2}$$

对函数 $f\in L^2(\mathbf{C}^n)$，我们有特殊的 Hermite 展开

$$f=\sum_{\alpha}\sum_{\beta}\langle f,\Phi_{\alpha,\beta}\rangle\Phi_{\alpha,\beta}$$

这里 $\Phi_{\alpha,\beta}(z)$ 就是 Φ_α 与 Φ_β 的 Fourier-Wigner 变换，其中函数 φ，$\psi\in L^2(\mathbf{R}^n)$ 的 Fourier-Wigner 变换 $V_\varphi(\psi,z)$ 定义为

$$V_\varphi(\psi,z)=(2\pi)^{-n/2}(\Pi(z)\varphi,\psi)=$$

$$(2\pi)^{-n/2}\int_{\mathbf{R}^n}\mathrm{e}^{\mathrm{i}x\cdot\xi}\varphi\left(\xi+\frac{y}{2}\right)\psi\left(\xi-\frac{y}{2}\right)\mathrm{d}\xi \quad (2.1.13)$$

令 L_k^δ 为 $\delta>-1$ 型 Laguerre 多项式，即

$$L_k^\delta(t)=\frac{1}{k!}\mathrm{e}^t t^{-\delta}\left(\frac{\mathrm{d}}{\mathrm{d}t}\right)^k(\mathrm{e}^{-t}t^{k+\delta})$$

又定义 Laguerre 函数 $\varphi_k(z)$ 为

$$\varphi_k(z)=L_k^{n-1}\left(\frac{1}{2}\mid z\mid^2\right)\mathrm{e}^{-\frac{1}{4}|z|^2} \quad (2.1.14)$$

特殊的 Hermite 展开可以等价于 Laguerre 展开：

$$f=(2\pi)^{-n}\sum_{k=0}^{\infty}f\varphi_k$$

2.2　Heisenberg 群上 Hardy 形式的不确定原理

现在我们给出 Heisenberg 群 H_n 上 Hardy 形式的不确定原理.

定理 2.2.1　令 f 是 H_n 上的可测函数. 假设对 $a,b>0$，f 满足如下两个估计：

（ⅰ）$\mid f(x,\xi,t)\mid\leqslant g(x,\xi)\mathrm{e}^{-at^2}$，对 $g\in L^1\cap L^2(\mathbf{C}^n)$；

（ⅱ）$\|\hat{f}(\lambda)\|_{HS}\leqslant C\mathrm{e}^{-b\lambda^2}$.

那么

(1) 若 $ab>\frac{1}{4}$，则 $f=0$ a. e. 成立；

(2) 若 $ab < \frac{1}{4}$,则存在无穷多个线性无关的函数满足上述两个估计.

证明：令 $f^*(x,\xi,t)=\overline{f(x,\xi,-t)}$，$f *_3 f^*$ 表示 f 与 f^* 按照变量 t 的卷积. 则有

$$\int_{H_n}(f *_3 f^*)(x,\xi,t)\mathrm{e}^{i\lambda t}\mathrm{d}x\mathrm{d}\xi\mathrm{d}t=$$

$$\int_{\mathbf{R}^{2n}}(f *_3 f^*)^{\lambda}(x,\xi)\mathrm{d}x\mathrm{d}\xi=$$

$$\int_{\mathbf{R}^{2n}}|f^{\lambda}(x,\xi)|^2\mathrm{d}x\mathrm{d}\xi$$

我们知道

$$\int_{\mathbf{R}^{2n}}|f^{\lambda}(x,\xi)|^2\mathrm{d}x\mathrm{d}\xi=(2\pi)^n|\lambda|^n\|\hat{f}(\lambda)\|_{\mathrm{HS}}^2$$

因此，如果令

$$h(t)=\int_{\mathbf{R}^{2n}}(f *_3 f^*)(x,\xi,t)\mathrm{d}x\mathrm{d}\xi\mathrm{d}t$$

则有

$$\hat{h}(\lambda)=(2\pi)^n|\lambda|^n\|\hat{f}(\lambda)\|_{\mathrm{HS}}^2$$

由 $ab > \frac{1}{4}$ 或 $ab < \frac{1}{4}$，可选取 $b' > 0$，使得 $ab' > \frac{1}{4}$ 或 $ab' < \frac{1}{4}$.

假设(ⅰ)和(ⅱ)表明

$$\begin{cases}|h(t)|\leqslant C\mathrm{e}^{-\frac{a}{2}t^2}\\ |\hat{h}(\lambda)|\leqslant C\mathrm{e}^{-2b'\lambda^2}\end{cases}$$

当 $ab=\frac{1}{4}$ 时，第1章的定理1.1.5表明 $h=0$ 几乎处处成立. 这意味着 $\hat{f}(\lambda)=0$ 几乎处处成立，因此由式(2.1.9)可知 $f=0$ 几乎处处成立. 若 $ab < \frac{1}{4}$，则存在无穷多个线性无关的函数 $g(x,\xi)\phi_k(t)$ 满足假设(ⅰ)和(ⅱ)，其中 $\phi_k(t)$ 表示一维的 Hermite 函

数. 证毕.

在定理 2.2.1 中, Fourier 变换对函数进行了很强的限制. 为看清这点, 考虑函数

$$f(x,\xi,t)=g(x,\xi)h(t)$$

则 $\|\hat{f}(\lambda)\|_{\mathrm{HS}}\leqslant Ce^{-b\lambda^2}$ 成立当且仅当 $|\hat{h}(\lambda)|\leqslant Ce^{-b\lambda^2}$. 从定理 2.2.1 的证明过程中可以看出, 定理 2.2.1 本质上是关于变量 t 的定理. 我们想做的是把 $\hat{f}(\lambda)$ 的条件减弱. 下面完全忽略变量 t, 证明关于 Weyl 变换的 Hardy 不确定原理. 因此需要满足条件 $|\hat{f}(\xi)|\leqslant Ce^{-b|\xi|^2}$ 的适当的算子.

算子的条件将涉及奇异值的概念. 注意到若 T 是一个紧算子, 则 TT^* 是自伴的非负算子, 使得它的固有值 $\lambda_n(T)^2$ 构成一个递减序列. 这些 $\lambda_n(T)$ 称为 T 的奇异值. 若 T 是一个核为 $K(x,y)$ 的积分算子, 则奇异值的衰减与核的光滑性是相关的. 例如, $\{\lambda_n(T)\}$ 是快速衰减的当且仅当 T 酉等价于一个核属于 Schwartz 类的积分算子. 我们对奇异值满足指数衰减的算子感兴趣.

我们记 Hermite 算子 $-\Delta+|x|^2$ 为 H, 则 Hermite 函数 Φ_α 是 H 的固有函数, 其固有值为 $2|\alpha|+n$. 下面按照无界算子 e^{aH}, $a>0$, 来阐述算子的条件. 这些算子的定义域由有限个 Hermite 函数的线性组合构成. 如果 $f=\sum_{k=0}^{m}c_kP_kf$, 则算子 e^{aH} 定义如下:

$$e^{aH}f=\sum_{k=0}^{m}c_ke^{(2k+n)a}P_kf$$

其中 P_k 是 Hermite 投影算子, 即 $P_kf=\sum\limits_{|\mu|=k}\langle f,\Phi_\mu\rangle\Phi_\mu$. 考虑算子 T, 对某个正数 a, 使得 Te^{aH} 是 Hilbert-Schmidt 算子. 这与关于 Fourier 变换的条件 $|\hat{f}(\xi)|\leqslant Ce^{-b|\xi|^2}$ 类似. 下面将证明这可以转化为 T 的某些 Fourier 系数的奇异值的指数衰减. 事实上, 这容易从 T 由 Hermite 基对角化时看出. 在这种情况下, $T=\varphi(H)$, 对

某个函数 φ，有

$$Te^{aH}=\sum_{k=0}^{\infty}\varphi(2k+n)e^{(2k+n)a}P_k$$

从而，

$$\| Te^{aH} \|_{HS}=\sum_{\alpha}\| Te^{aH}\Phi_\alpha \|_2=$$

$$C\sum_{k=0}^{\infty}\sum_{|\mu|=k}\| \varphi(2k+n)e^{(2k+n)a}\Phi_\mu \|_2=$$

$$C\sum_{k=0}^{\infty}|\varphi(2k+n)e^{(2k+n)a}|<\infty$$

这表明 $|\varphi(2k+n)|\leqslant Ce^{-(2k+n)a}$，且 $\varphi(2k+n)$ 是 T 的精确的奇异值，其中 $\{\Phi_\alpha\}$ 是 $L^2(\mathbf{R}^n)$ 的一组正交基.

若 f 是紧支的，则 $\hat{f}$ 不能有指数衰减. 这是因为：若 $\hat{f}$ 满足任意的指数衰减，则 f 可延拓为 $\mathbf{C}^n$ 上的函数，且在带型域内是全纯的. 下面证明关于 Weyl 变换(见式(2.1.5))的类似性质的一个结果.

定理 2.2.2 令 $f\in L^2(\mathbf{C}^n)$ 是紧支的. 若

$$\| W(f)e^{aH} \|_{\mathrm{HS}}<\infty$$

对某个正常数 a，则 $f=0$.

证明：将证明在本定理的条件下，f 是实解析的. 这就立即证明了定理. 为了表明 f 是实解析的，将利用 Kotaké 和 Narasimhan 的椭圆正则性定理：令 $P(x,D)$ 是 $\mathbf{R}^n$ 上的具实解析系数的二阶椭圆微分算子. 若 u 满足估计：

$$\| P(x,D)^m u \|_2\leqslant M^{m+1}(2m)! \tag{2.2.1}$$

对所有的正整数 m 及常数 M，则 u 是实解析的. 为方便，下面先证明椭圆正则性定理.

选取 $R>0,\delta>0$,使得下式成立

$$\rho^{|\alpha|}F(D^\alpha u)=A^{|\alpha|+1}\{\sum_{\nu=1}^{m}\rho^{2(\nu-1)}F(P^\nu u)+F(u)\} \tag{2.2.2}$$

其中 $0<\rho<\min\{1,R\},A\geqslant 1,|\alpha|<2m,P^\nu=P\cdot\cdots\cdot P$(乘

ν 次)，及

$$F(u)^2 := F_{-\delta}(u) = \int_{|x| \leqslant R+\delta} |u(x)|^2 \mathrm{d}x$$

于是由式(2.2.1),有

$$F(P^\nu u) = \| P^\nu u \|_2 \leqslant M^{\nu+1}(2\nu)!,\ \nu = 1, 2, \cdots$$

因此，

$$S_m(u) \leqslant \sum_{\nu=1}^{m} M^{\nu+1} \rho^{2(\nu-1)} (2\nu)! + M,\ \forall \rho > 0$$

其中，

$$S_m(u) = S_m(u, \rho) = \sum_{\nu=1}^{m} \rho^{2(\nu-1)} F(P^\nu u) + F(u)$$

若选取 $\rho = \frac{c}{2m}$，c 足够小，则有

$$(2\nu)!\ \rho^{2(\nu-1)} \leqslant (2\nu)!\ \frac{c^{2(\nu-1)}}{(2\nu)^{2(\nu-1)}} \leqslant (2m)^2, \nu \leqslant m$$

故存在常数 $B_1 > 0$ 使得

$$S_m(u) \leqslant B_1^{m+1}, m \geqslant 1$$

从而,选取 $c = |\alpha| \rho$，由式(2.2.2) 可知

$$F_c(D^\alpha u) = \rho^{-|\alpha|} A^{|\alpha|+1} S_m(u) \leqslant \frac{|\alpha|^{|\alpha|}}{c^{|\alpha|}} A^{|\alpha|+1} B_1^{m+1} \leqslant$$

$$\frac{m^m}{c^{m+1}} A^{m+1} B_1^{m+1} = B_2^{m+1} m^m,\ \text{对}\ |\alpha| \leqslant m, \frac{AB_1}{c} = B_2$$

若 K 是开球 $\{x \| x | < R - c\}$ 的紧子集,则从 Sobolev 引理(即嵌入不等式) 可知

$$\sup_{x \in K} |u(x)| \leqslant C \| u \|_{W^{1,p}(K)} =$$

$$C \sum_{|\alpha| \leqslant k} \int_K |D^\alpha u(x)|^p \mathrm{d}x, \quad m > n/p$$

我们推出

$$\sup_{x \in K} |D^\alpha u(x)| \leqslant B_3^{m+n+1} (m+n)^{m+n}, \quad |\alpha| \leqslant m$$

对常数 B_3,从而,

$$\sup_{x\in K} | D^{\alpha}u(x) | \leqslant B_4^{m+1} m!, \quad | \alpha | \leqslant m$$

对常数 B_4. 由 Taylor 公式(若 $u\in C^{\infty}(\Omega)$, 则 u 是解析的,当且仅当对任意的紧集 $K\subset\Omega$, 存在 $A>0$ 使得 $| D^{\alpha}u(x) | \leqslant A^{|\alpha|+1}\alpha!$, $x\in K$) 可得 u 是解析的. 到此椭圆正则性得证.

现在说明 f 满足椭圆正则性的条件. 由于 $\sum_{|\nu|=k}\Phi_{\nu,\nu}(z) = (2\pi)^{-n}\varphi_k(z)$, 所以 f 的特殊的 Hermite 展开

$$f(z)=(2\pi)^{-n/2}\sum_{\nu} f\Phi_{\nu,\nu}(z)$$

可写成 Laguerre 展开

$$f(z)=(2\pi)^{-n}\sum_{k=0}^{\infty} f\varphi_k(z)$$

且由于 φ_k 是特殊的 Hermite 算子 $L=-\Delta_z+\frac{1}{4}|z|^2-\mathrm{i}\sum_{j=1}^{n}\left(x_j\frac{\partial}{\partial x_j}-y_j\frac{\partial}{\partial y_j}\right)$ 的特征函数,其特征值为 $2|k|+n$, 因此 $(2\pi)^{-n}f\varphi_k$ 是 $f\in L^2(\mathbf{C}^n)$ 到算子 L 的固有函数空间的投影, 且对任意的 m, 有

$$L^m(f\varphi_k)=(2k+n)^{2m}(f\varphi_k)$$

所以

$$\| L^m f \|_2^2=(2\pi)^{-2n}\sum_{k=0}^{\infty}(2k+n)^{2m}\| f\varphi_k \|_2^2 \tag{2.2.3}$$

对 $W(f)\mathrm{e}^{aH}$ 的假设表明

$$\| W(f)P_k \|_{\mathrm{HS}}\leqslant C\mathrm{e}^{-(2k+n)a}$$

由于 $\| W(f)P_k \|_{\mathrm{HS}}=(2\pi)^{-n}W(f\varphi_k)$, 因此根据式(1.2.4), 得到

$$\| f\varphi_k \|_2\leqslant C\mathrm{e}^{-(2k+n)a}$$

从而, 式(2.2.3) 中的级数一致收敛, 并满足下面的估计

$$\| L^m f \|_2^2\leqslant C\sum_{k=0}^{\infty}(2k+n)^{2m}\mathrm{e}^{-2(2k+n)a}$$

这个级数可以由积分 $\int_0^\infty t^{2m}\mathrm{e}^{-2at}\,\mathrm{d}t$ 估计，进一步有

$$\| L^m f \|_2^2 \leqslant M^{2m+1}(2m)!$$

因此，由椭圆正则性定理可知 f 是实解析的. 证毕.

我们还可以得到关于群 Fourier 变换的与上述定理相对应的结果.

定理 2.2.3　令 $f \in L^2(H_n)$ 是紧支的. 假设存在 $\mathbf{R}^*$ 上的一个紧集 B，使得对不在 B 中的任意一个 λ，存在 $a(\lambda) > 0$，满足

$$\hat{f}(\lambda)\mathrm{e}^{a(\lambda)H} \in S_2$$

则 $f = 0$.

证明：从定理 2.1.1 可知对 $f \in L^2(H_n)$，有 $\hat{f}(\lambda) \in S_2$ 是 Hilbert-Schmidt 算子，所以存在一个函数 $f_\lambda(z) \in L^2(\mathbf{C}^n)$ 使得 $\hat{f}(\lambda) = W(f_\lambda)$. 这个函数可以如下显式地表示为

$$f_\lambda = |\lambda|^{-n} f^\lambda(\lambda^{-1}x + \mathrm{i}y)$$

显然 $f_\lambda(z)$ 是紧支的. 由于 $W(f_\lambda)\mathrm{e}^{a(\lambda)H} = \hat{f}(\lambda)\mathrm{e}^{a(\lambda)H} \in S_2$，根据定理 2.2.2 可知，$f_\lambda = 0$，对不在 B 中的任意的 λ. 这意味着 $f^\lambda(x, \xi) = 0$，对所有的 (x, ξ) 和不在 B 中的 λ. 这与 $f(x, \xi, \cdot)$ 是紧支的矛盾. 因此定理得证.

最后，建立关于 Weyl 变换的 Hardy 不确定原理.

定理 2.2.4　令 f 是 H_n 上的可测函数. 假设对 $a, b > 0$，f 满足如下两个估计：

（ⅰ）$|f(x, \xi)| \leqslant C\mathrm{e}^{-a|z|^2}$；

（ⅱ）$W(f)\mathrm{e}^{bH} \in S_2$.

则当 $a(\tanh \frac{b}{2}) > \frac{1}{4}$ 时，有 $f = 0$.

证明：证明的主要想法是：将定理的证明转化为 $\mathbf{C}^n$ 上的 Hardy 不确定原理. 由于不能直接估计 $\hat{f}$，所以考虑 f 的 Fourier 系数 f_m，以得到关于 $\hat{f}_m$ 的估计. 由此将推出 $f_m = 0$，对所有的

m，即可证得定理.

下面令 $z=x+\mathrm{i}y\in\mathbf{C}^n$. 考虑 Fourier 级数

$$f(\mathrm{e}^{\mathrm{i}\theta}z)=\sum f_m(z)\mathrm{e}^{-\mathrm{i}m\cdot\theta}$$

其中 $f_m(z)=R_{-m}f(z)$ 是 f 的 $-m$ 阶径向函数：

$$R_{-m}f(z)=(2\pi)^{-n}\int_Q |f(\mathrm{e}^{\mathrm{i}\theta}z)|\mathrm{e}^{-\mathrm{i}m\cdot\theta}\mathrm{d}\theta,\ Q=[0,2\pi)^n$$

f 的指数衰减条件表明

$$|f_m(z)|\leqslant C\mathrm{e}^{-a|z|^2}$$

f_m 的 Weyl 变换为

$$W(f_m)=(2\pi)^{-n}\int_{\mathbf{C}^n}\int_{T(n)}f(\mathrm{e}^{\mathrm{i}\theta}z)\mathrm{e}^{\mathrm{i}m\cdot\theta}\Pi(z)\mathrm{d}\theta\mathrm{d}z$$

其中 $T(n)$ 表示 n 维圆环，即 $T(n)=\{\mathrm{e}^{\mathrm{i}\theta}:\theta=(\theta_1,\cdots,\theta_n)\in Q\}$，其中 $\mathrm{e}^{\theta}=(\mathrm{e}^{\theta_1},\cdots,\mathrm{e}^{\theta_n})$. 利用变量替换 $z=\mathrm{e}^{-\mathrm{i}\theta}\omega$ 以及

$$\Pi(\mathrm{e}^{-\mathrm{i}\theta}z)=\mu(\mathrm{e}^{-\mathrm{i}\theta})\Pi(z)\mu(\mathrm{e}^{\mathrm{i}\theta})$$

其中 μ 是一个酉表示，我们得到

$$W(f_m)=(2\pi)^{-n}\int_{T(n)}\int_{\mathbf{C}^n}f(w)\Pi(\mathrm{e}^{-\mathrm{i}\theta}w)\mathrm{e}^{\mathrm{i}m\cdot\theta}\mathrm{d}w\mathrm{d}\theta=$$

$$(2\pi)^{-n}\int_{T(n)}\mu(\mathrm{e}^{-\mathrm{i}\theta})W(f)\mu(\mathrm{e}^{\mathrm{i}\theta})\mathrm{e}^{\mathrm{i}m\cdot\theta}\mathrm{d}\theta \tag{2.2.4}$$

该式称为算子 $W(f)$ 的第 m 个 Fourier 变换. 由于 $\mu(\mathrm{e}^{-\mathrm{i}\theta})$ 与 e^{bH} 可交换，因此有

$$W(f_m)\mathrm{e}^{bH}=(2\pi)^{-n}\int_{T(n)}\mu(\mathrm{e}^{-\mathrm{i}\theta})W(f)\mathrm{e}^{bH}\mu(\mathrm{e}^{\mathrm{i}\theta})\mathrm{e}^{\mathrm{i}m\cdot\theta}\mathrm{d}\theta$$

从上式可知当 $W(f)\mathrm{e}^{bH}\in S_2$ 时，有

$$W(f_m)\mathrm{e}^{bH}\in S_2$$

由于 f_m 是 $-m$ 次齐次的，$\overline{\Phi}_{\alpha,\beta}$ 是 $\alpha-\beta$ 次齐次的，所以

$$f_m=\sum_\beta\langle f_m,\overline{\Phi}_{\beta,\beta+m}\rangle\overline{\Phi}_{\beta,\beta+m}$$

从式(2.1.13) 及本章习题(5) 可知

$$\langle W(f_m)\varphi,\psi\rangle=\sum_\beta\langle f_m,\overline{\Phi}_{\beta,\beta+m}\rangle\langle W(\overline{\Phi}_{\beta,\beta+m})\varphi,\psi\rangle=$$
$$\sum_\beta\langle f_m,\overline{\Phi}_{\beta,\beta+m}\rangle\langle V_\varphi(\psi),\Phi_{\beta,\beta+m}\rangle=$$
$$\sum_\beta\langle f_m,\overline{\Phi}_{\beta,\beta+m}\rangle\langle V_\varphi(\psi),V_{\Phi_\beta}(\Phi_{\beta+m})\rangle=$$
$$\sum_\beta\langle f_m,\overline{\Phi}_{\beta,\beta+m}\rangle\langle\varphi,\Phi_\beta\rangle\langle\Phi_{\beta+m},\psi\rangle$$

即

$$W(f_m)\varphi=\sum_\beta\langle f_m,\overline{\Phi}_{\beta,\beta+m}\rangle\langle\varphi,\Phi_\beta\rangle\Phi_{\beta+m}$$

因此 $W(f_m)$ 的奇异值由 $\lambda_\beta^m=|\langle f_m,\overline{\Phi}_{\beta,\beta+m}\rangle|$ 给出. 由于 Φ_β 是 Hermite 算子 $H=-\Delta+|x|^2$ 的固有函数，其固有值为 $2|\beta|+n$. 因此有

$$W(f_m)\mathrm{e}^{bH}\varphi=\sum_\beta\langle f_m,\overline{\Phi}_{\beta,\beta+m}\rangle\mathrm{e}^{(2|\beta|+n)b}\langle\varphi,\Phi_\beta\rangle\Phi_{\beta+m}$$

且假设(ⅱ)表明了指数衰减

$$\lambda_\beta^m=|\langle f_m,\overline{\Phi}_{\beta,\beta+m}\rangle|\leqslant C\mathrm{e}^{-(2|\beta|+n)b}\tag{2.2.5}$$

复空间 $\mathbf{C}^n$ 上的函数 f 的辛 Fourier 变换定义为

$$\mathscr{F}_sf(z)=2^{-n}\int_{\mathbf{C}^n}f(w)\mathrm{e}^{-\frac{\mathrm{i}}{2}\mathrm{Im}\,(z\cdot\overline{w})}\mathrm{d}w\tag{2.2.6}$$

根据 $\mathbf{R}^{2n}$ 上的欧氏 Fourier 变换，有

$$\mathscr{F}_sf(z)=2^{-n}\int_{\mathbf{C}^n}f(\xi,\eta)\mathrm{e}^{-\mathrm{i}(\frac{y}{2}\cdot\xi-\frac{x}{2}\cdot\eta)}\mathrm{d}\xi\mathrm{d}\eta=2^{-n}\hat{f}(\frac{y}{2},-\frac{x}{2})$$

注意到在式(2.2.6)中作变量替换即可得

$$\mathscr{F}_sf(z)=2^{-n}\int_{\mathbf{C}^n}f(z-w)\mathrm{e}^{\frac{\mathrm{i}}{2}\mathrm{Im}\,(z\cdot\overline{w})}\mathrm{d}w$$

故 $\mathscr{F}_sf(z)=2^{-n}f\times 1$. 根据本章习题(4)的结论和式(2.1.14)，有下面的恒等式

$$\sum_\mu r^{|\mu|}\Phi_{\mu,\mu}=\sum_k\sum_{|\mu|=k}(r^k\Phi_{\mu,\mu}(z))=\sum_k r^k\varphi_k(z)=$$
$$\sum_k r^kL_k^{n-1}(\frac{1}{2}|z|^2)\mathrm{e}^{-\frac{1}{4}|z|^2}=$$

$$(1-r)^{-n}\mathrm{e}^{-\frac{1}{4}(\frac{1+r}{1-r})|z|^2}$$

两端同时作 Fourier 变换得

$$\sum_{\mu} r^{|\mu|}\hat{\Phi}_{\mu,\mu}=(1+r)^{-n}\mathrm{e}^{-(\frac{1-r}{1+r})|z|^2}$$

所以对 $z=x+\mathrm{i}y$，可以得到下面的恒等式

$$\sum_{\mu} r^{|\mu|}\mathscr{F}_s\Phi_{\mu,\mu}(z)=\sum_{\mu} r^{|\mu|}\hat{\Phi}_{\mu,\mu}(\frac{y}{2},-\frac{x}{2})=$$
$$(1+r)^{-n}\mathrm{e}^{-\frac{1}{4}(\frac{1-r}{1+r})|z|^2}=$$
$$\sum_{\mu}(-r)^{|\mu|}\Phi_{\mu,\mu}(z)$$

这表明 $\mathscr{F}_s\Phi_{\mu,\mu}=(-1)^{|\mu|}\Phi_{\mu,\mu}$，且可将 1 展开为

$$1=(2\pi)^{-n}\sum_{\mu}1\times\Phi_{\mu,\mu}=(2\pi)^{-n}\sum_{\mu}(-1)^{|\mu|}\Phi_{\mu,\mu}$$

由上式得到

$$\mathscr{F}_s\Phi_{\alpha,\alpha+m}=2^{-n}\Phi_{\alpha,\alpha+m}\times 1=(4\pi)^{-n}\sum_{\mu}(-1)^{|\mu|}\Phi_{\alpha,\alpha+m}\Phi_{\mu,\mu}$$

由于特殊的 Hermite 函数是正交的，上式简化为

$$\mathscr{F}_s\Phi_{\alpha,\alpha+m}=(4\pi)^{-n}(-1)^{|\alpha+m|}\Phi_{\alpha,\alpha+m}$$

因此有如下的展开式

$$\mathscr{F}_s\overline{f}_m(z)=\mathscr{F}_s(\overline{\sum_{\beta}\langle f_m,\overline{\Phi}_{\beta,\beta+m}\rangle\overline{\Phi}_{\beta,\beta+m}})=$$
$$\sum_{\beta}\langle f_m,\overline{\Phi}_{\beta,\beta+m}\rangle\mathscr{F}_s\Phi_{\beta,\beta+m}=$$
$$(4\pi)^{-n}\sum_{\alpha}\lambda_{\alpha}^{m}(-1)^{|\alpha+m|}\Phi_{\alpha,\alpha+m}$$

由于 $\Phi_{\alpha,\alpha+m}$ 可表示为一维 Laguerre 函数的乘积，所以不失一般性可以假设 $n=1$，m 是非负整数．于是有

$$|\mathscr{F}_s\overline{f}_m(z)|\leqslant(4\pi)^{-1}\sum_{k=0}^{\infty}|\lambda_k^m||\Phi_{\alpha,\alpha+m}(z)|$$

根据 Cauchy-Schwartz 不等式及 λ_k^m 的估计式(2.2.5)，得到

$$|\mathscr{F}_s\overline{f}_m(z)|^2\leqslant(4\pi)^{-1}(\sum_{k=0}^{\infty}|\lambda_k^m|)(\sum_{k=0}^{\infty}|\lambda_k^m||\Phi_{\alpha,\alpha+m}(z)|^2)\leqslant$$

$$(4\pi)^{-1}\left(\sum_{k=0}^{\infty}\mathrm{e}^{-(2k+1)b}\right)\left(\sum_{k=0}^{\infty}\mathrm{e}^{-(2k+1)b}\mid\Phi_{k,k+m}(z)\mid^2\right)\leqslant$$

$$C\sum_{k=0}^{\infty}\mathrm{e}^{-(2k+1)b}\mid\Phi_{k,k+m}(z)\mid^2$$

注意特殊的 Hermite 函数满足表达式

$$\Phi_{k,k+m}(z)=(2\pi)^{-\frac{1}{2}}\left(\frac{-\mathrm{i}}{\sqrt{2}}\right)^m\left(\frac{k!}{(k+m)!}\right)^{\frac{1}{2}}L_k^m\left(\frac{1}{2}\mid z\mid^2\right)\mathrm{e}^{-\frac{1}{4}|z|^2}$$

Laguerre 函数满足函数恒等式

$$\sum_{k=0}^{\infty}\frac{\Gamma(k+1)}{(k+m-1)}(L_k^m(s^2))^2\mathrm{e}^{-\frac{1}{2}s^2}r^k=$$

$$(1-r)^{-1}(-s^4r)^{-\frac{m}{2}}\mathrm{e}^{-\frac{1+r}{1-r}s^2}J_m\left(\frac{2\mathrm{i}s^2\sqrt{r}}{1-r}\right)$$

其中 J_m 是第一类 Bessel 函数，满足估计 $\mid J_m(\mathrm{i}s)\mid\leqslant C\mathrm{e}^{-\frac{1}{2}}\mathrm{e}^s$，对 $s\to\infty$. 取 $r=\mathrm{e}^{-2b}$，有

$$\sum_{k=0}^{\infty}\mathrm{e}^{-(2k+1)b}\mid\Phi_{k,k+m}(z)\mid^2=$$

$$C\mid z\mid^{-2m}\mathrm{e}^{-\frac{1}{2}\frac{1+\mathrm{e}^{-2b}}{1-\mathrm{e}^{-2b}}|z|^2}J_m\left(\frac{\mathrm{i}\mid z\mid^2\mathrm{e}^{-b}}{1-\mathrm{e}^{-2b}}\right)\leqslant C\mathrm{e}^{-\frac{1}{2}\tanh(\frac{b}{2})|z|^2}$$

因此，

$$\mid\mathscr{F}_s f_m(z)\mid\leqslant C\mathrm{e}^{-\frac{1}{4}\tanh(\frac{b}{2})|z|^2}$$

从而对所有的 m，欧氏 Fourier 变换 $\hat{f}_m$ 满足下面的估计：

$$\mid\hat{f}_m(z)\mid\leqslant C\mathrm{e}^{-\tanh(\frac{b}{2})|z|^2}$$

根据 $\mathbf{C}^n$ 上的 Hardy 不确定原理，得到 $f_m=0$，对 $a(\tanh\dfrac{b}{2})>1$. 进一步地，容易推出 $f=0$. 证毕.

2.3 Heisenberg 群上 Cowling-Price 形式的不确定原理

我们给出 Heisenberg 群 H_n 上 Cowling - Price 形式的不确定原理.

定理 2.3.1 令 $f \in L^1(H_n) \cap L^2(H_n)$. 假设对 $a,b>0$, $\min(q,p)<\infty$, f 满足:

(ⅰ) $\int_{H_n} e^{pa\pi\|(x,\xi,t)\|^2} |f(x,\xi,t)|^p dx d\xi dt < \infty$;

(ⅱ) $\int_{\mathbf{R}} e^{qb\pi|\lambda|^2} \|\hat{f}(\lambda)\|_{HS}^q |\lambda|^n d\lambda < \infty$.

那么,

(1) 若 $q \geqslant 2$, $ab>1$,则 $f=0$ a. e. 成立;

(2) 若 $1 \leqslant q < 2$, $ab \geqslant 2$,则对 $p \to \infty$ 有 $f=0$ a. e. 成立;若 $1 \leqslant q < 2$, $ab>2$,则对 $p<\infty$ 有 $f=0$ a. e. 成立.

证明:分两种情况来证明.

情况一($p\to\infty$). 在这种情况下假设(ⅰ)简化为

(ⅰ)′ $|f(x,\xi,t)| \leqslant Ce^{-a\pi\|(x,\xi,t)\|^2}$, 对所有的 $(x,\xi,t)\in H_n$.

令 $f_{(x,\xi)}(t)=f(x,\xi,t)$, $f^*_{(x,\xi)}(t)=\overline{f(x,\xi,-t)}$,且

$$h(t)=\int_{\mathbf{R}^{2n}} (f_{(x,\xi)} * f^*_{(x,\xi)})(t) dx d\xi$$

则有

$$\hat{h}(\lambda) = |\lambda|^n \|\hat{f}(\lambda)\|_{HS}^2 \tag{2.3.1}$$

$$|h(t)| \leqslant Ce^{-\frac{a}{2}\pi t^2} \tag{2.3.2}$$

首先假设 $q \geqslant 2$. 令 $\varepsilon>0$ 使得 $a(b-\varepsilon)>1$. 则由式(2.3.1)和(ⅱ),有

$$\| e_{2b'\pi}\hat{h} \|_{q/2}^{q/2} = \int_{\mathbf{R}} e^{qb'\pi\lambda^2} |\hat{h}(\lambda)|^{q/2} d\lambda =$$

$$\int_{\mathbf{R}} e^{b'q\pi\lambda^2} \mid \lambda \mid^{nq/2} \| \hat{f}(\lambda) \|_{\mathrm{HS}}^{q} d\lambda =$$

$$\int_{\mathbf{R}} e^{bq\pi\lambda^2} \| \hat{f}(\lambda) \|_{\mathrm{HS}}^{q} \mid \lambda \mid^{n} (\mid \lambda \mid^{n(\frac{q}{2}-1)} e^{-\varepsilon q\pi\lambda^2}) d\lambda \leqslant$$

$$K\int_{\mathbf{R}} e^{bq\pi\lambda^2} \| \hat{f}(\lambda) \|_{\mathrm{HS}}^{q} \mid \lambda \mid^{n} d\lambda < \infty \qquad (2.3.3)$$

其中 $b'=b-\varepsilon$，K 是一个常数．从式(2.3.2)和式(2.3.3)可知对 $p\to\infty$ 和 $q/2$，h 满足第 1 章定理 1.1.6 的条件，因此 $h=0$ 几乎处处成立．从而 $\| \hat{f}(\lambda) \|_{HS}=0$，对几乎所有的 λ 成立．进一步，式(2.1.9)表明 $f=0$ 几乎处处成立．

现在假设 $q<2$．由(ⅱ)和式(2.3.1)，有

$$\infty > \int_{\mathbf{R}} e^{\phi\pi\lambda^2} \| \hat{f}(\lambda) \|_{\mathrm{HS}}^{q} \mid \lambda \mid^{n} d\lambda =$$

$$\int_{\mathbf{R}} e^{bq\pi\lambda^2} \hat{h}(\lambda)^{q/2} \mid \lambda \mid^{-nq/2} \mid \lambda \mid^{n} d\lambda \geqslant$$

$$\int_{|\lambda|>1} e^{bq\pi\lambda^2} \hat{h}(\lambda)^{q/2} d\lambda$$

因为被积函数是 λ 的连续函数，所以有

$$\int_{\mathbf{R}} e^{\phi\pi\lambda^2} \hat{h}(\lambda)^{q/2} d\lambda < \infty$$

从而，

$$\int_{\mathbf{R}} e^{\phi\pi\lambda^2} \hat{h}(\lambda)^{q} d\lambda = \int_{\mathbf{R}} e^{\phi\pi\lambda^2} \hat{h}(\lambda)^{q/2} \hat{h}(\lambda)^{q/2} d\lambda \leqslant$$

$$\max \mid \hat{h}(\lambda) \mid^{q/2} \int_{\mathbf{R}} e^{\phi\pi\lambda^2} \hat{h}(\lambda)^{q/2} d\lambda \leqslant$$

$$\max \left(\int_{\mathbf{R}} \mid h(t) e^{-i\lambda t} \mid dt\right)^{q/2} \int_{\mathbf{R}} e^{\phi\pi\lambda^2} \hat{h}(\lambda)^{q/2} d\lambda \leqslant$$

$$\| h \|_{L^1(\mathbf{R})}^{q/2} \int_{\mathbf{R}} e^{\phi\pi\lambda^2} \hat{h}(\lambda)^{q/2} d\lambda < \infty$$

由式(2.3.3)、上面的不等式及第 1 章定理 1.1.6，可知 $h=0$ 对 $ab\geqslant 2$．因此 $f=0$．

情况二($p<\infty$). 令 $\|\cdot\|$ 表示 $\mathbf{R}^{2n+1}$ 上的欧氏范数，则对 $(x,\xi,t),(x_1,\xi_1,t_1)^{-1}\in H_n$(其中$(x_1,\xi_1,t_1)^{-1}=(-x_1,-\xi_1,-t_1)$)，有

$$\|(x,\xi,t)(-x_1,-\xi_1,-t_1)\|=$$
$$\|(x-x_1,\xi-\xi_1,t-t_1+\frac{1}{2}[\langle x_1,\xi\rangle-\langle x,\xi_1\rangle])\|\geqslant$$
$$\|(x,\xi,t)-(x_1,\xi_1,t_1)-(0,0,\frac{1}{2}[\langle x_1,\xi\rangle-\langle x,\xi_1\rangle])\|\geqslant$$
$$\|(x,\xi,t)\|-\|(x_1,\xi_1,t_1)\|-\frac{1}{2}\|(x_1,\xi_1,t_1)\|\cdot\|(x,\xi,t)\| \tag{2.3.4}$$

其中，

$$|[\langle x_1,\xi\rangle-\langle x,\xi_1\rangle]|\leqslant|x_1||\xi|+|x||\xi_1|\leqslant$$
$$(|x|+|\xi|)(|x_1|+|\xi_1|)\leqslant\|(x_1,\xi_1,t_1)\|\cdot\|(x,\xi,t)\|$$

令 $g\in C_c(H_n)$，其支集为 $\operatorname{supp} g\subset\{(x_1,\xi_1,t_1):\|(x_1,\xi_1,t_1)\|\leqslant(1/m)\}$. 再令 $(x,\xi,t)\in H_n$ 使得 $\|(x,\xi,t)\|>1$. 则由式(2.3.4)有

$$\|(x,\xi,t)(x_1,\xi_1,t_1)^{-1}\|\geqslant\|(x,\xi,t)\|(1-\frac{3}{2m})$$

对$(x_1,\xi_1,t_1)\in\operatorname{supp} g$. 令 $\mathrm{e}_a(x,\xi,t)=\mathrm{e}^{a\pi\|(x,\xi,t)\|^2}$，则

$$((\mathrm{e}_a|f|)*|g|)(x,\xi,t)\geqslant$$
$$\mathrm{e}_{a(1-\frac{3}{2m})^2}(x,\xi,t)(|f|*|g|)(x,\xi,t)$$

由(i)可知 $\mathrm{e}_a|f|$ 是一个 L^p 函数，g 是一个 $L^{p'}$ 函数($p^{-1}+p'^{-1}=1$). 因此，$(\mathrm{e}_a|f|)*|g|$ 是一个 L^∞ 函数，并令 C 是$(\mathrm{e}_a|f|)*|g|$ 的 L^∞ 范数. 则

$$|(f*g)(x,\xi,t)|\leqslant(|f|*|g|)(x,\xi,t)\leqslant$$
$$C\mathrm{e}^{-a(1-\frac{3}{2m})^2\pi\|(x,\xi,t)\|^2}$$

对所有范数大于 1 的$(x,\xi,t)\in H_n$ 成立. 利用 $f*g(f\in$

$L^1(\mathbf{R}^{2n+1}), g \in L^\infty(\mathbf{R}^{2n+1})$),有(必要时 C 可以表示不同的常数)

$$|(f*g)(x,\xi,t)| \leqslant C\mathrm{e}^{-a(1-\frac{3}{2m})^2\pi\|(x,\xi,t)\|^2}$$
$$\text{对所有的}(x,\xi,t)\in H_n \qquad (2.3.5)$$

由于$(\widehat{f*g})(\lambda)=\hat{f}(\lambda)\hat{g}(\lambda)$,$\hat{g}(\lambda)$ 是 $L^2(\mathbf{R}^n)$ 上有界的线性算子，所以有

$$\|(\widehat{f*g})(\lambda)\|_{\mathrm{HS}} \leqslant \|\hat{g}(\lambda)\|_{\mathrm{op}}\|\hat{f}(\lambda)\|_{\mathrm{HS}} \leqslant \|g\|_{L^1(H_n)}\|\hat{f}(\lambda)\|_{\mathrm{HS}}$$

因此,由(ⅱ),

$$\int_{\mathbf{R}} \mathrm{e}^{\phi\pi\lambda^2}\|(\widehat{f*g})(\lambda)\|_{\mathrm{HS}}^q|\lambda|^n\mathrm{d}\lambda \leqslant \|g\|_{L^1(H_n)}\int_{\mathbf{R}}\mathrm{e}^{\phi\pi\lambda^2}\|\hat{f}(\lambda)\|_{\mathrm{HS}}^q|\lambda|^n\mathrm{d}\lambda < \infty \qquad (2.3.6)$$

对给定的 $ab>1$(或 >2),选取 m 足够大使得

$$ab\left(1-\frac{3}{2m}\right)^2 > 1(\text{或} > 2)$$

由式(2.3.5)和式(2.3.6)可知,情况二的证明转化为情况一的证明,因此,$f*g=0$ a. e. 成立. 由于 g 是近似的恒等元,所以推出 $f=0$ a. e. 成立. 证毕.

下面给出 Heisenberg 群 H_n 上 Morgan 形式的不确定原理.

定理 2.3.2　令 $f: H_n \to \mathbf{C}$ 是可测函数. 假设对 $a,b,C>0$,f 满足:

(ⅰ) $|f(x,\xi,t)| \leqslant Cg(x,\xi)\mathrm{e}^{-a\pi t^p}$,对所有的$(x,\xi,t)\in H_n$;

(ⅱ) $\|\hat{f}(\lambda)\|_{\mathrm{HS}} \leqslant C\mathrm{e}^{-b\pi|\lambda|^q}$,对所有的 $\lambda\in\mathbf{R}\backslash\{0\}$.

其中,$g\in L^1(\mathbf{R}^{2n})\cap L^2(\mathbf{R}^{2n})$,$p\geqslant 2$, $p^{-1}+q^{-1}=1$. 若$(ap)^{1/p}\times(bq)^{1/q}>2$,则 $f=0$ a. e. 成立.

证明:令 h 与定理 2.3.1 证明中所定义的一样. 由假设(ⅰ),有

$$|h(t)|=\int_{\mathbf{R}^{2n+1}}|f(x,\xi,t-s)||f(x,\xi,-s)|\mathrm{d}x\mathrm{d}\xi\mathrm{d}s\leqslant$$
$$C'\int_{\mathbf{R}}\mathrm{e}^{-a\pi(|t-s|^{p}+|s|^{p})}\mathrm{d}s\leqslant$$
$$C'\int_{\mathbf{R}}\mathrm{e}^{-a\pi 2^{1-p/2}((t-s)^{2}+s^{2})^{p/2}}\mathrm{d}s\leqslant$$
$$A\mathrm{e}^{-a\pi 2^{1-p/2}|t|^{p}}$$

由式(2.3.1)和假设(ⅱ),有

$$|\hat{h}(\lambda)|\leqslant C|\lambda|^{n}\mathrm{e}^{-2b\pi|\lambda|^{q}}$$

对于$(ap)^{1/p}(bq)^{1/q}>2$,可选取$b'<b$使得

$$(ap)^{1/p}(b'q)^{1/q}>2$$

那么,有

$$|\hat{h}(\lambda)|\leqslant B\mathrm{e}^{-2b'\pi|\lambda|^{q}}$$

因为

$$(a2^{(1-p)}p)^{1/p}(2b'q)^{1/q}=(ap)^{1/p}(b'q)^{1/q}2^{(1-p)/p+1/q}>2$$

由第1章定理1.1.6,可知对几乎所有的$\lambda\in\mathbf{R}$,$\hat{h}(\lambda)=0$ a.e.成立.所以,由Plancherel定理,推出$f=0$ a.e.成立.证毕.

习　题　2

(1) 证明$W_{\lambda}(F*_{\lambda}G)=W_{\lambda}(F)W_{\lambda}(G)$以及$(f*\hat{g})(\lambda)=\hat{f}(\lambda)\hat{g}(\lambda)$.

(2) 证明Hermite函数Φ_{α}是Hermite算子$H=-\Delta+|x|^{2}$的固有函数,其固有值为$2|\alpha|+n$.

(3) 证明Hermite函数$\{\Phi_{\alpha}\}$是$L^{2}(\mathbf{R}^{n})$的一组正交基,特殊的Hermite函数$\{\Phi_{\alpha,\beta}\}$是$L^{2}(\mathbf{C}^{n})$的一组正交基.

(4) 证明特殊的Hermite函数$\Phi_{\nu,\nu}$与Laguerre函数φ_{k}满足:

$$\sum_{|\nu|=k}\Phi_{\nu,\nu}(z)=(2\pi)^{-n}\varphi_{k}(z)$$

且

$$\sum_k r^k L_k^\delta(t) \mathrm{e}^{-\frac{1}{4}t} = (1-r)^{-\delta-1} \mathrm{e}^{-\frac{1}{2}(\frac{1+r}{1-r})t}$$

其中 $t>0$，L_k^δ 为 $\delta>-1$ 型 Laguerre 多项式.

(5) 令 $\varphi,\psi,f,g \in L^2(\mathbf{R}^n)$，证明 $(V_\varphi(\psi),V_f(g)) = (\varphi,f)(g,\psi)$.

第 3 章　二步幂零 Lie 群上的不确定原理

本章分 3 节，3.1 节给出二步幂零 Lie 群的基础知识，包括群 Fourier 变换和 Plancherel 公式. 3.2 节建立二步幂零 Lie 群上 Hardy 形式的不确定原理. 3.3 节建立二步幂零 Lie 群上 Cowling-Price 形式的不确定原理.

3.1　二步幂零 Lie 群的基础知识

在这节中，我们给出二步幂零 Lie 群和二步幂零 Lie 代数的一些已有知识. 令 $\mathcal{N}$ 是一个实的二步幂零 Lie 代数，也就是说，$[\mathcal{N},\mathcal{N}]\neq\{0\}$ 且 $[\mathcal{N},[\mathcal{N},\mathcal{N}]]=\{0\}$. 把 $\mathcal{N}$ 表示为子空间的和，即

$$\mathcal{N}=\alpha\oplus\beta$$

其中，β 是 $\mathcal{N}$ 的中心，α 是 $\mathcal{N}$ 中 β 的补子空间. 令 $\dim\beta=k$. 在 $\mathcal{N}$ 中选取一个内积，使得 α 和 β 正交.

若 N 是单连通的 Lie 群，且以 $\mathcal{N}$ 为其 Lie 代数，则称 N 为二步幂零 Lie 群. 因为 $\mathcal{N}$ 是幂零的，所以指数映射是满射. 因此，可以使 N 参数化为 $\alpha\oplus\beta$，并且记：

$$(V,Z)=\exp\,(V+Z)$$

其中 $V\in\alpha$，$Z\in\beta$. 此时，可分别给出 N 中的如下乘法、逆运算以及范数：

$$(V,Z)(\tilde{V},\tilde{Z})=(V+\tilde{V},Z+\tilde{Z}+\frac{1}{2}[V,\tilde{V}]),\quad \forall V,\tilde{V}\in\alpha,\ \forall Z,\tilde{Z}\in\beta \tag{3.1.1}$$

$$(V,Z)^{-1}=(-V,-Z),\ \forall\,(V,Z)\in\alpha\oplus\beta \tag{3.1.2}$$

$$\|(V,Z)\| = (|V|^4 + |Z|^2)^{1/4},\ \forall (V,Z) \in \alpha \oplus \beta \tag{3.1.3}$$

用 dV 和 dZ 分别表示 α 和 β 上的 Lebsgue 测度，则 $dVdZ$ 是 N 上的 Haar 测度，这个测度通常记为 dn. 令 $S(N)$ 为 N 上的 Schwartz 空间，即 N 上使得 $f\exp$ 成为欧氏空间 N 上通常 Schwartz 函数所构成的函数 f 的空间.

现在给出群 N 上的酉表示. 令 β^* 是 β 的对偶空间，对固定的 $\lambda \in \beta^*$，定义 α 上的斜对称线性映射 $B(\lambda)$ 为

$$\langle B(\lambda)U, V\rangle = \lambda([U,V]),\quad \forall U,V \in \alpha \tag{3.1.4}$$

$B(\lambda)$ 的核记为 r_λ. 令 m_λ 是 α 中 r_λ 的正交补. 因为 $B(\lambda)$ 是斜对称的，所以 m_λ 是 $B(\lambda)$-不变的，且 $\dim m_\lambda$ 是偶数. Λ 表示使 $\dim m_\lambda$ 达到最大的向量空间 β^* 的 Zariski 开子集，这时对 $\forall \lambda \in \Lambda$，令 $\dim m_\lambda = 2m$. 用 $\mathrm{Sym}_{2m}B(\lambda)$ 表示在 $B(\lambda)$ 的根中的 $2m$ 阶对称函数.

固定 $\lambda \in \Lambda$. 存在正交向量场 $E_1(\lambda),\cdots,E_m(\lambda),\bar{E}_1(\lambda),\cdots,\bar{E}_m(\lambda) \in m_\lambda$，以及 $b_1(\lambda),\cdots,b_m(\lambda) \in \mathbf{R}^+$，使得

$$B(\lambda)E_i(\lambda) = b_i(\lambda)\bar{E}_i(\lambda)$$

$$B(\lambda)\bar{E}_i(\lambda) = -b_i(\lambda)E_i(\lambda)$$

$$\mathrm{Sym}_{2m}B(\lambda) = \Pi b_i(\lambda)^2$$

成立. 进一步，可以分解 α. 令 γ_λ 和 $\bar{\gamma}_\lambda$ 分别表示子空间 $\mathrm{span}\{E_1(\lambda),\cdots,E_m(\lambda)\}$ 和 $\mathrm{span}\{\bar{E}_1(\lambda),\cdots,\bar{E}_m(\lambda)\}$. 那么，可把 $V \in \alpha$ 表示为 $W + R$ 或 $X + Y + R$，其中 $W \in m_\lambda$，$X \in \gamma_\lambda$，$Y \in \bar{\gamma}_\lambda$，$R \in r_\lambda$. 因此，记

$$(W,R,Z) = \exp(W + R + Z) \in N$$

或 $$(X,Y,R,Z) = \exp(X + Y + R + Z) \in N$$

子代数 $\bar{\gamma}_\lambda \oplus r_\lambda \oplus \beta$ 记为 h_λ，定义 $H_\lambda = \exp(h_\lambda)$. 注意到 λ 在子代数 $[h_\lambda, h_\lambda]$ 上的限制是平凡的；因此，对 $\mu \in r_\lambda^*$（r_λ 的对偶），可以定义 H_λ 的一个特征 $\sigma_{\lambda,\mu}$ 为

$$\sigma_{\lambda,\mu}(Y,R,Z)=\mathrm{e}^{-\mathrm{i}(\lambda(Z)+\mu(R))},\quad \forall (Y,R,Z)\in H_\lambda$$

对 $\lambda\in\Lambda$ 和 $\mu\in r_\lambda^*$，定义 $\underset{\sim}{H}_{\lambda,\mu}$ 是 N 上所有可测的复值函数 g 的集合，使得

$$g(hn)=\sigma_{\lambda,\mu}(h)g(n),\ \forall h\in H_\lambda, n\in N=\gamma_\lambda\oplus\bar{\gamma}_\lambda\oplus r_\lambda\oplus\beta,$$

$$g(\cdot,0,0,0)\in L^2(\gamma_\lambda)$$

成立. 可以验证 $\underset{\sim}{H}_{\lambda,\mu}$ 在右平移下是不变的；并且对 $\forall n\in N$，$\exists h\in H_\lambda$，$X\in\gamma_\lambda$，使得 n 唯一地表示为

$$n=h(X,0,0,0)$$

因此，可以把 $\underset{\sim}{H}_{\lambda,\mu}$ 和 $L^2(\gamma_\lambda)$ 等同起来，并赋予 $\underset{\sim}{H}_{\lambda,\mu}$ 相应的 Hilbert 空间结构.

定义作用在 $\underset{\sim}{H}_{\lambda,\mu}$ 上的 N 的不可约酉表示 $\pi_{\lambda,\mu}$ 为

$$[\pi_{\lambda,\mu}(n)g](\tilde{n})=g(\tilde{n}n),\ \forall g\in \underset{\sim}{H}_{\lambda,\mu},\ \forall n,\tilde{n}\in N$$

因为

$$(\tilde{X},0,0,0)(X,Y,R,Z)=h(X+\tilde{X},0,0,0)$$

其中

$$h=(0,Y,R,Z+[\tilde{X}+\frac{1}{2}X,Y+R-\tilde{X}])=$$

$$(0,Y,R,Z+[\tilde{X}+\frac{1}{2}X,Y])$$

$$(\tilde{X},0,0,0)(X,Y,R,Z)=(X+\tilde{X},Y,R,Z+\frac{1}{2}[\tilde{X},Y])$$

$$h\cdot(X+\tilde{X},0,0,0)=$$

$$(X+\tilde{X},Y,R,Z+[\tilde{X}+\frac{1}{2}X,Y]+\frac{1}{2}[(0,Y,R),(X+\tilde{X},0,0)])=$$

$$(X+\tilde{X},Y,R,Z+[\tilde{X},Y]+\frac{1}{2}[X,Y]+\frac{1}{2}[Y,X]+\frac{1}{2}[Y,\tilde{X}])=$$

$$(X+\tilde{X},Y,R,Z+\frac{1}{2}[\tilde{X},Y])$$

所以 $\pi_{\lambda,\mu}$ 可以表示为

$$[\pi_{\lambda,\mu}(X,Y,R,Z)\varphi](\widetilde{X})=\mathrm{e}^{-2\pi i\lambda(Z+[\widetilde{X}+\frac{1}{2}X,Y])}\mathrm{e}^{-2\pi i\mu(R)}\varphi(X+\widetilde{X}),$$
$$\forall\varphi\in L^2(\gamma_\lambda)\qquad(3.1.5)$$

对于 N,还存在其他形式的不可约酉表示,但是它们在 Plancherel 公式中不发挥任何作用.

定义函数 $f\in L^1(N)$ 的群 Fourier 变换为

$$\pi_{\lambda,\mu}(f)=\int_N f(n)\pi_{\lambda,\mu}(n)\mathrm{d}n,\quad\forall\lambda\in\Lambda,\forall\mu\in r_\lambda^*\qquad(3.1.6)$$

若 $f\in S(N)$,那么 $\pi_{\lambda,\mu}(f)$ 是 Hilbert-Schmidt 算子. 事实上,由式(1.5),有

$$\pi_{\lambda,\mu}(f)\,\varphi(\widetilde{X})=\int_{\gamma_\lambda}\int_{\bar{\gamma}_\lambda}\int_{r_\lambda}\int_\beta f(X,Y,R,Z)\times$$
$$\mathrm{e}^{-2\pi i\lambda(Z+[\widetilde{X}+\frac{1}{2}X,Y])-2\pi i\mu(R)}\varphi(X+\widetilde{X})\mathrm{d}Z\mathrm{d}R\mathrm{d}Y\mathrm{d}X=$$
$$\int_{\gamma_\lambda}K_{f,\lambda,\mu}(\widetilde{X},X)\varphi(X)\mathrm{d}X\qquad(3.1.7)$$

其中

$$K_{f,\lambda,\mu}(\widetilde{X},X)=\int_{\bar{\gamma}_\lambda}\int_{r_\lambda}\int_\beta f(X-\widetilde{X},Y,R,Z)\times$$
$$\mathrm{e}^{-2\pi i\lambda(Z+\frac{1}{2}[\widetilde{X}+X,Y])-2\pi i\mu(R)}\mathrm{d}Z\mathrm{d}R\mathrm{d}Y=:$$
$$\mathscr{F}_{\bar{\gamma}_\lambda\oplus r_\lambda\oplus\beta}f\left(X-\widetilde{X},\frac{1}{2}B(\lambda)(X+\widetilde{X}),\mu,\lambda\right)$$
$$(3.1.8)$$

是核函数,$\pi_{\lambda,\mu}(f)$ 的 Hilbert-Schmidt 范数为

$$\|\pi_{\lambda,\mu}(f)\|_{\mathrm{HS}}^2=\int_{\gamma_\lambda}\int_{\gamma_\lambda}|K_{f,\lambda,\mu}(\widetilde{X},X)|^2\mathrm{d}X\mathrm{d}\widetilde{X}=$$
$$\int_{\gamma_\lambda}\int_{\gamma_\lambda}\left|F_{\bar{\gamma}_\lambda\oplus r_\lambda\oplus\beta}f\left(X-\widetilde{X},\frac{1}{2}B(\lambda)(X+\widetilde{X}),\mu,\lambda\right)\right|^2\mathrm{d}X\mathrm{d}\widetilde{X}$$
$$\xlongequal{(令 U=X-\widetilde{X},V=\frac{X+\widetilde{X}}{2})}$$
$$\int_{\gamma_\lambda}\int_{\gamma_\lambda}|\mathscr{F}_{\bar{\gamma}_\lambda\oplus r_\lambda\oplus\beta}f(U,B(\lambda)V,\mu,\lambda)|^2\mathrm{d}V\mathrm{d}U\xlongequal{(令 \bar{V}=B(\lambda)V)}$$

$$\mathrm{Sym}_{2m}B(\lambda)^{-1/2}\int_{\gamma_\lambda}\int_{\gamma_\lambda}|\mathscr{F}_{\bar{\gamma}_\lambda\oplus r_\lambda\oplus\beta}f(U,\bar{V},\mu,\lambda)|^2\mathrm{d}\bar{V}\mathrm{d}U=$$

$$\mathrm{Sym}_{2m}B(\lambda)^{-1/2}\int_{\gamma_\lambda}\int_{\bar{\gamma}_\lambda}|\mathscr{F}_{r_\lambda\oplus\beta}f(U,Y,\mu,\lambda)|^2\mathrm{d}Y\mathrm{d}U=$$

$$\mathrm{Sym}_{2m}B(\lambda)^{-1/2}\int_{m_\lambda}|\mathscr{F}_{r_\lambda\oplus\beta}f(W,\mu,\lambda)|^2\mathrm{d}W \qquad (3.1.9)$$

其中

$$\mathscr{F}_{r_\lambda\oplus\beta}f(W,\mu,\lambda)=\int_{r_\lambda}\int_\beta f(W,R,Z)\mathrm{e}^{-2\pi\mathrm{i}\lambda(Z)-2\pi\mathrm{i}\mu(R)}\mathrm{d}Z\mathrm{d}R$$

$$\int_{\gamma_\lambda}|\mathscr{F}_{\bar{\gamma}_\lambda\oplus r_\lambda\oplus\beta}f(U,\bar{V},\mu,\lambda)|^2\mathrm{d}\bar{V}=$$

$$\int_{\bar{\gamma}_\lambda}|\mathscr{F}_{r_\lambda\oplus\beta}f(U,Y,\mu,\lambda)|^2\mathrm{d}Y$$

这是根据欧氏空间上的 Plancherel 公式

$$\|f\|_{L^2}=\|\hat{f}\|_{L^2},\quad \forall f\in L^2,\forall\hat{f}\in L^2$$

得到的. 这里 $\hat{f}$ 是 f 在 Schwartz 空间中的 Fourier 变换. 由于 $\mathrm{Sym}_{2m}B(\lambda)$ 是 λ 的非负齐次多项式，因此由式(3.1.9) 可推出：

$$\int_{r_\lambda^*}\|\pi_{\lambda,\mu}(f)\|_{\mathrm{HS}}^2\mathrm{Sym}_{2m}B(\lambda)^{1/2}\mathrm{d}\mu=$$

$$\int_{m_\lambda}\int_{r_\lambda^*}|\mathscr{F}_{r_\lambda\oplus\beta}f(W,\mu,\lambda)|^2\mathrm{d}\mu\mathrm{d}W=$$

$$\int_{m_\lambda}\int_{r_\lambda}|\mathscr{F}_\beta f(W,R,\lambda)|^2\mathrm{d}R\mathrm{d}W=$$

$$\int_\alpha|\mathscr{F}_\beta f(V,\lambda)|^2\mathrm{d}V \qquad (3.1.10)$$

又从式(3.1.10) 推出 Plancherel 公式：

$$\int_{\beta^*}\int_{r_\lambda^*}\|\pi_{\lambda,\mu}(f)\|_{\mathrm{HS}}^2\mathrm{Sym}_{2m}B(\lambda)^{1/2}\mathrm{d}\mu\mathrm{d}\lambda=$$

$$\int_\alpha\int_{\beta^*}|\mathscr{F}_\beta f(V,\lambda)|^2\mathrm{d}\lambda\mathrm{d}V=\int_\alpha\int_\beta|f(V,Z)|^2\mathrm{d}Z\mathrm{d}V=$$

$$\int_N|f(n)|^2\mathrm{d}n=\|f\|_{L^2(N)} \qquad (3.1.11)$$

其中

$$\mathscr{F}_\beta f(V,\lambda)=\int_\beta f(V,Z)\mathrm{e}^{-2\pi\mathrm{i}\lambda(Z)}\mathrm{d}Z$$

对 Hilbert 空间 H 上的有界算子 T，tr 可通过下式定义

$$\mathrm{tr}T=\sum_{j=1}^{\infty}\langle e_j,Te_j\rangle$$

其中$\{e_j\}_{j=1}^{\infty}$是 H 的标准正交基. 故对 Hilbert 空间 $L^2(\gamma_\lambda)$ 上的 Hilbert-Schmidt 算子 $\pi_{\lambda,\mu}(f)$，有

$$\begin{aligned}\|\pi_{\lambda,\mu}(f)\|_{\mathrm{HS}}^2=&\sum_{j=1}^{\infty}\|\pi_{\lambda,\mu}(f)e_j\|^2=\\&\sum_{j=1}^{\infty}\langle\pi_{\lambda,\mu}(f)e_j,\pi_{\lambda,\mu}(f)e_j\rangle=\\&\sum_{j=1}^{\infty}\langle e_j,\pi_{\lambda,\mu}(f)^*\pi_{\lambda,\mu}(f)e_j\rangle=\\&\mathrm{tr}(\pi_{\lambda,\mu}(f)*\pi_{\lambda,\mu}(f))\end{aligned}$$

极化式(3.1.10)，可推出

$$\begin{aligned}&\int_{r_\lambda^*}\mathrm{tr}(\pi_{\lambda,\mu}(f)\pi_{\lambda,\mu}(g)^*)\mathrm{Sym}_{2m}B(\lambda)^{1/2}\mathrm{d}\mu=\\&\int_\alpha\mathscr{F}_\beta f(V,\lambda)\overline{\mathscr{F}_\beta g(V,\lambda)}\mathrm{d}V\end{aligned}\tag{3.1.12}$$

假设 κ 是 $L^2(\gamma_\lambda)$ 上的一个核算子，它的核函数 $K\in S(\gamma_\lambda\gamma_\lambda)$. 可以断言 κ 是迹类算子，且

$$\mathrm{tr}\,|\,\kappa\,|\leqslant C\|K\|_*$$

其中 $\|\cdot\|_*$ 是一个适当的 Schwartz 半范数的和，常数 C 依赖于 γ_λ 的维数，但是不依赖 K. 事实上，令$\{e_i\}$是 $L^2(\gamma_\lambda)$ 中由形式为 $h_{i1}\otimes\cdots\otimes h_{im}$ 的积给出的正交基，其中每一个 h_{ik} 是 Hermite 函数. 注意到

$$\kappa f=\kappa(\sum_j e_j\langle f,e_j\rangle)=\sum_j(\kappa e_j)\langle f,e_j\rangle=$$

$$\sum_j \sum_i \langle e_i, \kappa e_j \rangle e_i \langle f, e_j \rangle =$$
$$\sum_{i,j} c_{i,j} e_i \langle f, e_j \rangle \qquad \forall f \in L^2(\gamma_\lambda)$$

其中 $c_{i,j} = \langle e_i, \kappa e_j \rangle$. 这个和中的每一项($f \mapsto e_i \langle f, e_j \rangle$ 都是迹范数为 1 的迹类算子,(令 $Af = e_i \langle f, e_j \rangle$, 则 $\operatorname{tr} | A | = \sup_{\| f \| = 1} | e_i \langle f, e_j \rangle | = 1$). 因此

$$\operatorname{tr} | \kappa | = \sup_{\| f \| = 1} \operatorname{tr} | \kappa f | \leqslant \sum_{i,j} | c_{i,j} | \sup_{\| f \| = 1} \operatorname{tr} | e_i \langle f, e_j \rangle | =$$
$$\sum_{i,j} | c_{i,j} | \operatorname{tr} | A | = \sum_{i,j} | c_{i,j} |$$

右端的和可利用事实 $K \in S(\gamma_\lambda \gamma_\lambda)$ 进行估计.

从上述断言可知,若 $g \in S(N)$,那么有

$$\operatorname{tr} | \pi_{\lambda,\mu}(g) | \leqslant C \| K_{g,\lambda,\mu} \|_* =$$
$$C \| (X, \widetilde{X}) \mapsto \mathscr{F}_{\bar{\gamma}_\lambda \oplus r_\lambda \oplus \beta} g(X - \widetilde{X}, 1/2B(\lambda)(X + \widetilde{X}), \mu, \lambda) \|_* =$$
$$C' \| (U, V) \mapsto \mathscr{F}_{\bar{\gamma}_\lambda \oplus r_\lambda \oplus \beta} g(U, B(\lambda)V, \mu, \lambda) \|_{**}$$

其中 $\| \cdot \|_{**}$ 表示一个与 $\| \cdot \|_*$ 不同的 Schwartz 半范数的和. 在 Fourier 分析中,上式的右端按照 λ 可由下面各项的和进行一致估计:

$$(b^I(\lambda) \int_\beta \int_\alpha | V^j D^k g(V, Z) |^2 \mathrm{d}V \mathrm{d}Z)^{1/2} \tag{3.1.13}$$

其中,I 是一个负整数的多重指标,V^j 是一个多项式,D^k 是对 α 中变量的偏导数. 对 $R \in \mathscr{N}$,令 $\widetilde{R}$ 为 N 上的左不变向量场,它在 N 的单位元处等于 R. 标准的分部积分表明,对任意的整数 k, 有

$$\pi_{\lambda,\mu}(\widetilde{R}^k g) = (2\pi \mathrm{i} \mu(R))^k \pi_{\lambda,\mu}(g), \quad \forall R \in r_\lambda$$

这是因为

$$\pi_{\lambda,\mu}(\widetilde{R}^k g) \varphi(\widetilde{X}) =$$
$$\int_{\gamma_\lambda} \int_{r_\lambda} [\widetilde{R}^k \mathscr{F}_{\bar{\gamma}_\lambda \oplus \beta} g(X, B(\lambda)(\widetilde{X} + \frac{1}{2}X), R, \lambda)] \times$$
$$\mathrm{e}^{-2\pi i \mu(R)} \varphi(X + \widetilde{X}) \mathrm{d}R \mathrm{d}X =$$

$$\int_{\gamma_\lambda} [\widetilde{R}^{k-1} \mathscr{F}_{\widetilde{\gamma}_\lambda \oplus \beta} g(X, B(\lambda)(\widetilde{X} + \frac{1}{2}X), R, \lambda)] \mathrm{e}^{-2\pi i \mu(R)} \Big|_{\partial r_\lambda} \times$$

$$\varphi(X + \widetilde{X}) \mathrm{d}X + 2\pi i \mu(R) \int_{\gamma_\lambda} \int_{r_\lambda} [\widetilde{R}^{k-1} \mathscr{F}_{\widetilde{\gamma}_\lambda \oplus \beta} g(X, B(\lambda) \times$$

$$(\widetilde{X} + \frac{1}{2}X), R, \lambda)] \mathrm{e}^{-2\pi i \mu(R)} \varphi(X + \widetilde{X}) \mathrm{d}R \mathrm{d}X = \cdots =$$

$$(2\pi i \mu(R))^k \pi_{\lambda, \mu}(g) \varphi(\widetilde{X})$$

其中 ∂r_λ 表示 r_λ 的边界. 因此,$(1 + |\mu|)^k \mathrm{tr} \mid \pi_{\lambda,\mu}(g) \mid$ 也可由形如式(3.1.13)的各项的和进行估计. 事实上,可推出存在常数 C 和正整数 L,使得

$$(1 + |\mu|)^k \mathrm{tr} \mid \pi_{\lambda,\mu}(g) \mid \leqslant Cr(\lambda)^L \| g \|_{***} \tag{3.1.14}$$

其中,

$$r(\lambda) = \sum_{i=1}^{m} (b_i(\lambda)^{-2} + b_i(\lambda)^2) \tag{3.1.15}$$

$\|\cdot\|_{***}$ 表示又一个 Schwartz 半范数的和. 由于 $r(\lambda)$ 是 $B(\lambda)$ 的固有值的对称有理函数,因此 $r(\lambda)$ 是 λ 的有理函数,且有

$$\mathrm{Sym}_{2m} B(\lambda) = \Pi b_i(\lambda)^2 \leqslant m^{-m} (\sum_{i=1}^{m} b_i(\lambda)^2)^m \leqslant$$

$$m^{-m} (\sum_{i=1}^{m} (b_i(\lambda)^{-2} + b_i(\lambda)^2))^m = m^{-m} r(\lambda)^m \tag{3.1.16}$$

3.2　二步幂零 Lie 群上的 Hardy 形式的不确定原理

本节给出二步幂零 Lie 群上 Hardy 形式的不确定原理.

定理 3.2.1　令 a,b 是正常数,使得 $ab > 1/4$,C,C' 是常数,k,l 是正整数. 假设 f 是 $\mathbf{N}$ 上的局部可积函数,满足下面两个估计

$$(\mathrm{i}) \int_\alpha |f(V,Z)| (1 + |V|)^{-k} \mathrm{d}V \leqslant C\mathrm{e}^{-a|Z|^2}, \quad Z \in \beta \tag{3.2.1}$$

$$(\text{ii})\int_{r_\lambda^*}\|\pi_{\lambda,\mu}(f)\|_{\text{op}}(1+|\mu|)^{-k}\mathrm{d}\mu\leqslant C'r(\lambda)^l\mathrm{e}^{-b\pi|\lambda|^2},\quad \forall\lambda\in\Lambda \qquad (3.2.2)$$

其中 $\|\cdot\|_{\text{op}}$ 表示算子的范数，$r(\lambda)$ 的定义见式(3.1.15). 那么 $f=0$ a.e. 成立.

证明：选取 $l\in\mathbf{R}^+$ 足够大使得

$$ab>\frac{(a+l)}{4l}$$

且令 $a'=al/(a+l)$. 固定 $g_0\in\mathcal{S}(\alpha)$，并定义 $\mathbf{N}$ 上的函数 g 和 β 上的函数 h 分别为

$$g(V,Z)=g_0(V)\mathrm{e}^{-l|Z|^2},\quad \forall V\in\alpha,\forall Z\in\beta$$

和

$$h(Z)=\int_\alpha\int_\beta f(V,Z-Z')\bar{g}(V,Z')\mathrm{d}Z'\mathrm{d}V,\quad \forall Z\in\beta$$

同时，由式(3.2.1)，有

$$\begin{aligned}
&|h(Z)|\leqslant\\
&\int_\beta\left|\int_\alpha f(V,Z-Z')\bar{g}_0(V)\mathrm{d}V\right|\mathrm{e}^{-l|Z'|^2}\mathrm{d}Z'\leqslant\\
&\int_\beta\int_\alpha|f(V,Z-Z')|(1+|V|)^{-k}\mathrm{d}V\times\\
&\int_\alpha(1+|V|)^{-k}(|\bar{g}_0(V)|\mathrm{d}V)\mathrm{e}^{-l|Z'|^2}\mathrm{d}Z'\leqslant\\
&C\int_\beta\mathrm{e}^{-a|Z-Z'|^2}\mathrm{e}^{-l|Z'|^2}\mathrm{d}Z'\leqslant\\
&C\int_\beta\mathrm{e}^{-[(a-\frac{a}{a+l})|Z|^2+(a+l)(|Z'|-\frac{a}{a+l}|Z|)^2]}\mathrm{d}Z'=\\
&C''\mathrm{e}^{-a'|Z|^2},\quad \forall Z\in\beta
\end{aligned}$$

注意到 $Z\mapsto\mathrm{e}^{-l|Z|^2}$ 是偶函数，因此 $\mathcal{F}_3 g$ 按照 β^* 中的变量是偶函数. 根据式(3.1.12)、式(3.1.14)和式(3.2.2)，有

$$|(\mathcal{F}_3h)(\lambda)|\leqslant\left|\int_\beta\mathrm{e}^{-\mathrm{i}\lambda(Z)}\int_\alpha\int_\beta f(V,Z-Z')\bar{g}(V,Z')\mathrm{d}Z'\mathrm{d}V\mathrm{d}Z\right|=$$

$$| \int_\beta \int_\alpha \int_\beta e^{-i\lambda(Z-Z')} f(V,Z-Z') e^{-i\lambda(Z')} \overline{g}(V,Z') dZ' dV dZ | =$$

$$| \int_\alpha \mathscr{F}_3 f(V,\lambda) \mathscr{F}_3 \overline{g}(V,\lambda) dV | =$$

$$| \int_\alpha \mathscr{F}_3 f(V,\lambda) \overline{\mathscr{F}_3 g(V,\lambda)} dV | =$$

$$(2\pi)^{m-\dim \alpha} \, | \int_{r_\lambda^*} \operatorname{tr}(\pi_{\lambda,\mu}(f)\pi_{\lambda,\mu}(g)^*) \operatorname{Sym}_{2m} B(\lambda)^{1/2} d\mu | \leqslant$$

$$(2\pi)^{m-\dim \alpha} \int_{r_\lambda^*} \| \pi_{\lambda,\mu}(f) \|_{op} \operatorname{tr} | \pi_{\lambda,\mu}(g) | \operatorname{Sym}_{2m} B(\lambda)^{1/2} d\mu \leqslant$$

$$Cr(\lambda)^L \| g \|_{***} \int_{r_\lambda^*} \| \pi_{\lambda,\mu}(f) \|_{op} (1+|\mu|)^{-k} \operatorname{Sym}_{2m} B(\lambda)^{1/2} d\mu \leqslant$$

$$CC' r(\lambda)^{L+m} \| g \|_{***} e^{-\beta|\lambda|^2}, \forall \lambda \in \Lambda$$

在 β 上存在一个常系数微分算子 $q(D)$，使得它的 Fourier 变换 $q(\lambda)$ 是有理函数 $r(\lambda)$ 的分母. 选取任意的非零函数 $H \in C_c^\infty(\beta)$，并定义 $H_1 = q(D)^{L+m} H$. 则 $H_1 * h$ 满足下述两个不等式

$$| H_1 * h(Z) | \leqslant C'' e^{-a'|Z|^2}, \quad \forall Z \in \beta \tag{3.2.3}$$

和

$$| \mathscr{F}_3(H_1 * h)(\lambda) | \leqslant | p(\lambda) | e^{-\beta|\lambda|^2}, \quad \forall \lambda \in \Lambda \tag{3.2.4}$$

其中 p 是一个多项式. 因为 $H_1 * h$ 是可积的，所以它的 Fourier 变换是连续的. 因此，式(3.2.4) 对所有的 $\lambda \in \beta^*$ 都成立. 由于

$$a'b = \frac{l}{a+l} ab > \frac{1}{4}$$

所以 β 上的 Hardy 不确定原理表明 $\mathscr{F}_3(H_1 * h) = 0$ 几乎处处成立. 然而，$\mathscr{F}_3 H_1$ 在零测集上为零，从而 $\mathscr{F}_3 h = 0$ 几乎处处成立. h 的可积性表明它的 Fourier 变换是连续的，因此 $h = 0$ 几乎处处成立. 进一步，可知 $\mathscr{F}_3 f(V,\lambda) = 0$ 对几乎所有的$(V,\lambda) \in \alpha\beta^*$ 成立. 最后，根据 Plancherel 公式(3.1.11) 可知 $f = 0$ 几乎处处成立. 证毕.

3.3 二步幂零 Lie 群上的 Cowling-Price 形式的不确定原理

本节的目的是将欧氏空间上的 Cowling-Price 形式的不确定原理推广到一般的二步幂零 Lie 群上,从而推广了 Heisenberg 群上的结果. 我们用 x'_j 表示 $(x_1,\cdots,x_{j-1},x_{j+1},\cdots,x_n)\in\mathbf{R}^{n-1}$. 本节经常需要解决偏 Fourier 变换的问题. 假设 τ 是 η 的子空间, f 是 η 上的函数;用 $F_\tau f$ 表示 f 关于 τ 中变量的欧氏 Fourier 变换. 用 $S(\eta)$ 表示 η 的 Schwartz 空间, 即无穷可微函数 f 的空间, 使得对所有的 η 上的多项式 S^i 和 f 的任意阶偏导数 $D_j f$, $S^iD_j f$ 属于 $L^2(\eta)$. 称 $S^iD_j f$ 在 $L^2(\eta)$ 中的范数为 Schwartz 半范数.

首先证明 N 上的类似于第 1 章定理 1.1.4 的 Hardy 形式的不确定原理.

定理 3.3.1 令 $S(N)$ 为 N 上的 Schwartz 空间, $f\in S(N)$. 假设对 $a,b>0$, $1\leqslant q<\infty$ 及 j $(1\leqslant j\leqslant k)$, f 满足:

(i) $|f(V,Z)|\leqslant C\mathrm{e}^{-a\pi\|(V,Z)\|^4}$, $\forall\,(V,Z)\in N$;

(ii) $\int_{\beta^*}\int_{r_\lambda^*}\mathrm{e}^{\phi\pi(|\lambda|^2+|\mu|^2)}\,|v(\lambda'_j)|^q\,\|\pi_{\lambda,\mu}(f)\|_{\mathrm{HS}}^q\,\mathrm{Sym}_{2m}B(\lambda)^{1/2}\times \mathrm{d}\mu\mathrm{d}\lambda<\infty$.

其中, $C>0$ 是常数, $\|\pi_{\lambda,\mu}(f)\|_{\mathrm{HS}}$ 表示 $\pi_{\lambda,\mu}(f)$ 的 Hilbert-Schmidt 范数, $\|\cdot\|$ 表示 Lie 代数中元素的范数(3.1.3), $|\cdot|$ 表示欧氏范数, $v:\mathbf{R}^{k-1}\to\mathbf{C}$ 是可测的, 且 $v\geqslant\sigma>0$, 这里 σ 是常数, $1/v\in L^{q'}(\mathbf{R}^{k-1})$, $q^{-1}+q'^{-1}=1$. 那么,

(1) 若 $q=2$, $ab\geqslant1$, 则 $f=0$ a. e. 成立; 若 $q>2$, $ab>1$, 则 $f=0$ a. e. 成立;

(2) 若 $1\leqslant q<2$, $ab>2$, 则 $f=0$ a. e. 成立.

证明:定义

$$f_V(Z)=f(V,Z)$$

$$f_V^*(Z)=\overline{f(V,-Z)}$$

$$h(Z)=\int_\alpha (f_V * f_V^*)(Z)\mathrm{d}V=\int_\alpha\int_\beta f_V(\widetilde{Z})\cdot f_V(\widetilde{Z}-Z)\mathrm{d}\widetilde{Z}\mathrm{d}V$$

一方面,由定理 3.3.1 的假设(ⅰ),有

$$|h(Z)|\leqslant\int_\beta\int_\alpha |f_V(\widetilde{Z})||f_V(\widetilde{Z}-Z)|\mathrm{d}V\mathrm{d}\widetilde{Z}\leqslant$$

$$C\int_\beta\int_\alpha \mathrm{e}^{-a\pi(2|V|^4+|\widetilde{Z}|^2+|\widetilde{Z}-Z|^2)}\mathrm{d}V\mathrm{d}\widetilde{Z}\leqslant$$

$$C\int_\beta\int_\alpha \mathrm{e}^{-a\pi\{2|V|^4+\frac{1}{2}(2|\widetilde{Z}|-|Z|)^2+\frac{1}{2}|Z|^2\}}\mathrm{d}V\mathrm{d}\widetilde{Z}=$$

$$C\mathrm{e}^{-\frac{a}{2}\pi|Z|^2}\int_\beta\int_\alpha \mathrm{e}^{-a\pi\{2|V|^4+\frac{1}{2}(2|\widetilde{Z}|-|Z|)^2\}}\mathrm{d}V\mathrm{d}\widetilde{Z}$$

利用 $\mathrm{e}^{-a\pi\{2|V|^4+\frac{1}{2}(2|\widetilde{Z}|-|Z|)^2\}}$ 在 N 上可积,则有

$$|h(Z)|\leqslant C_1\mathrm{e}^{-\frac{a}{2}\pi|Z|^2}\leqslant C_1\mathrm{e}^{-\frac{a}{2}\pi Z_j^2} \tag{3.3.1}$$

其中,

$$|\widetilde{Z}|^2+|\widetilde{Z}-Z|^2\geqslant|\widetilde{Z}|^2+(|\widetilde{Z}|-|Z|)^2=$$

$$2|\widetilde{Z}|2-2|\widetilde{Z}\|Z|+|Z|^2=$$

$$\frac{1}{2}(2|\widetilde{Z}|-|Z|)^2+\frac{1}{2}|Z|^2$$

另一方面,由式(3.1.10)有

$$|\hat{h}(\lambda)|=|\int_\beta \mathrm{e}^{-2\pi i\lambda(Z)}\int_\alpha\int_\beta f(V,\widetilde{Z})\overline{f(V,\widetilde{Z}-Z)}\mathrm{d}\widetilde{Z}\mathrm{d}V\mathrm{d}Z|=$$

$$|\int_\beta\int_\alpha\int_\beta \mathrm{e}^{-2\pi i\lambda(\widetilde{Z})}f(V,\widetilde{Z})\mathrm{e}^{-2\pi i\lambda(Z-\widetilde{Z})}\overline{f(V,\widetilde{Z}-Z)}\mathrm{d}\widetilde{Z}\mathrm{d}V\mathrm{d}Z|=$$

$$|\int_\alpha \mathscr{F}_\beta f(V,\lambda)(\mathscr{F}_\beta\overline{f}(V,\lambda))\mathrm{d}V|=$$

$$|\int_\alpha \mathscr{F}_\beta f(V,\lambda)\overline{\mathscr{F}_\beta f(V,\lambda)}\mathrm{d}V|=$$

$$\int_\alpha |\mathscr{F}_\beta f(V,\lambda)|^2\mathrm{d}V=$$

$$\int_{r_\lambda^*} \| \pi_{\lambda,\mu}(f) \|_{\mathrm{HS}}^2 \mathrm{Sym}_{2m} B(\lambda)^{1/2} \mathrm{d}\mu \tag{3.3.2}$$

(1) 首先假设 $q=2, ab \geqslant 1$. 由 $v(\lambda'_j) \geqslant \sigma > 0$,式(3.3.2)及定理3.3.1的假设(ⅱ),有

$$\int_{\beta^*} \mathrm{e}^{2b\pi\lambda_j^2} | v(\lambda'_j) \| \hat{h}(\lambda) | \mathrm{d}\lambda \leqslant$$

$$\int_{\beta^*} \mathrm{e}^{2b\pi|\lambda|^2} \frac{1}{|v|} | v(\lambda'_j) |^2 | \hat{h}(\lambda) | \mathrm{d}\lambda \leqslant$$

$$\frac{1}{\sigma}\int_{\beta^*} \mathrm{e}^{2b\pi(|\lambda|^2+|\mu|^2)} | v(\lambda'_j) |^2 | \hat{h}(\lambda) | \mathrm{d}\lambda =$$

$$\frac{1}{\sigma}\int_{\beta^*}\int_{r_\lambda^*} \mathrm{e}^{2b\pi(|\lambda|^2+|\mu|^2)} | v(\lambda'_j) |^2 \| \pi_{\lambda,\mu}(f) \|_{\mathrm{HS}}^2 \times$$

$$\mathrm{Sym}_{2m} B(\lambda)^{1/2} \mathrm{d}\mu \mathrm{d}\lambda < \infty \tag{3.3.3}$$

其中,λ_j 是 λ 的第 j 个分量. 根据式(3.3.1)和式(3.3.3),可知对 $p=\infty, q=2, h$ 满足第1章定理1.1.4的条件(当 $p\to\infty$ 时,第1章定理1.1.4的假设(ⅰ)就变为 $|f(x)| \leqslant C\mathrm{e}^{-a\pi x_j^2}$),因此 $h=0$ a.e. 成立. 由 h 的可积性,推出 $\hat{h}=0$. 回到式(3.3.2),对 $\forall\lambda\in\Lambda, \forall\mu\in r_\lambda^*$, $\|\pi_{\lambda,\mu}(f)\|_{\mathrm{HS}}=0$ a.e. 成立. 由 Plancherel 公式(3.1.11),推出 $f=0$ a.e. 成立.

现在考虑 $q>2, ab>1$. 令 $\varepsilon>0$,使得 $ab'>1, b'=b-\varepsilon$. 那么,由式(3.3.2)有

$$\int_{\beta^*} \mathrm{e}^{qb'\pi|\lambda|^2} | v(\lambda'_j) |^q | \hat{h}(\lambda) |^{q/2} \mathrm{d}\lambda =$$

$$\int_{\beta^*} \mathrm{e}^{qb'\pi|\lambda|^2} | v(\lambda'_j) |^q \times$$

$$\left(\int_{r_\lambda^*} \| \pi_{\lambda,\mu}(f) \|_{\mathrm{HS}}^2 \mathrm{Sym}_{2m} B(\lambda)^{1/2} \mathrm{d}\mu\right)^{q/2} \mathrm{d}\lambda \leqslant$$

$$\int_{\beta^*} \mathrm{e}^{qb'\pi|\lambda|^2} | v(\lambda'_j) |^q \times$$

$$\mathrm{Sym}_{2m} B(\lambda)^{q/4} \left(\int_{r_\lambda^*} \mathrm{e}^{2b'\pi|\mu|^2} \| \pi_{\lambda,\mu}(f) \|_{\mathrm{HS}}^2 \mathrm{d}\mu\right)^{q/2} \mathrm{d}\lambda =$$

$$\int_{\beta^*} e^{\phi'\pi|\lambda|^2} \mid v(\lambda'_j) \mid^q \times$$

$$\mathrm{Sym}_{2m}B(\lambda)^{q/4}\left(\int_{r_\lambda^*} e^{-2\varepsilon\pi|\mu|^2} e^{2b\pi|\mu|^2} \| \pi_{\lambda,\mu}(f) \|_{\mathrm{HS}}^2 d\mu\right)^{q/2} d\lambda$$

对 $q/(q-2)$ 和 $q/2$ 利用 Hölder 不等式，并利用定理 3.3.1 的假设(ⅱ)，得到

$$\int_{\beta^*} e^{\phi'\pi\lambda_j^2} \mid v(\lambda'_j) \mid^{q/2} \mid \hat{h}(\lambda) \mid^{q/2} d\lambda \leqslant$$

$$\int_{\beta^*} e^{\phi'\pi|\lambda|^2} \mid v(\lambda'_j) \mid^{-q/2} \mid v(\lambda'_j) \mid^q \mid \hat{h}(\lambda) \mid^{q/2} d\lambda \leqslant$$

$$\sigma^{-q/2}\int_{\beta^*} e^{\phi'\pi|\lambda|^2} \mid v(\lambda'_j) \mid^q \times$$

$$\mathrm{Sym}_{2m}B(\lambda)^{q/4}\left(\int_{r_\lambda^*} e^{-2\varepsilon q/(q-2)\pi|\mu|^2} d\mu\right)^{q/2-1} \times$$

$$\left(\int_{r_\lambda^*} e^{\phi\pi|\mu|^2} \| \pi_{\lambda,\mu}(f) \|_{\mathrm{HS}}^q d\mu\right) d\lambda \leqslant$$

$$C_1\int_{\beta^*}\left(\int_{r_\lambda^*} e^{\phi\pi(|\lambda|^2+|\mu|^2)} \mid v(\lambda'_j) \mid^q \| \pi_{\lambda,\mu}(f) \|_{\mathrm{HS}}^q \times\right.$$

$$\left.\mathrm{Sym}_{2m}B(\lambda)^{1/2} \times (e^{-\varepsilon q\pi|\lambda|^2}\mathrm{Sym}_{2m}B(\lambda)^{1/2(q/2-1)}\right) d\mu d\lambda \leqslant$$

$$C_2\int_{\beta^*}\left(\int_{r_\lambda^*} e^{\phi\pi(|\lambda|^2+|\mu|^2)} \mid v(\lambda'_j) \mid^q \times\right.$$

$$\left.\| \pi_{\lambda,\mu}(f) \|_{\mathrm{HS}}^q \mathrm{Sym}_{2m}B(\lambda)^{1/2}\right) d\mu d\lambda < \infty \tag{3.3.4}$$

其中已用到 $e^{-2\varepsilon q/(q-2)\pi|\mu|^2}$ 在 r_λ^* 上可积，$e^{-\varepsilon q\pi|\lambda|^2}\mathrm{Sym}_{2m}B(\lambda)^{1/2(q/2-1)}$ 在 r_λ^* 上有界. 从式(3.3.1) 和式(3.3.4)，可知对 $p=\infty$ 和 $q/2$ $(q>2)$，h 满足第1章定理1.1.4的条件. 因此 $h=0$ a. e. 成立. 从而推出 $f=0$ a. e. 成立.

(2) 假设 $1\leqslant q<2, ab>2$. 从式(3.3.2)、式(3.1.12) 和式(3.1.14) 及 Hölder 不等式，得到：

$$\mid \hat{h}(\lambda) \mid = \mid \int_\alpha F_\beta f(V,\lambda)\overline{F_\beta f(V,\lambda)} dV \mid =$$

$$|\int_{r_\lambda^*}\mathrm{tr}(\pi_{\lambda,\mu}(f)\pi_{\lambda,\mu}(f)^*)\mathrm{Sym}_{2m}B(\lambda)^{1/2}\mathrm{d}\mu|\leqslant$$

$$\int_{r_\lambda^*}\|\pi_{\lambda,\mu}(f)\|_{\mathrm{HS}}\mathrm{tr}|\pi_{\lambda,\mu}(f)|\mathrm{Sym}_{2m}B(\lambda)^{1/2}\mathrm{d}\mu\leqslant$$

$$Cr(\lambda)^L\|f\|_{***}\int_{r_\lambda^*}\|\pi_{\lambda,\mu}(f)\|_{\mathrm{HS}}\times$$

$$(1+|\mu|)^{-k}\mathrm{Sym}_{2m}B(\lambda)^{1/2}\mathrm{d}\mu\leqslant$$

$$C'r(\lambda)^L\|f\|_{***}(\int_{r_\lambda^*}\|\pi_{\lambda,\mu}(f)\|_{\mathrm{HS}}^q\mathrm{Sym}_{2m}B(\lambda)^{1/2}\mathrm{d}\mu)^{1/q}\times$$

$$(\int_{r_\lambda^*}(1+|\mu|)^{-q'k}\mathrm{d}\mu)^{1/q'}(\mathrm{Sym}_{2m}B(\lambda))^{1/2(1-1/q)}$$

其中 L,k 是正整数，q' 是 q 的共轭，即 $q^{-1}+q'^{-1}=1$. 当 $1\leqslant q<2$ 时，$2<q'\leqslant\infty$. 从式(3.1.15)可知，存在正整数 l 及常数 C，使得

$$(\mathrm{Sym}_{2m}B(\lambda))^{1/2(1-1/q)}\leqslant Cr(\lambda)^l$$

因此，

$$|\hat{h}(\lambda)|\leqslant C''r(\lambda)^{L+l}\|f\|_{***}(\int_{r_\lambda^*}\|\pi_{\lambda,\mu}(f)\|_{\mathrm{HS}}^q\mathrm{Sym}_{2m}\times$$
$$B(\lambda)^{1/2}\mathrm{d}\mu)^{1/q}\tag{3.3.5}$$

令 $q(D)$ 是 β 上的常系数微分算子，则 $q(D)$ 的 Fourier 变换 $q(\lambda)$ 是有理函数 $r(\lambda)$ 的分母. 令 $H\in C_0^\infty(\beta)$，且 $\mathrm{supp}H\subset\{\tilde{Z}:|\tilde{Z}|<\tilde{\varepsilon}$，其中 $\tilde{\varepsilon}$ 是任意小的正实数$\}$. 我们定义 $H_1=q(D)^{L+l}H$，那么由式(3.3.1)和式(3.3.5)，可知 H_1*h 满足下面的两个不等式：

$$|H_1*h(Z)|=|\int_{|\tilde{Z}|<\tilde{\varepsilon}}H_1(\tilde{Z})h(Z-\tilde{Z})\mathrm{d}\tilde{Z}|\leqslant$$

$$C|\int_{|\tilde{Z}|<\tilde{\varepsilon}}H_1(\tilde{Z})\mathrm{e}^{-a/2\pi|Z-\tilde{Z}|^2}\mathrm{d}\tilde{Z}|\leqslant$$

$$C\mathrm{e}^{-a/2\pi|Z|^2}|\int_{|\tilde{Z}|<\tilde{\varepsilon}}H_1(\tilde{Z})\mathrm{e}^{a/2\pi|\tilde{Z}|^2}\mathrm{d}\tilde{Z}|\leqslant$$

$$C'\mathrm{e}^{-a/2\pi|Z|^2}\leqslant C'\mathrm{e}^{-a/2\pi Z_j^2}\tag{3.3.6}$$

$$|\widehat{H_1 * h}(\lambda)| = |\hat{H}_1(\lambda)||\hat{h}(\lambda)| \leqslant$$

$$C|P(\lambda)|\left(\int_{r_\lambda^*} \|\pi_{\lambda,\mu}(f)\|_{\mathrm{HS}}^q \mathrm{Sym}_{2m} B(\lambda)^{1/2} \mathrm{d}\mu\right)^{1/q} \quad (3.3.7)$$

其中 P 是多项式. 因为 $H_1 * h$ 是可积的，所以它的 Fourier 变换是连续的. 因此，对任意的 $\lambda \in \beta^*$，式(3.3.7)总成立. 令 $\varepsilon > 0$，当 $ab > 2$ 时，使得 $b' = b - \varepsilon, a(b-\varepsilon) > 2$. 由式(3.3.7)和定理 3.3.1 的假设(ⅱ)可知

$$\int_{\beta^*} \mathrm{e}^{qb'\pi\lambda_j^2} |v(\lambda'_j)|^q |\widehat{H_1 * h}(\lambda)|^q \mathrm{d}\lambda \leqslant$$

$$C\int_{\beta^*}\int_{r_\lambda^*} \mathrm{e}^{qb\pi|\lambda|^2} \mathrm{e}^{-q\varepsilon\pi|\lambda|^2} |v(\lambda'_j)|^q |P(\lambda)|^q \times$$

$$\|\pi_{\lambda,\mu}(f)\|_{\mathrm{HS}}^q \mathrm{Sym}_{2m} B(\lambda)^{1/2} \mathrm{d}\mu\mathrm{d}\lambda \leqslant$$

$$C\int_{\beta^*}\int_{r_\lambda^*} \mathrm{e}^{qb\pi(|\lambda|^2+|\mu|^2)} |v(\lambda'_j)|^q \times$$

$$\|\pi_{\lambda,\mu}(f)\|_{\mathrm{HS}}^q \mathrm{Sym}_{2m} B(\lambda)^{1/2} \mathrm{e}^{-\varepsilon q\pi|\lambda|^2} |P(\lambda)|^q \mathrm{d}\mu\mathrm{d}\lambda \leqslant$$

$$C'\int_{\beta^*}\int_{r_\lambda^*} \mathrm{e}^{qb\pi(|\lambda|^2+|\mu|^2)} |v(\lambda'_j)|^q \times$$

$$\|\pi_{\lambda,\mu}(f)\|_{\mathrm{HS}}^q \mathrm{Sym}_{2m} B(\lambda)^{1/2} \mathrm{d}\mu\mathrm{d}\lambda < \infty \quad (3.3.8)$$

其中 $\mathrm{e}^{-\varepsilon q\pi|\lambda|^2} \cdot |P(\lambda)|^q$ 有界. 从式(3.3.6)和式(3.3.8)可知，对 $p \to \infty$ 和 $q(1 \leqslant q < 2)$，$H_1 * h$ 满足第1章定理1.1.4的条件. 因此 $H_1 * h = 0$ a.e. 成立. 从而推出 $\widehat{H_1 * h} = 0$ a.e. 成立. 然而，$\widehat{H_1}$ 只能在零测度集上为零，因此 $\hat{h} = 0$ a.e. 成立. 从而推出 $f = 0$ a.e. 成立. 证毕.

下面证明 N 上的类似第1章定理1.1.4的Cowling-Price形式的不确定原理.

定理 3.3.2　令函数 $f \in S(N)$. 对 $a, b > 0, 1 \leqslant p < \infty$ 及 $1 \leqslant j \leqslant k$，假设 f 满足：

(ⅰ) $\int_\beta\int_\alpha \mathrm{e}^{pa\pi\|(V,Z)\|^4} |u(Z'_j)|^p |f(V,Z)|^p \mathrm{d}V\mathrm{d}Z < \infty$；

(ⅱ) $\int_{\beta^*}\int_{r_\lambda^*} e^{\phi\pi(|\lambda|^2+|\mu|^2)} \mid v(\lambda'_j)\mid^q \times$

$\| \pi_{\lambda,\mu}(f)\|^q_{\mathrm{HS}} \mathrm{Sym}_{2m} B(\lambda)^{1/2} \mathrm{d}\mu \mathrm{d}\lambda < \infty.$

其中 $S(N)$, $\| \pi_{\lambda,\mu}(f) \|_{\mathrm{HS}}$, $\| \cdot \|$ 和 $|\cdot|$ 与定理 3.3.1 所定义的一样，$u,v: \mathbf{R}^{k-1} \to \mathbf{C}$ 是可测的，且 $u \geqslant \delta > 0, v \geqslant \sigma > 0$，这里 δ, σ 是正常数，$1/u \in L^{p'}(\mathbf{R}^{k-1})$，$p^{-1}+p'^{-1}=1$，$1/v \in L^{q'}(\mathbf{R}^{k-1})$，$q^{-1}+q'^{-1}=1$. 那么，

(1) 若 $q \geqslant 2, ab > 1$，则 $f=0$ a.e. 成立；

(2) 若 $1 \leqslant q < 2, ab > 2$，则 $f=0$ a.e. 成立.

证明：令 $(V,Z),(\tilde{V},\tilde{Z}) \in N$，则

$$(\tilde{V},\tilde{Z})^{-1} = (-\tilde{V},-\tilde{Z}) \in N$$

由式(3.1.4)，有

$$|\langle B(\lambda)\tilde{V},V\rangle| = |\lambda([\tilde{V},V])|$$

$$|\langle B(\lambda)\tilde{V},V\rangle| \leqslant |B(\lambda)\tilde{V}||V| \leqslant \|B(\lambda)\| \, |\tilde{V}||V| \leqslant \|B(\lambda)\| \, \|(\tilde{V},\tilde{Z})\| \, \|(V,Z)\|$$

$$|[\tilde{V},V]| = \frac{1}{|\lambda|} |\langle B(\lambda)\tilde{V},V\rangle| \leqslant \frac{\|B(\lambda)\|}{|\lambda|} \|(\tilde{V},\tilde{Z})\| \, \|(V,Z)\| = 2c\|(\tilde{V},\tilde{Z})\| \, \|(V,Z)\|$$

其中，$\|B(\lambda)\|$ 表示矩阵 $B(\lambda)$ 的范数，$c = \dfrac{\|B(\lambda)\|}{2|\lambda|} < \infty$. 利用上式，得

$$\|(V,Z)(-\tilde{V},-\tilde{Z})\| = \|(V-\tilde{V}, Z-\tilde{Z}+\frac{1}{2}[\tilde{V},V])\| \geqslant \|(V,Z)\| - \|(\tilde{V},\tilde{Z})\| - c^{1/2}\|(\tilde{V},\tilde{Z})\|^{1/2} \|(V,Z)\|^{1/2} \tag{3.3.9}$$

令 $g \in C_0(N)$，使 $\mathrm{Supp} g \subset \{(\tilde{V},\tilde{Z}): \|(\tilde{V},\tilde{Z})\| \leqslant \varepsilon^2\}$. 令 $\|(V,$

$Z)\| > 1$. 那么,由式(3.3.9),推出

$$\|(V,Z)(\tilde{V},\tilde{Z})^{-1}\| \geqslant \|(V,Z)\|(1-(1+c^{1/2})\varepsilon),\ \forall(\tilde{V},\tilde{Z}) \subset \mathrm{Supp} g$$

令 $\varphi(\varepsilon)=(1+c^{1/2})\varepsilon, e_a(V,Z)=\mathrm{e}^{a\pi\|(V,Z)\|^4}, u(V,Z)=u(Z_1,\cdots,\hat{Z}_j,\cdots,Z_k)=u(Z'_j)$,有

$$\begin{aligned}&(|g|*(e_a|u||f|)(V,Z)=\\&\int_\alpha\int_\beta |g(\tilde{V},\tilde{Z})\mathrm{e}^{a\pi\|(V,Z)(\tilde{V},\tilde{Z})^{-1}\|^4}|u(Y'_j)|\cdot\\&|f((V,Z)(\tilde{V},\tilde{Z})^{-1}|\mathrm{d}\tilde{Z}\mathrm{d}\tilde{V}\geqslant\\&\delta\mathrm{e}^{a\pi(1-\phi(\varepsilon))^4\|(V,Z)\|^4}(|g|*|f|)(V,Z)=\\&\delta e_{a(1-\phi(\varepsilon))^4}(V,Z)(|g|*|f|)(V,Z)\end{aligned}\tag{3.3.10}$$

其中,$Y=Z-\tilde{Z}-\frac{1}{2}[V,\tilde{V}]$. 由定理 3.3.2 的假设(ⅰ)可知,$e_a\times|u||f|$ 是 L^p 函数,同时 g 是 $L^{p'}$ 函数($p^{-1}+p'^{-1}=1$),因此,$|g|*(e_a|u||f|)$ 是 L^∞ 函数. 这是因为

$$\begin{aligned}&|(|g|*(e_a|u||f|)(V,Z)|=\\&\int_N|g(\tilde{V},\tilde{Z})|(e_a|u||f|)((V,Z)(\tilde{V},\tilde{Z})^{-1})\mathrm{d}\tilde{V}\mathrm{d}\tilde{Z}\end{aligned}$$

由 Hölder 不等式,可得

$$\begin{aligned}&|(|g|*(e_a|u||f|)(V,Z)|\leqslant\\&\|g\|_{L^{p'}}\|(e_a|u||f|)\|_{L^p}<\infty\end{aligned}$$

令 $C=\|(|g|*(e_a|u||f|))\|_{L^\infty}$,从式(3.3.10)可知

$$\begin{aligned}&|(g*f)(V,Z)|\leqslant(|g|*|f|)(V,Z)\leqslant\\&C\frac{1}{\delta}\mathrm{e}^{-a\pi(1-\phi(\varepsilon))^4\|(V,Z)\|^4}\end{aligned}$$

其中,$(V,Z)\in N$,且 $\|(V,Z)\|>1$. 利用 $g*f(f\in L^1(N), g\in L^\infty(N))$ 的连续性,得到:

$$|(g*f)(V,Z)|\leqslant C'\mathrm{e}^{-a\pi(1-\varphi(\varepsilon))^4\|(V,Z)\|^4},\ \forall(V,Z)\in N\tag{3.3.11}$$

其中，$C'=\frac{1}{\delta}C$，必要时常数 C 可以改变. 此外，$\pi_{\lambda,\mu}(g*f)=\pi_{\lambda,\mu}(g)\pi_{\lambda,\mu}(f)$，且 $\pi_{\lambda,\mu}(g)$ 是 $L^2(\gamma_\lambda)$ 上的有界线性算子，因此，

$$\|\pi_{\lambda,\mu}(g*f)\|_{\mathrm{HS}}\leqslant\|\pi_{\lambda,\mu}(g)\|_{\mathrm{op}}\|\pi_{\lambda,\mu}(f)\|_{\mathrm{HS}}\leqslant \|g\|_{L^1(N)}\|\pi_{\lambda,\mu}(f)\|_{\mathrm{HS}} \tag{3.3.12}$$

其中，由函数 g 的 Fourier 变换可得

$$\|\pi_{\lambda,\mu}(g)\|_{\mathrm{op}}\leqslant\int_N|g(n)|\|\pi_{\lambda,\mu}(n)\|\mathrm{d}n\leqslant$$

$$\int_N|g(n)||\mathrm{e}^{-2\pi\mathrm{i}\lambda(Z+[\widetilde{X}+\frac{1}{2}X,Y])}\mathrm{e}^{-2\pi\mathrm{i}\mu(R)}|\mathrm{d}n=$$

$$\int_N|g(n)|\mathrm{d}n=\|g\|_{L^1(N)}$$

这里 $\forall n=(X,Y,R,Z)\in N,\forall\widetilde{X}\in\gamma_\lambda$. 所以，由式(3.3.12)和定理 3.3.2 的假设(ⅱ)有

$$\int_{\beta^*}\int_{r_\lambda^*}\mathrm{e}^{\phi\pi(|\lambda|^2+|\mu|^2)}|v(\lambda'_j)|^q\times$$

$$\|\pi_{\lambda,\mu}(g*f)\|_{\mathrm{HS}}^q\mathrm{Sym}_{2m}B(\lambda)^{1/2}\mathrm{d}\mu\mathrm{d}\lambda\leqslant$$

$$\|g\|_{L^1(N)}^q\int_{\beta^*}\int_{r_\lambda^*}\mathrm{e}^{\phi\pi(|\lambda|^2+|\mu|^2)}|v(\lambda'_j)|^q\times$$

$$\|\pi_{\lambda,\mu}(f)\|_{\mathrm{HS}}^q\mathrm{Sym}_{2m}B(\lambda)^{1/2}\mathrm{d}\mu\mathrm{d}\lambda<\infty \tag{3.3.13}$$

情形(1). 对于 $ab>1$，可选取 ε 充分小使得 $ab(1-\phi(\varepsilon))^4>1$. 从式(3.3.11)和式(3.3.13)，可知定理 3.3.2 的证明转化为定理 3.3.1 的证明. 因此，$g*f=0$ a. e. 成立. 由于 g 是近似的恒等元，所以推出 $f=0$ a. e. 成立.

情形(2). 对于 $ab>2$，可选取 ε 充分小使得 $ab(1-\phi(\varepsilon))^4>2$. 与情形(1)类似推出 $f=0$ a. e. 成立.

下面证明 N 上的类似第 1 章推论 1.2.7 的 Morgan 形式的不确定原理.

定理 3.3.3 令 $f\in S(N)$. 假设对 $a,b>0$，及 $j(1\leqslant j\leqslant k)$，$f$ 满足：

(ⅰ) $|f(V,Z)| \leqslant Ce^{-a\pi\|(V,Z)\|^{2p}}$, $\forall (V,Z) \in N$;

(ⅱ) $\|\pi_{\lambda,\mu}(f)\|_{\mathrm{HS}} \leqslant Cv(\lambda'_j)e^{-b\pi(|\lambda|+|\mu|)^q}$, $\forall \lambda \in \Lambda\backslash\{0\}$, $\forall \mu \in r_\lambda^* \backslash\{0\}$.

其中,$S(N)$, $\|\pi_{\lambda,\mu}(f)\|_{\mathrm{HS}}$, $\|\cdot\|$ 和 $|\cdot|$ 与定理 3.3.1 所定义的一样,$C>0$ 是常数, $v \in L^2(\mathbf{R}^{k-1})$, $p \geqslant 2$, $p^{-1}+q^{-1}=1$. 若 $(ap)^{1/p}(bq)^{1/q} > 2$,则 $f=0$ a.e. 成立.

证明:令 h 与定理 3.3.1 中定义的一样. 由定理 3.3.3 的假设(ⅰ),有

$$|h(Z)| \leqslant \int_\alpha\int_\beta |f(V,\tilde{Z})||f(V,\tilde{Z}-Z)|\,\mathrm{d}\tilde{Z}\mathrm{d}V \leqslant$$

$$C\int_\alpha\int_\beta e^{-a\pi(|V|^4+|\tilde{Z}|^2)^{p/2}}e^{-a\pi(|V|^4+|\tilde{Z}-Z|^2)^{p/2}}\,\mathrm{d}\tilde{Z}\mathrm{d}V$$

对 $\forall a,b>0$, $p \geqslant 2$,有不等式

$$(a+b)^{p/2} \geqslant a^{p/2}+b^{p/2} \quad 与 \quad a^p+b^p \geqslant 2^{1-p/2}(a^2+b^2)^{p/2}$$

成立,从而推出不等式

$$|\tilde{Z}|^p+|\tilde{Z}-Z|^p \geqslant 2^{1-p/2}\{|\tilde{Z}|^2+|\tilde{Z}-Z|^2\}^{p/2}$$

与

$$\{\frac{1}{2}(2|\tilde{Z}|-|Z|)^2+\frac{1}{2}|Z|^2\}^{p/2} \geqslant$$

$$\{\frac{1}{2}(2|\tilde{Z}|-|Z|)^2\}^{p/2}+(\frac{1}{2}|Z|^2)^{p/2}$$

成立. 因此,

$$|h(Z)| \leqslant C\int_\beta\int_\alpha e^{-a\pi(|V|^{2p}+|\tilde{Z}|^p)}e^{-a\pi(|V|^{2p}+|\tilde{Z}-Z|^p)}\,\mathrm{d}V\mathrm{d}\tilde{Z}=$$

$$C\int_\beta\int_\alpha e^{-2a\pi|V|^{2p}}e^{-a\pi(|\tilde{Z}|^p+|\tilde{Z}-Z|^p)}\,\mathrm{d}V\mathrm{d}\tilde{Z}=$$

$$C\int_\beta e^{-a\pi(|\tilde{Z}|^p+|\tilde{Z}-Z|^p)}(\int_\alpha e^{-2a\pi|V|^{2p}}\,\mathrm{d}V)\mathrm{d}\tilde{Z}$$

因为 $e^{-2a\pi|V|^{2p}}$ 在 α 上可积,所以

$$|h(Z)| \leqslant C'\int_{\beta} e^{-a\pi(|\widetilde{Z}|^{p}+|\widetilde{Z}-Z|^{p})} d\widetilde{Z} \leqslant$$

$$C'\int_{\beta} e^{-a\pi 2^{(1-p/2)}\{|\widetilde{Z}|^{2}+|\widetilde{Z}-Z|^{2}\}^{p/2}} d\widetilde{Z}$$

因为 $|\widetilde{Z}|^2+|\widetilde{Z}-Z|^2 \geqslant \frac{1}{2}(2|\widetilde{Z}|-|Z|)^2+\frac{1}{2}|Z|^2$,所以

$$|h(Z)| \leqslant C'\int_{\beta} e^{-a\pi 2^{(1-p/2)}\{\frac{1}{2}(2|\widetilde{Z}|-|Z|)^{2}+\frac{1}{2}|Z|^{2}\}^{p/2}} d\widetilde{Z} \leqslant$$

$$C' e^{-a\pi 2^{(1-p)}|Z|^{p}}\int_{\beta} e^{-a\pi 2^{(1-p)}(2|\widetilde{Z}|-|Z|)^{p}} d\widetilde{Z}$$

因为 $e^{-a\pi 2^{(1-p)}(2|\widetilde{Z}|-|Z|)^{p}}$ 在 β 上可积,所以

$$|h(Z)| \leqslant$$

$$C'' e^{-a\pi 2^{(1-p)}|Z|^{p}} \leqslant C'' e^{-a\pi 2^{(1-p)}(Z_1^2+\cdots+Z_{j-1}^2+Z_{j+1}^2+\cdots+Z_k^2)^{p/2}} e^{-a\pi 2^{(1-p)}|Z_j|^{p}}$$

若 $p \geqslant 2$,则 $1 \leqslant q \leqslant 2$,因此 $(|\lambda|+|\mu|)^q \geqslant |\lambda|^q+|\mu|^q$. 由式(3.3.2)和假设(ⅱ),有

$$|\hat{h}(\lambda)| = \int_{r_{\lambda}^{*}} \|\pi_{\lambda,\mu}(f)\|_{\mathrm{HS}}^{2} \mathrm{Sym}_{2m}B(\lambda)^{1/2} d\mu \leqslant$$

$$Cv^2(\lambda'_j)\mathrm{Sym}_{2m}B(\lambda)^{1/2}\int_{r_{\lambda}^{*}} e^{-2b\pi(|\lambda|+|\mu|)^{q}} d\mu =$$

$$Cv^2(\lambda'_j)\mathrm{Sym}_{2m}B(\lambda)^{1/2} e^{-2b\pi|\lambda|^{q}}\int_{r_{\lambda}^{*}} e^{-2b\pi|\mu|^{q}} d\mu \leqslant$$

$$C'v^2(\lambda'_j)\mathrm{Sym}_{2m}B(\lambda)^{1/2} e^{-2b\pi|\lambda|^{q}}$$

对于 $(ap)^{1/p}(bq)^{1/q} > 2$,可选取 $\varepsilon > 0$,使得 $b = b' + \varepsilon$,且 $(ap)^{1/p}(b'q)^{1/q} > 2$. 那么有

$$|\hat{h}(\lambda)| \leqslant C'v^2(\lambda'_j)\mathrm{Sym}_{2m}B(\lambda)^{1/2} e^{-2(b'+\varepsilon)\pi|\lambda|^{q}} =$$

$$C'v^2(\lambda'_j) e^{-2b'\pi|\lambda|^{q}}(\mathrm{Sym}_{2m}B(\lambda)^{1/2} e^{-2\varepsilon\pi|\lambda|^{q}})$$

因为 $\mathrm{Sym}_{2m}B(\lambda)^{1/2} e^{-2\varepsilon\pi|\lambda|^{q}}$ 有界,所以

$$|\hat{h}(\lambda)| \leqslant C''v^2(\lambda'_j) e^{-2b'\pi|\lambda_j|^{q}}$$

因为

$$(a2^{(1-p)}p)^{1/p}(2b'q)^{1/q} = (ap)^{1/p}(b'q)^{1/q}2^{(1-p)/p+1/q} > 2$$

$$v^2 \in L^1(\mathbf{R}^{k-1})$$

$$\mathrm{e}^{-a\pi 2^{(1-p)}(Z_1^2+\cdots+Z_{j-1}^2+Z_{j+1}^2+\cdots+Z_k^2)^{p/2}} \in L^1(\mathbf{R}^{k-1})$$

故由第1章定理1.1.15,可知对 $\forall\lambda\in\Lambda,\forall\mu\in r_\lambda^*$，$\hat{h}(\lambda)=0$ a. e. 成立. 所以,$\|\pi_{\lambda,\mu}(f)\|_{\mathrm{HS}}=0$ a. e. 成立. 由 Plancherel 式(3.1.11) 推出 $f=0$ a. e. 成立. 证毕.

习　题　3

证明式(3.2.3) 和式(3.2.4).

第 4 章 非紧秩 1 对称空间上的不确定原理

本章分 4 节. 4.1 节介绍非紧秩 1 对称空间的相关概念和性质. 4.2 节建立非紧秩 1 对称空间上的 Hardy 不确定原理. 4.3 节在非紧秩 1 对称空间上讨论 Cowling-Price 不确定原理. 4.4 节证明非紧秩 1 对称空间上的 Beurling 不确定原理.

4.1 非紧秩 1 对称空间的基础知识

令 $X=G/K$ 是非紧秩 1 对称空间，其中 G 是具有有限个中心的连通半单 Lie 群. 令 $G=NAK$ 是 G 的 Iwasawa 分解，其中 N 是幂零的，K 是 G 的最大紧子群，A 是一维的（A 的维数称为 G 的秩）. $\forall g\in G$ 有唯一的 Iwasawa 分解：

$$g=n(g)\exp A(g)k(g)$$

其中 $A(g)$ 是 A 的 Lie 代数 $\mathscr{A}$ 中的元素. 并且 G 有唯一的 Cartan 分解 $G=K\overline{A^+}K$. 令 M 是 A 在 K 中的中心化子，那么函数 $A(gK,kM)=A(k^{-1}g)$ 在 G 中右 K 不变，在 K 中右 M 不变. 用 x 和 b 分别表示 X 和 K/M 中的元素. 对于一个非零的线性函数 $\gamma\in\mathscr{A}^*$（$\mathscr{A}$ 的共轭空间），令 η 是 G 的 Lie 代数，令 η_γ 表示由条件

$$\eta_\gamma=\{H\in\eta:[A(g),H]=\gamma(A(g))H,A(g)\in\mathscr{A}\}$$

给出的线性空间. 如果 $\eta_\gamma\neq\{0\}$，那么称 γ 为 η 相对于 $\mathscr{A}$ 的一个根. 在秩为 1 的情况下，存在两个相对于 $\mathscr{A}$ 的根，分别记为 γ 和 2γ. 令 m_γ 和 $m_{2\gamma}$ 分别是 γ 和 2γ 的根空间的维数. 规定

$$\rho = \frac{1}{2}(m_\gamma + 2m_{2\gamma})$$

$$\alpha = \frac{1}{2}(m_\gamma + m_{2\gamma} - 1)$$

$$\beta = \frac{1}{2}(m_{2\gamma} - 1)$$

定义 G/K 上的函数 f 的 Helgason-Fourier 变换 $\widetilde{f}(\lambda, b)$ 为

$$\widetilde{f}(\lambda, b) = \int_X f(x) \mathrm{e}^{(-\mathrm{i}\lambda+\rho)A(x,b)} \mathrm{d}x \tag{4.1.1}$$

其中 $\mathrm{d}x$ 是由 G 上如下 Haar 测度诱导出的 G/K 上的 Haar 测度：

$$\int_G f(gK)\mathrm{d}g = \int_X f(x)\mathrm{d}x$$

Helgason - Fourier 变换的逆变换为

$$f(x) = C\int_{-\infty}^{+\infty}\int_{K/M} \widetilde{f}(\lambda, b) \mathrm{e}^{(\mathrm{i}\lambda+\rho)A(x,b)} \mid c(\lambda) \mid^{-2} \mathrm{d}\lambda \mathrm{d}b \tag{4.1.2}$$

其中 $\mathrm{d}\lambda$ 是 $\mathbf{R}$ 上的 Lebesgue 测度，$\mathrm{d}b$ 是 K/M 上法向化的测度，$c(\lambda)$ 是 Harish - Chandra c -函数.

令 δ 是 K 的作用在有限维向量空间 V_δ（$\langle \cdot, \cdot \rangle$ 是 V_δ 上的内积，d_δ 是 V_δ 的维数）上的不可约酉表示. 令 $V_\delta^M = \{v \in V_\delta : \delta(m)v = v, m \in M\}$ 是对应于 $\delta\mid_M$ 的 V_δ 的子空间，V_δ^M 的元素称为 M -固定向量. 注意到 V_δ^M 的维数为 1，所以不妨设 $v_1 \in V_\delta^M$ 是唯一的 M -固定向量. 令 $\hat{K}_0 = \{\delta : \delta(m)v = v, v \in V_\delta, m \in M\} \subset \hat{K}$ 为所有具有 M -固定向量的 K 的不可约酉表示 δ 的集合. 令 $\{v_1, \cdots, v_{d_\delta}\}$ 是 V_δ 的一组正交基，其中 $v_1 \in V_\delta^M$. 定义 K/M 上的函数 $Y_{\delta,j}(kM)$ 为

$$Y_{\delta,j}(kM) = \langle \delta(k)v_1, v_j \rangle$$

其中 $\delta \in \hat{K}_0, 1 \leqslant j \leqslant d_\delta, k \in K$，则 $\{Y_{\delta,j}(kM) : 1 \leqslant j \leqslant d(\delta)\}$ 是 $L^2(k/M)$ 的正交基.

对 $\forall \delta \in \hat{K}_0, \forall \lambda \in \mathbf{C}$，定义 δ 型球函数 $\phi_{\lambda,\delta}(x)$ 为

$$\phi_{\lambda,\delta}(x)=\int_K e^{(i\lambda+\rho)A(x,kM)}Y_{\delta,1}(kM)\,dk$$

当 δ 是单位表示时，$\phi_{\lambda,\delta}$ 简称为球函数，记作 ϕ_λ，形如

$$\phi_\lambda(x)=\int_K e^{(i\lambda+\rho)A(x,kM)}\,dk$$

可以证明，对 $\forall\delta\in\hat{K}_0$，存在一个整数对 (s,τ)，使得

$$\phi_{\lambda,\delta}(x)=Q_\delta(i\lambda+\rho)\,(\alpha+1)_s^{-1}\,(\sinh r)^s\,(\cosh r)^\tau\varphi_\lambda^{(\alpha+s,\beta+\tau)}(r) \tag{4.1.3}$$

其中 $\varphi_\lambda^{(\alpha+s,\beta+\tau)}$ 是以 $(\alpha+s,\beta+\tau)$ 为参数的 Jacobi 函数，$(h)_m=\Gamma(h+m)/\Gamma(h)$，$Q_\delta$ 是 Kostant 多项式，形如

$$Q_\delta(i\lambda+\rho)=\left(\frac{1}{2}(\alpha+\beta+1+i\lambda)\right)_{(s+\tau)/2}\times\left(\frac{1}{2}(\alpha-\beta+1+i\lambda)\right)_{(s-\tau)/2} \tag{4.1.4}$$

若 $x=gK$（$g=kak'$ 是 $g\in G$ 的极分解），那么式(4.1.3)中的 $r=|\ln a|$，$x=ka_r$ 是 x 的极分解. 利用极分解，X 上的 Haar 测度 dx 可以法向化为 $dx=\Delta(r)\,dr\,dk$，其中

$$\Delta(r)=(2\sinh r)^{2\alpha+1}\,(2\cosh r)^{2\beta+1} \tag{4.1.5}$$

令 dk 表示 K 上的法向 Haar 测度，即 $\int_K dk=1$. 注意到，每个紧群 K 都有双边不变的 Haar 测度，这使我们能在 K 上定义不变积分. 以 db 表示 B 上 K-不变概率测度，da 和 dn 分别表示 A 和 N 上的 Haar 测度，$d\lambda$ 表示 $\mathbf{R}$ 上 Lebesgue 测度.

下面的公式对 4.2 节的结果证明将起着重要的作用. 对 $\forall\delta\in\hat{K}_0$，若 $x=ka_r$，有

$$\int_K e^{(i\lambda+\rho)A(x,k'M)}Y_{\delta,j}(k'M)\,dk'=Y_{\delta,j}(kM)\,\phi_{\lambda,\delta}(a_r) \tag{4.1.6}$$

事实上，令 $g_{\delta,j}(x)=\int_K e^{(i\lambda+\rho)A(x,kM)}Y_{\delta,j}(kM)\,dk$，并定义 $G(x):X\to V_\delta$ 为

$$G(x)=\int_K e^{(i\lambda+\rho)(A(x,k'M))}\delta(k')v_1 dk' =: \Phi_{\lambda,\delta}(x)v_1$$

则

$$g_{\delta,j}(x)=\langle G(x),v_j\rangle$$

又由于

$$G(k\cdot x)=\int_K e^{(i\lambda+\rho)(A(x,k^{-1}k'M))}\delta(k')v_1 dk' =$$
$$\int_K e^{(i\lambda+\rho)(A(x,k''M))}\delta(kk'')v_1 dk'' =$$
$$\delta(k)G(x)$$

因此我们有 $G(a_r)\in V_\delta^M$. 因为 $\dim V_\delta^M=1$, 所以

$$G(a_r)=\phi_{\lambda,\delta}(a_r)v_1$$

根据直接计算知

$$\langle G(ka_r),v_j\rangle=\langle\delta(k)(\phi_{\lambda,\delta}(a_r)v_1),v_j\rangle=\phi_{\lambda,\delta}(a_r)\langle\delta(k)v_1,v_j\rangle$$

从而我们得到式(4.1.6).

若 f 是 X 上 K -不变的函数，则 Helgason - Fourier 变换 $\tilde{f}(\lambda,b)$ 不依赖于 b,形如：

$$\tilde{f}(\lambda)=\int_X f(x)\phi_\lambda(x)dx$$

按照极坐标可以写成

$$\tilde{f}(\lambda)=\int_0^\infty f(a_r)\phi_\lambda(r)\Delta_{\alpha,\beta}(r)dr$$

其中 $\phi_\lambda(r)=\varphi_\lambda^{(\alpha,\beta)}(r)$ 是(α,β) 型的 Jacobi 函数. 因此 G 上的 K -双边不变函数的球 Fourier 变换可以从 Jacobi 变换的一般理论中得出. 对任意的 $\alpha,\beta,\lambda\in\mathbf{C}$, Jacobi 函数 $\varphi_\lambda^{(\alpha,\beta)}(r)$ 定义为 $\mathbf{R}$ 上的 C^∞ 的偶函数，在 $r=0$ 处为 1，且是如下 Jacobi 算子

$$L_{\alpha,\beta}=\frac{d^2}{dr^2}+\{(2\alpha+1)\coth r+(2\beta+1)\tanh r\}\frac{d}{dr}$$

的固有函数，其固有值为$-(\lambda^2+\rho^2)$,其中 $\rho=\alpha+\beta+1$. 按照超几何函数 $F(a,b;x;t)$：

$$F(a,b;x;t)=\sum_{k=0}^{\infty}\frac{(a)_k\,(b)_k}{(c)_k k\,!}t^k$$

$$(a)_k=a(a+1)\cdots(a+k-1)=\frac{\Gamma(a+k)}{\Gamma(a)}$$

Jacobi 函数 $\varphi_\lambda^{(\alpha,\beta)}(r)$ 可如下给出：

$$\varphi_\lambda^{(\alpha,\beta)}(r)=F(\frac{1}{2}(\alpha+\beta+1-\mathrm{i}\lambda),\frac{1}{2}(\alpha+\beta+1+\mathrm{i}\lambda);$$

$$\alpha+1;\sinh^2 r)$$

$\mathbf{R}^+$ 上函数 f 的 Jacobi 变换定义为

$$\tilde{f}(\lambda)=\int_0^\infty f(r)\varphi_\lambda^{(\alpha,\beta)}(r)\Delta_{\alpha,\beta}(r)\mathrm{d}r$$

对偶函数 $f\in C_c^\infty(\mathbf{R})$，Jacobi 变换的逆为

$$f(r)=\frac{1}{2\pi}\int_0^\infty \tilde{f}(\lambda)\varphi_\lambda^{(\alpha,\beta)}(r)\mid c_{\alpha,\beta}(\lambda)\mid^{-2}\mathrm{d}\lambda$$

其中 $\alpha,\beta\in\mathbf{R},\alpha>-1,|\beta|\leqslant\alpha+1,c_{\alpha,\beta}(\lambda)$ 是 Harish - Chandra c -函数(简记为 $c(\lambda)$)

$$c(\lambda)=c_{\alpha,\beta}(\lambda)=\frac{2^{\rho-\mathrm{i}\lambda}\Gamma(\alpha+1)\Gamma(\mathrm{i}\lambda)}{\Gamma(\frac{1}{2}(\mathrm{i}\lambda+\rho))\Gamma(\frac{1}{2}(\mathrm{i}\lambda+\alpha-\beta+1))}$$

由于

$$\lim_{|\lambda|\to\infty}\Gamma(c+\mathrm{i}\lambda)\exp\left(\frac{1}{2}\pi\mid\lambda\mid\right)\mid\lambda\mid^{\frac{1}{2}-c}=(2\pi)^{\frac{1}{2}}$$

(其中 $c>0$ 是常数)

所以 $|c(\lambda)|^{-2}$ 至多是多项式增长.

我们还需要 Jacobi 函数的估计和热核的精确估计，其证明参见文献[3] 和[23].

若 $\mathrm{Im}\,\lambda<0$，则 Jacobi 函数满足如下的渐进性质：

$$\varphi_\lambda^{(\alpha,\beta)}(r)=c_{\alpha,\beta}(\lambda)\mathrm{e}^{(\mathrm{i}\lambda-\rho)r}(1+O(1)),\ 对\ r\to\infty$$

对 $\forall r\geqslant 0,\forall\lambda\in\mathbf{C},\varphi_\lambda^{(\alpha,\beta)}(r)$ 满足下面的估计

$$|\varphi_\lambda^{(\alpha,\beta)}(r)|\leqslant C(1+r)\mathrm{e}^{r(|\mathrm{Im}\,\lambda|-\rho)}\tag{4.1.7}$$

其中，$\rho=\alpha+\beta+1$.

令 $h_t(r)=h_t^{(\alpha,\beta)}(r)(t>0, r\geqslant 0)$ 是Jacobi算子的热核. 由于 $\varphi_\lambda^{(\alpha,\beta)}$ 是算子 $L_{\alpha,\beta}$ 的固有函数，所以热核由如下条件给出：

$$\int_0^\infty h_t(r)\varphi_\lambda^{(\alpha,\beta)}(r)\Delta_{\alpha,\beta}(r)\mathrm{d}r=\mathrm{e}^{-(\lambda^2+\rho^2)t} \tag{4.1.8}$$

由逆公式，得

$$h_t(r)=\frac{1}{2\pi}\int_0^\infty \mathrm{e}^{-(\lambda^2+\rho^2)t}\varphi_\lambda^{(\alpha,\beta)}(r)\mid c_{\alpha,\beta}(\lambda)\mid^{-2}\mathrm{d}\lambda$$

令 $\alpha\geqslant\beta$ 是整数，$2\beta+1\geqslant 0$，$h_t(r)(t>0)$ 是由(4.1.8) 定义的热核，则存在常数 $C_1, C_2>0$，使得

$$C_1 t^{-3/2}\mathrm{e}^{-\rho^2 t}H_t(r)\leqslant h_t(r)\leqslant C_2 t^{-3/2}\mathrm{e}^{-\rho^2 t}H_t(r) \tag{4.1.9}$$

其中

$$H_t(r)=H_t^{(\alpha,\beta)}(r)=(1+r)\left(1+\frac{1+r}{t}\right)^{\alpha-\frac{1}{2}}\mathrm{e}^{-\rho r}\mathrm{e}^{-\frac{r^2}{4t}}$$

注：由于非紧秩 1 对称空间是特殊的调和 NA 群，所以式(4.1.9) 可由第 5 章命题 5.1.3 推出.

4.2　非紧秩 1 对称空间上的 Hardy 形式的不确定原理

本节将给出非紧秩1对称空间上与Helgason-Fourier变换相关的 Hardy 形式的不确定原理. 令 h_t 是 G/K 上相应于 Laplace-Beltrami 算子的热核.

定理 4.2.1　令 f 是 G/K 上的可测函数，对某些 $s, t>0$ 满足下面两个条件：

(ⅰ) $\mid f(ka_r)\mid\leqslant Ch_s(r)$，对所有的 $ka_r\in G/K$；

(ⅱ) 对 $\forall\delta\in\hat{K}_0$，$\forall 1\leqslant j\leqslant d_\delta$，函数

$$F_{\delta,j}(\lambda)=Q_\delta(\mathrm{i}\lambda+\rho)^{-1}\int_{K/M}\tilde{f}(\lambda, kM)Y_{\delta,j}(kM)\mathrm{d}k$$

满足估计 $|F_{\delta,j}(\lambda)|^q \leqslant C_{\delta,j}\mathrm{e}^{-\alpha\lambda^2}$，对所有的 $\lambda\in\mathbf{R}$. 那么，

(a) 当 $s<t$ 时，$f=0$ 几乎处处成立；

(b) 当 $s=t$ 时，$f(x)=Ch_t(x)$；

(c) 当 $s>t$ 时，存在无限多个线性无关的函数满足(ⅰ)和(ⅱ).

证明：令 $\widetilde{F}_{\delta,j}(\lambda)=\int_{K/M}\widetilde{f}(\lambda,b)Y_{\delta,j}(b)\mathrm{d}b$. 利用 $\widetilde{f}(\lambda,b)$ 的定义(4.1.1)，有

$$\widetilde{F}_{\delta,j}(\lambda)=\int_{G/K}\int_{K/M}f(x)\mathrm{e}^{(-\mathrm{i}\lambda+\rho)A(x,b)}Y_{\delta,j}(b)\mathrm{d}b\mathrm{d}x=$$
$$\int_{G/K}f(x)\left(\int_K \mathrm{e}^{(-\mathrm{i}\lambda+\rho)A(x,k'M)}Y_{\delta,j}(k'M)\mathrm{d}k'\right)\mathrm{d}x$$

令 $x=ka_r$，根据式(4.1.6)，有

$$\widetilde{F}_{\delta,j}(\lambda)=\int_{G/K}f(x)Y_{\delta,j}(kM)\phi_{\lambda,\delta}(a_r)\mathrm{d}x \qquad (4.2.1)$$

利用极坐标意义下的积分表示，得

$$\widetilde{F}_{\delta,j}(\lambda)=\int_0^\infty\left(\int_K f(ka_r)Y_{\delta,j}(kM)\mathrm{d}k\right)\phi_{\lambda,\delta}(a_r)\Delta_{\alpha,\beta}(r)\mathrm{d}r=$$
$$\int_0^\infty f_{\delta,j}(r)\phi_{\lambda,\delta}(a_r)\Delta_{\alpha,\beta}(r)\mathrm{d}r \qquad (4.2.2)$$

其中 α 和 β 是与群 G 相关的参数，且

$$f_{\delta,j}(r)=\int_K f(ka_r)Y_{\delta,j}(kM)\mathrm{d}k$$

对任意的 δ，存在整数 p 和 q 使得

$$\phi_{\lambda,\delta}(a_r)=Q_\delta(\mathrm{i}\lambda+\rho)(\alpha+1)_p^{-1}(\sinh r)^p(\cosh r)^q\varphi_\lambda^{(\alpha+p,\beta+q)}(r)$$

将上式代入式(4.2.2)，我们有

$$F_{\delta,j}(\lambda)=Q_\delta(\mathrm{i}\lambda+\rho)^{-1}\widetilde{F}_{\delta,j}(\lambda)=$$
$$(\alpha+1)_p^{-1}\int_0^\infty f_{\delta,j}(r)(\sinh r)^p(\cosh r)^q\varphi_\lambda^{(\alpha+p,\beta+q)}(r)\times$$
$$(2\sinh r)^{2\alpha+1}(2\cosh r)^{2\beta+1}\mathrm{d}r=$$

$$\frac{4^{-(p+q)}}{(\alpha+1)_p}\int_0^{\infty}(f_{\delta,j}(r)\,(\sinh r)^{-p}\,(\cosh r)^{-q})\times$$
$$\varphi_\lambda^{(\alpha+p,\beta+q)}(r)((2\sinh r)^{2(\alpha+p)+1}\,(2\cosh r)^{2(\beta+q)+1})\mathrm{d}r=$$
$$\frac{4^{-(p+q)}}{(\alpha+1)_p}\int_0^{\infty}\tilde{f}_{\delta,j}(r)\varphi_\lambda^{(\alpha+p,\beta+q)}(r)\Delta_{\alpha+p,\beta+q}(r)\mathrm{d}r \tag{4.2.3}$$

其中

$$\tilde{f}_{\delta,j}(r)=f_{\delta,j}(r)\,(\sinh r)^{-p}\,(\cosh r)^{-q} \tag{4.2.4}$$

假设(ⅰ)和式(4.1.9)表明

$$|f_{\delta,j}(r)|\leqslant\int_K |f(ka_r)\|Y_{\delta,j}(kM)|\,\mathrm{d}k\leqslant$$
$$Ch_s(r)\int_K |Y_{\delta,j}(kM)|\,\mathrm{d}k\leqslant$$
$$C_1(\delta,j)(1+r)\,(1+(1+r)/s)^{\alpha-1/2}\mathrm{e}^{-\rho r}\mathrm{e}^{-r^2/(4s)} \tag{4.2.5}$$

将式(4.2.5)代入式(4.2.3)，并利用式(4.1.7)，得

$$|F_{\delta,j}(\lambda)|\leqslant$$
$$C_2(\delta,j)\int_0^{\infty}|f_{\delta,j}(r)|\,\mathrm{e}^{-r(p+q)}\,|\varphi_\lambda^{(\alpha+p,\beta+q)}(r)|\,\mathrm{e}^{2r(\alpha+p+\beta+q+1)}\mathrm{d}r\leqslant$$
$$C_2(\delta,j)\int_0^{\infty}(1+r)^2(1+(1+r)/s)^{\alpha-1/2}\mathrm{e}^{-r^2/(4s)+r|\mathrm{Im}\lambda|}\mathrm{d}r$$

这表明 $F_{\delta,j}(\lambda)$ 可延拓为一个二阶整函数，并满足

$$|F_{\delta,j}(\lambda)|\leqslant C_2(\delta,j)\mathrm{e}^{s|\mathrm{Im}\lambda|^2}\int_0^{\infty}(1+r)^2\times$$
$$(1+(1+r)/s)^{\alpha-1/2}\mathrm{e}^{-\frac{1}{4s}(r-2s|\mathrm{Im}\,\lambda|)^2}\mathrm{d}r\leqslant$$
$$C_3(\delta,j)\,(1+|\lambda|)^{\alpha+3/2}\mathrm{e}^{s|\mathrm{Im}\,\lambda|^2} \tag{4.2.6}$$

对所有的 $\lambda\in\mathbf{C}$.

由式(4.2.6)，假设(ⅱ)和第 1 章引理 1.2.2，我们推出若 $s\leqslant t$，则有

$$F_{\delta,j}(\lambda)=C_4(\delta,j)\mathrm{e}^{-t\lambda^2}$$

但是 $F_{\delta,j}(\lambda)$ 是$(\alpha+p,\beta+q)$ 型函数 $\widetilde{f}_{\delta,j}(r)$ 的 Jacobi 变换，所以根据 Jacobi 变换的逆公式，有下式成立

$$\widetilde{f}_{\delta,j}(r)=C_5(\delta,j)\int_0^\infty \mathrm{e}^{-t\lambda^2}\varphi_\lambda^{(\alpha+p,\beta+q)}(r)\mid c_{\alpha+p,\beta+q}(\lambda)\mid^{-2}\mathrm{d}\lambda=$$
$$C_5(\delta,j)\mathrm{e}^{(\rho+p+q)^2 t}\int_0^\infty \mathrm{e}^{-t(\lambda^2+(\rho+p+q)^2)}\varphi_\lambda^{(\alpha+p,\beta+q)}(r)\mid c_{\alpha+p,\beta+q}(\lambda)\mid^{-2}\mathrm{d}\lambda \tag{4.2.7}$$

令 h_t^δ 是相应于 $L_{\alpha+p,\beta+q}$ 的热核，则由式(4.2.7) 知

$$f_{\delta,j}(r)=C_5(\delta,j)\mathrm{e}^{(\rho+p+q)^2 t}(\sinh r)^p(\cosh r)^q h_t^\delta(r)$$

因为 $f_{\delta,j}$ 满足估计式(4.2.5)，所以有

$$C_5(\delta,j)(\sinh r)^p(\cosh r)^q h_t^\delta(r)\leqslant$$
$$(1+(1+r)/s)^{\alpha-1/2}(1+r)\mathrm{e}^{-\rho r}\mathrm{e}^{-r^2/(4s)} \tag{4.2.8}$$

根据式(4.1.9) 中给出的估计，上式对 $s<t$ 是不成立的，除非 $C_5(\delta,j)=0$. 由于上式对所有的 j 和 δ 都成立，因此我们得到 $f=0$.

当 $s=t$ 时，再根据式(4.1.9)，估计式(4.2.8) 只能对 $p=q=0$ 情形成立. 因此，对除了单位表示以外的所有的 δ 都有 $f_{\delta,j}=0$ 成立. 从而 f 一定是 h_t 的常数倍.

当 $s>t$ 时，在特殊的半单 Lic 群 $G=SU(1,n)$ 上来找出无限多个线性无关的函数满足结论(ⅲ)，因此，在一般的非紧秩 1 的对称空间上也一定能找出无限多个线性无关的函数满足结论(ⅲ). 在群 $G=SU(1,n)$ 中，q 可以是负整数，$\alpha=n-1$，$\rho=n$，$\beta=0$，我们有

$$\phi_{\lambda,\delta}(r)=Q_\delta(\mathrm{i}\lambda+\rho)(\alpha+1)_p^{-1}(\sinh r)^p(\cosh r)^q\varphi_\lambda^{(n-1+p,q)}(r)$$

若 q 是非负的，则我们利用关系式

$$\varphi_\lambda^{(\alpha,\beta)}(r)=(2\cosh r)^{-2\beta}\varphi_\lambda^{(\alpha,-\beta)}(r)$$

来得到如下的关系式

$$\phi_{\lambda,\delta}(r)=2^{-2q}Q_\delta(\mathrm{i}\lambda+\rho)(\alpha+1)_p^{-1}(\sinh r)^p\times$$
$$(\cosh r)^{-q}\varphi_\lambda^{(n-1+p,-q)}(r)$$

因此,可以利用式(4.1.9)来估计热核 $h_b^\delta(r)$，其中 $h_b^\delta(r)$ 是Jacobi 算子 $L_{\alpha+s,\beta+\tau}$ 的热核,满足下面的估计

$$C_1 b^{-\frac{3}{2}}\mathrm{e}^{-(\rho+p+q)^2 b}H_b(r)\leqslant h_b^\delta(r)\leqslant C_2 b^{-\frac{3}{2}}\mathrm{e}^{-(\rho+p+q)^2 b}H_b(r)$$

其中 $C_1, C_2>0$ 是常数,且

$$H_b(r)=(1+r)\left(1+\frac{1+r}{b}\right)^{\alpha+p-\frac{1}{2}}\mathrm{e}^{-(\rho+p+q)r}\mathrm{e}^{-\frac{r^2}{4b}}$$

固定非单位表示 $\delta\in\hat{K}_0$，考虑函数

$$f_{p,q}(ka_r)=Y_{\delta,1}(kM)h_b^\delta(r)(\sinh r)^p(\cosh r)^q \tag{4.2.9}$$

那么,对 $\forall\delta'\neq\delta$,有 $F_{\delta',j}(\lambda)=0$；对 $\forall j>1$,有

$$F_{\delta,j}(\lambda)=0$$

由式(4.2.3)可知

$$F_{\delta,1}(\lambda)=C\int_0^\infty h_t^\delta(r)\varphi_\lambda^{(\alpha+p,\beta+q)}(r)\Delta_{\alpha+p,\beta+q}(r)\mathrm{d}r=$$
$$C\mathrm{e}^{-[\lambda^2+(\rho+p+q)^2]t}=C\mathrm{e}^{-\lambda^2 t}$$

所以 $f(ka_r)$ 满足假设(ⅱ). 与第1章1.2节中欧氏情形的做法类似,对给定的 $s>t$,选取 $\varepsilon>0$ 使得 $s>(1+\varepsilon)t$,并令

$$f_{p,q}(ka_r)=Y_{\delta,1}(k)h_{s/(1+\varepsilon)}^\delta(r)(\sinh r)^p(\cosh r)^q \tag{4.2.10}$$

结合式(4.1.9),对于 $f_{p,q}$,有

$$|f_{p,q}(ka_r)|\leqslant C(1+r)\left(1+\frac{(1+\varepsilon)(1+r)}{s}\right)^{\alpha+p-\frac{1}{2}}\times$$
$$\mathrm{e}^{-(\rho+p+q)r}\mathrm{e}^{-\frac{(1+\varepsilon)}{4s}r^2}\mathrm{e}^{pr}\mathrm{e}^{qr}\leqslant$$
$$C(1+r)\left(1+\frac{(1+r)}{s}\right)^{\alpha-\frac{1}{2}}\mathrm{e}^{-\rho r}\mathrm{e}^{-\frac{1}{4s}r^2}\leqslant Ch_s(r)$$

因此,$f_{p,q}$ 满足定理的条件(ⅰ). 由于

$$s>(1+\varepsilon)t$$

$$|F_{\delta,1}(\lambda)|=Ce^{-[\lambda^2+(\rho+p+q)^2]s/(1+\varepsilon)}\leqslant Ce^{-\lambda^2 t}$$

所以，$f_{p,q}$ 满足定理的条件(ⅱ)．证毕．

推论 4.2.2 将定理 4.2.1 的条件(ⅰ)替换为

$$|f(ka_r)|\leqslant C(1+r)^N h_t(r)\text{，对某个非负整数 } N$$

则 $f(ka_r)$ 可以表示成由有限个项 $Y_{\delta,j}(k)(\sinh r)^p(\cosh r)^q h_t^\delta(r)$ 构成的线性组合．

4.3 非紧秩 1 对称空间上的 Cowling-Price 形式的不确定原理

本节的目的是将 Cowling-Price 形式的不确定原理推广到对称空间 G/K 上，这个结果蕴涵了 4.2 节的结果．

定理 4.3.1 令 $f:X=G/K\to\mathbf{C}$ 是可测函数．若对 $1\leqslant p\leqslant\infty$，$1\leqslant q<\infty$ 及 $a,b>0$，f 满足如下两个条件：

(ⅰ) $\int_{G/K}(|f(x)|e^{a|x|_X^2}|\phi_0(x)|^{\frac{2}{p}-1})^p dx<\infty$；

(ⅱ) 对 $\forall\delta\in\hat{K}_0$，$\forall 1\leqslant j\leqslant d_\delta$，函数

$$F_{\delta,j}(\lambda)=\int_{K/M}\tilde{f}(\lambda,kM)Y_{\delta,j}(kM)dk$$

满足

$$\int_{\mathbf{R}}(e^{b\lambda^2}|F_{\delta,j}(\lambda)|)^q|c_{\alpha,\beta}(\lambda)|^{-2}d\lambda<\infty$$

其中 $|\cdot|_X$ 表示 $X=G/K$ 上的范数，$\phi_0(x)$ 是 G/K 上的球函数，$c_{\alpha,\beta}(\lambda)$ 是 Harish-Chandra c-函数．那么，

(a) 当 $ab\geqslant\frac{1}{4}$ 时，$f(x)=0$ 几乎处处成立；

(b) 当 $ab<\frac{1}{4}$ 时，存在无限多个线性无关的函数满足(ⅰ)和(ⅱ)．

为证明定理 4.3.1，我们需要下面两个关于解析函数的引理，即下面的引理 4.3.2 和引理 4.3.3.

引理 4.3.2　令 g 在区域 $Q=\{z=re^{i\theta}:0<\theta<\frac{\pi}{2}\}$ 是解析的，且直到边界是连续的. 假设对 $p\in[1,\infty)$ 及正数 a 和 A，

(ⅰ) $|g(x+iy)|\leqslant Ae^{ax^2}$，对 $(x+iy)\in\bar{Q}$；

(ⅱ) $\left(\int_0^\infty |g(x)|^p dx\right)^{1/p}\leqslant A.$

则

$$\int_\sigma^{\sigma+1}|g(\rho e^{i\psi})|d\rho\leqslant A\max(e^a,(\sigma+1)^{1/p})$$

对 $\psi\in[0,\frac{\pi}{2}]$ 和 $\sigma\in\mathbf{R}^+$.

证明：令 $Q_\theta=\{\rho e^{i\psi}:\rho\in\mathbf{R}^+,\psi\in(0,\theta)\}$，则引理 4.3.2 中的 Q 表示 $Q_{\pi/2}$. 对任意固定的 $\theta\in(0,\frac{\pi}{2})$ 和 $\varepsilon\in(0,\frac{\pi}{2}-\theta)$，定义 $h=h_{\theta,\varepsilon}$ 为

$$h(z)=g(z)\exp\{i\varepsilon e^{i\varepsilon}z^{(\pi-2\varepsilon)/\theta}+\frac{i}{2}z^2\pi\cot\theta\},\ z\in\bar{Q}_\theta$$

于是我们有

$$\begin{aligned}&|h(\rho e^{i\psi})|=\\&|g(\rho e^{i\psi})|\exp\{\mathrm{Re}\,(i\varepsilon e^{i\varepsilon}\rho^{(\pi-2\varepsilon)/\theta}e^{i(\pi-2\varepsilon)\psi/\theta}+\frac{i}{2}\pi\rho^2e^{2i\psi}\cot\theta\}\leqslant\\&A\exp\{\pi\rho^2\cos^2\psi-\varepsilon\sin(\varepsilon+(\pi-2\varepsilon)\psi/\theta)\rho^{(\pi-2\varepsilon)/\theta}-\\&\frac{1}{2}\pi\rho^2\sin(2\psi)\cot\theta\}\leqslant\\&A\exp\{\pi\rho^2-\varepsilon\sin(\varepsilon+(\pi-2\varepsilon)\psi/\theta)\rho^{(\pi-2\varepsilon)/\theta}\}\end{aligned}\tag{4.3.1}$$

由于 $(\pi-2\varepsilon)/\theta>2$ 和 $0<\varepsilon+(\pi-2\varepsilon)\psi/\theta<\pi$，因此 $h(\rho e^{i\psi})$ 在 $\bar{Q}_\theta$ 上有界，且当 $\rho\to\infty$ 时，$h(\rho e^{i\psi})$ 对 $\psi\in[0,\theta]$ 一致地趋于零.

令 s 是 $[\sigma,\sigma+1]$ 上的 L^∞ 范数为 1 的简单函数. 我们定义 $\bar{Q}_\theta$

上的函数 k 为

$$k(\rho e^{i\psi})=\int_{\sigma}^{\sigma+1} s(\tau)h(\rho\tau e^{i\psi})d\tau$$

显然，k 在 Q_θ 中是解析的，在 $\bar{Q}_\theta$ 中是连续的、有界的，且当 $\rho\to\infty$ 时，k 对 $\psi\in[0,\theta]$ 一致地趋于零.

对 $\rho>0$，从式(4.3.1) 我们推出

$$|h(\rho e^{i\theta})|\leqslant A\exp\{\pi\rho^2\cos^2\theta-\varepsilon\sin\varepsilon\rho^{(\pi-2\varepsilon)\psi/\theta}-\frac{1}{2}\pi\rho^2\sin(2\theta)\cot\theta\}\leqslant A$$

所以

$$|k(\rho e^{i\theta})|\leqslant\int_{\sigma}^{\sigma+1}A d\tau=A$$

类似地，若 $\rho\in[0,(\sigma+1)^{-1}]$，根据式(4.3.1)，我们有

$$|k(\rho e^{i\theta})|\leqslant\int_{\sigma}^{\sigma+1}|h(\rho\tau)|d\tau\leqslant \sup\{|h(\rho)|:\rho\leqslant 1\}\leqslant Ae^{\pi}$$

若 $\rho>(\sigma+1)^{-1}$，则

$$|k(\rho)|\leqslant\int_{\sigma}^{\sigma+1}|h(\rho\tau)|d\tau\leqslant\rho^{-1/p}\left(\int_{\sigma}^{\sigma+1}|h(\rho\tau)|^p\rho d\tau\right)^{1/p}\leqslant A(\sigma+1)^{1/p}$$

从而，我们有

$$\left|\int_{\sigma}^{\sigma+1}s(\rho)h(\rho e^{i\psi})d\rho\right|\leqslant A\max\{e^{\pi},(\sigma+1)^{1/p}\},\ \psi\in[0,\theta]$$

令 ε 趋于零及 θ 趋于 $\pi/2$，再对 s 取最大值，我们就得到要证的结论. 证毕.

引理 4.3.3 令 $f:\mathbf{C}^n\to\mathbf{C}^n$ 是整函数，使得对正数 a 和 m，

（i）$|f(z)|\leqslant Ce^{a\|\mathrm{Re}\, z\|^2}(1+|\mathrm{Im}\, z|)^m$；

（ii）$\int_{\mathbf{R}^n}|f(x)|^p|Q(x)|dx<\infty$.

其中，$1\leqslant p<\infty$，Q 是 $\mathbf{R}^n$ 上可测函数，对几乎所有的 $\tilde{x}\in\mathbf{R}^{n-1}$，

$Q(\tilde{x},t)$ 是 $t\in\mathbf{R}$ 的有界函数，但不为零. 则 $f=0$.

证明：固定 $\tilde{x}\in\mathbf{R}^{n-1}$，使得 $Q_{\tilde{x}}(t)=Q(\tilde{x},t)$ 对足够大的 t 有界，但不为零. 定义 $g_{\tilde{x}}(z)=f(\tilde{x},z)$，对 $z\in\mathbf{C}$. 则 $g_{\tilde{x}}(z)$ 是 $\mathbf{C}$ 上的一个整函数，且满足条件(ⅰ)和(ⅱ). 由第 1 章引理 1.2.3 可知对 $n=1$，引理是正确的，则我们可知 $f(\tilde{x},z)=0$，对几乎所有的 $\tilde{x}\in\mathbf{R}^{n-1}$. 因此 $f=0$ 在 $\mathbf{R}^n$ 上几乎处处成立，进一步在 $\mathbf{C}^n$ 上也几乎处处成立.

定理 4.3.1 的证明：(a) 利用 $Y_{\delta,j}(kM)$ 的定义及 K 上 Haar 测度的双不变性，有

$$F_{\delta,j}(\lambda)=\int_{G/K}\int_{K/M}f(x)\mathrm{e}^{(-\mathrm{i}\lambda+\rho)A(x,b)}Y_{\delta,j}(b)\mathrm{d}b\mathrm{d}x=$$
$$\int_{G/K}f(x)\left(\int_K\mathrm{e}^{(-\mathrm{i}\lambda+\rho)A(x,k'M)}Y_{\delta,j}(k'M)\mathrm{d}k'\right)\mathrm{d}x$$

令 $x=ka_r$，根据式(4.1.5)，有

$$F_{\delta,j}(\lambda)=\int_{G/K}f(x)Y_{\delta,j}(kM)\phi_{-\lambda,\delta}(a_r)\mathrm{d}x \tag{4.3.2}$$

由 Hölder 不等式，定理 4.3.1 的假设(ⅰ)及式(4.1.3)，得

$$|F_{\delta,j}(\lambda)|\leqslant\int_{G/K}|f(x)|\mathrm{e}^{a|x|_X^2}|\phi_0(x)|^{\frac{2}{p}-1}\mathrm{e}^{-a|x|_X^2}\times$$
$$|\phi_0(x)|^{1-\frac{2}{p}}|Y_{\delta,j}(kM)\phi_{-\lambda,\delta}(a_r)|\mathrm{d}x\leqslant$$
$$\left[\int_{G/K}(|f(x)|\mathrm{e}^{a|x|_X^2}|\phi_0(x)|^{\frac{2}{p}-1})^p\mathrm{d}x\right]^{1/p}\times$$
$$\left[\int_{G/K}(\mathrm{e}^{-a|x|_X^2}|\phi_0(x)|^{1-\frac{2}{p}}\times\right.$$
$$\left.|Y_{\delta,j}(kM)\phi_{-\lambda,\delta}(a_r)|)^{p'}\mathrm{d}x\right]^{1/p'}\leqslant$$
$$C\left[\int_0^{+\infty}\int_K\mathrm{e}^{-p'ar^2}(|\phi_0(x)|^{1-\frac{2}{p}}|\phi_{-\lambda,\delta}(a_r)|)^{p'}\times\right.$$
$$\left.|Y_{\delta,j}(kM)|^{p'}\Delta_{\alpha,\beta}(r)\mathrm{d}k\mathrm{d}r\right]^{1/p'}\leqslant$$
$$C\left[\int_0^{+\infty}\mathrm{e}^{-p'ar^2}(|\phi_0(x)|^{1-\frac{2}{p}}\times\right.$$

$$|\phi_{-\lambda,\delta}(a_r)|)^{p'}\Delta_{\alpha,\beta}(r)\mathrm{d}r]^{1/p'}=$$

$$C[\int_0^{+\infty}\mathrm{e}^{-p'ar^2}(|\phi_0^{(\alpha,\beta)}(r)|^{1-\frac{2}{p}}|Q_\delta(-\mathrm{i}\lambda+\rho)|\times$$

$$(\sinh r)^s(\cosh r)^\tau|\varphi_{-\lambda}^{(\alpha+s,\beta+\tau)}(r)|)^{p'}\Delta_{\alpha,\beta}(r)\mathrm{d}r]^{1/p'}$$

其中，$\varphi_\lambda^{(\alpha+s,\beta+\tau)}=\varphi_{-\lambda}^{(\alpha+s,\beta+\tau)}$，$Y_{\delta,j}(kM)$ 在紧集 K 上几乎处处有界，从而$\int_K|Y_{\delta,j}(kM)|^{p'}\mathrm{d}k$ 有界. 根据式(4.1.6)及式(4.1.7)，有

$$|F_{\delta,j}(\lambda)|\leqslant C|Q_\delta(-\mathrm{i}\lambda+\rho)|\{\int_0^{+\infty}\mathrm{e}^{-p'ar^2}\times$$

$$[(1+r)^{1-\frac{2}{p}}\mathrm{e}^{-r\rho(1-\frac{2}{p})}(\sinh r)^s(\cosh r)^\tau(1+r)\mathrm{e}^{r(|\mathrm{Im}\lambda|-\rho-s-\tau)}]^{p'}\times$$

$$(2\sinh r)^{2\alpha+1}(2\cosh r)^{2\beta+1}\mathrm{d}r\}^{1/p'}\leqslant$$

$$C|Q_\delta(-\mathrm{i}\lambda+\rho)|\times$$

$$\{\int_0^{+\infty}\mathrm{e}^{-p'ar^2}[(1+r)^{2-\frac{2}{p}}\mathrm{e}^{-r\rho(2-\frac{2}{p})}\mathrm{e}^{rs}\mathrm{e}^{r\tau}\mathrm{e}^{r(|\mathrm{Im}\lambda|-s-\tau)}]^{p'}\times$$

$$\mathrm{e}^{r(2\alpha+1)}\mathrm{e}^{r(2\beta+1)}\mathrm{d}r\}^{1/p'}=$$

$$C|Q_\delta(-\mathrm{i}\lambda+\rho)|\times$$

$$\{\int_0^{+\infty}\mathrm{e}^{-p'ar^2}(1+r)^2\mathrm{e}^{-2r\rho}\mathrm{e}^{p'r|\mathrm{Im}\,\lambda|}\mathrm{e}^{r(2\alpha+2\beta+2)}\mathrm{d}r\}^{1/p'}=$$

$$C|Q_\delta(-\mathrm{i}\lambda+\rho)|[\int_0^{+\infty}\mathrm{e}^{-p'ar^2}\mathrm{e}^{p'r|\mathrm{Im}\lambda|}(1+r)^2\mathrm{d}r]^{1/p'}$$

因为 $\mathrm{Re}\lambda\in\mathscr{A}^*(\cong\mathbf{R})$，$\ln a\in\mathscr{A}$，$|\mathrm{Re}\,\lambda(\ln a)|\leqslant C|\ln a|$，所以当 $\mathrm{Re}\,\lambda\to\infty$ 时，$r=|\ln a|\to\infty$，从而推出上式右端等于零. 即得

$$F_{\delta,j}(\lambda)=0,\forall\delta\in\hat{K}_0,\forall j(1\leqslant j\leqslant d_\delta)$$

另外，当 $|\mathrm{Re}\lambda|<\infty$ 时，存在正整数 l 和常数 C，使得

$$|Q_\delta(-\mathrm{i}\lambda+\rho)|\leqslant C(1+|\mathrm{Im}\,\lambda|)^l$$

事实上，令

$$Q_\delta(-\mathrm{i}\lambda+\rho)=P(\lambda)=C_0^i+C_1^i\lambda+\cdots+C_l^i\lambda^l$$

其中，$P(\lambda)$ 是 λ 的 l 阶多项式，$C_0^i,C_1^i,\cdots,C_l^i\in\mathbf{C}$. 所以

$$|Q_\delta(-\mathrm{i}\lambda+\rho)|\leqslant C_0+C_1\lambda+\cdots+C_l\lambda^l\leqslant$$

$$C(1+|\lambda|)^l=$$
$$C(1+|\mathrm{Re}\lambda|+|\mathrm{Im}\lambda|)^l\leqslant$$
$$C(1+|\mathrm{Im}\,\lambda|)^l$$

其中,$C_0,C_1,\cdots,C_l\in\mathbf{R}^+$ 分别是 $C_0^i,C_1^i,\cdots,C_l^i\in\mathbf{C}$ 的模.

从而

$$|F_{\delta,j}(\lambda)|\leqslant C(1+|\mathrm{Im}\,\lambda|)^l\mathrm{e}^{\frac{1}{4a}|\mathrm{Im}\lambda|^2}\times$$
$$\left[\int_0^{+\infty}\mathrm{e}^{-p'a(r-\frac{1}{2a}|\mathrm{Im}\lambda|)^2}(1+r)^2\mathrm{d}r\right]^{1/p'}=$$
$$C(1+|\mathrm{Im}\lambda|)^l\mathrm{e}^{\frac{1}{4a}|\mathrm{Im}\lambda|^2}\left[\int_0^{+\infty}\mathrm{e}^{-p'ar^2}(1+r+\frac{1}{2a}\times\right.$$
$$\left.|\mathrm{Im}\,\lambda|)^2\mathrm{d}r\right]^{1/p'}\leqslant$$
$$C(1+|\mathrm{Im}\lambda|)^{l'}\mathrm{e}^{\frac{1}{4a}|\mathrm{Im}\,\lambda|^2}\tag{4.3.3}$$

其中,l' 是正整数. 令 $G_\delta(\lambda)=F_{\delta,j}(\lambda)\mathrm{e}^{\frac{1}{4a}\langle\lambda,\lambda\rangle}$,$\forall\lambda\in\mathbf{C}$,$\langle\cdot,\cdot\rangle$ 是 $\mathbf{C}$ 上的内积. 由式(4.3.3),得

$$|G_\delta(\lambda)|\leqslant C(1+|\mathrm{Im}\,\lambda|)^l\,|\mathrm{e}^{\frac{1}{4a}(|\mathrm{Im}\,\lambda|^2+\langle\lambda,\lambda\rangle)}|\leqslant$$
$$C(1+|\mathrm{Im}\,\lambda|)^l\,|\mathrm{e}^{\frac{1}{4a}(|\mathrm{Re}\lambda|^2+2\mathrm{i}\mathrm{Re}\,\lambda\mathrm{Im}\,\lambda)}|=$$
$$C(1+|\mathrm{Im}\lambda|)^l\mathrm{e}^{\frac{1}{4a}|\mathrm{Re}\,\lambda|^2}\tag{4.3.4}$$

根据式(4.3.4)及定理 4.3.1 的假设(ⅱ),对于 $ab\geqslant\frac{1}{4}$,有

$$\int_{\mathbf{R}}|G_\delta(\lambda)|^q|c(\lambda)|^{-2}\mathrm{d}\lambda=\int_{\mathbf{R}}\mathrm{e}^{\frac{1}{4a}q\lambda^2}|F_{\delta,j}(\lambda)|^q|c_{\alpha,\beta}(\lambda)|^{-2}\mathrm{d}\lambda\leqslant$$
$$\int_{\mathbf{R}}\mathrm{e}^{bq\lambda^2}|F_{\delta,j}(\lambda)|^q|c_{\alpha,\beta}(\lambda)|^{-2}\mathrm{d}\lambda<\infty\tag{4.3.5}$$

由于 $|c_{\alpha,\beta}(\lambda)|^{-2}$ 至多是多项式增长,可知 $|c_{\alpha,\beta}(\lambda)|^{-2}$ 满足引理 4.3.3 中关于 Q 的条件. 从式(4.3.4)和式(4.3.5)得知,$G_\delta(\lambda)$ 是 λ 的整函数且满足引理 4.3.3 的条件,从而推出 $G_\delta(\lambda)=0$,$\forall\delta\in\hat{K}_0$,$\forall\lambda\in\mathbf{C}$. 由 $G_\delta(\lambda)$ 的定义可知,

$$F_{\delta,j}(\lambda)=0,\ \forall\,\delta\in\hat{K}_0,\ \forall\,j(1\leqslant j\leqslant d_\delta)$$

从而推出，对 $\forall\lambda\in\mathbf{R},\forall b\in K/M,\tilde{f}(\lambda,b)=0$ 几乎处处成立. 回到式(4. 1. 1)，可推出 $f=0$ 几乎处处成立.

(b) 在特殊的半单 Lie 群 $G=SU(1,n)$ 中，$\alpha=1,\beta=0,\rho=n$. 令 $h_b^\delta(r)$ 是 Jaccobi 算子 $L_{\alpha+s,\beta+\tau}$ 的热核，由式(4. 1. 9) 知 $h_b^\delta(r)$ 满足下面的估计：

$$C_1b^{-\frac{3}{2}}\mathrm{e}^{-(\rho+s+\tau)^2b}H_b(r)\leqslant h_b^\delta(r)\leqslant C_2b^{-\frac{3}{2}}\mathrm{e}^{-(\rho+s+\tau)^2b}H_b(r)$$

其中 $C_1,C_2>0$ 是常数，且

$$H_b(r)=(1+r)\left(1+\frac{1+r}{b}\right)^{\alpha+s-\frac{1}{2}}\mathrm{e}^{-(\rho+s+\tau)r}\mathrm{e}^{-\frac{r^2}{4b}}$$

固定非单位表示 $\delta\in\hat{K}_0$，考虑函数

$$f(ka_r)=Y_{\delta,1}(kM)h_b^\delta(r)\,(\sinh r)^s\,(\cosh r)^\tau$$

由式(4. 3. 1)可知，对 $\forall\,\delta'\neq\delta,F_{\delta',j}(\lambda)=0$；对 $\forall\,j>1,F_{\delta,j}(\lambda)=0$. 由式(4. 3. 2)、式(4. 1. 3)、式(4. 1. 6) 及式(4. 1. 8)，对于 f，有

$$\begin{aligned}F_{\delta,1}(\lambda)=&CQ_\delta(\mathrm{i}\lambda+\rho)\int_0^\infty\left(\int_K Y_{\delta,1}(kM)Y_{\delta,1}(kM)\mathrm{d}k\right)\times\\&h_b^\delta(r)(\mathrm{sh}r)^s(\mathrm{ch}r)^\tau\phi_\lambda^{(\alpha+s,\beta+\tau)}(r)\Delta_{\alpha,\beta}(r)\mathrm{d}r=\\&CQ_\delta(\mathrm{i}\lambda+\rho)\int_0^{+\infty}h_b^\delta(r)\phi_\lambda^{(\alpha+s,\beta+\tau)}(r)(\sinh r)^s\times\\&(\cosh r)^\tau(2\sinh r)^{2\alpha+1}(2\cosh r)^{2\beta+1}\mathrm{d}r=\\&CQ_\delta(\mathrm{i}\lambda+\rho)\int_0^{+\infty}h_b^\delta(r)\phi_\lambda^{(\alpha+s,\beta+\tau)}(r)\Delta_{\alpha+s,\beta+\tau}(r)\mathrm{d}r=\\&CQ_\delta(\mathrm{i}\lambda+\rho)\mathrm{e}^{-b\lambda^2}\end{aligned}\tag{4. 3. 6}$$

当 $ab<\frac{1}{4}$ 时，选取 $\varepsilon>0$，使得

$$a(1+\varepsilon)b<\frac{1}{4}$$

定义

$$f_\varepsilon(ka_r)=Y_{\delta,1}(kM)h^\delta_{1/(4a(1+\varepsilon))}(r)\,(\sinh r)^s\,(\cosh r)^\tau$$

结合式(4.3.6)，对于 f_ε，有

$$| F_{\delta,1,\varepsilon}(\lambda) | = C \mid Q_\delta(\mathrm{i}\lambda+\rho) \mid \mathrm{e}^{-\frac{1}{4a(1+\varepsilon)}\lambda^2} \leqslant$$

$$C(1+|\lambda|)^{l_1} \mathrm{e}^{-\frac{1}{4a(1+\varepsilon)}\lambda^2}$$

其中，l_1 是正整数. 对于 $a(1+\varepsilon)b < \frac{1}{4}$，有

$$\int_{\mathbf{R}} (\mathrm{e}^{b\lambda^2} \mid F_{\delta,1,\varepsilon}(\lambda) \mid)^q \mid c_{\alpha,\beta}(\lambda) \mid^{-2} \mathrm{d}\lambda \leqslant$$

$$C\int_{\mathbf{R}} \mathrm{e}^{(b-\frac{1}{4a(1+\varepsilon)})q\lambda^2} (1+|\lambda|)^{l_2} \mathrm{d}\lambda < \infty$$

因此 $f_\varepsilon(ka_r)$ 满足定理 4.3.3 的条件(ⅱ). 容易验证 $f_\varepsilon(ka_r)$ 也满足定理 4.3.3 的条件(ⅰ)，事实上

$$\int_{G/K} (\mid f_\varepsilon(x) \mid \mathrm{e}^{ar^2} \mid \phi_0(x) \mid^{\frac{2}{p}-1})^p \mathrm{d}x \leqslant$$

$$C\int_0^{+\infty} [h^\delta_{1/(4(1+\varepsilon)a)}(r)\mathrm{e}^{ar^2} (1+r)^{\frac{2}{p}-1} \mathrm{e}^{-\rho r(\frac{2}{p}-1)}]^p \Delta_{\alpha,\beta}(r)\mathrm{d}r \leqslant$$

$$C\int_0^{+\infty} [(1+r)(1+4a(1+\varepsilon)(1+r))^{\alpha-\frac{1}{2}} \mathrm{e}^{-\rho r} \mathrm{e}^{-a(1+\varepsilon)r^2} \times$$

$$\mathrm{e}^{ar^2} (1+r)^{\frac{2}{p}-1} \mathrm{e}^{-\rho r(\frac{2}{p}-1)}]^p \mathrm{e}^{2\rho r} \mathrm{d}r =$$

$$C\int_0^{+\infty} (1+r)^2 (1+4a(1+\varepsilon)(1+r))^{\alpha-\frac{1}{2}} \mathrm{e}^{-pa\varepsilon' r^2} \mathrm{d}r < \infty$$

从而定理 4.3.1 的结论(b) 得证. 证毕.

注 4.3.4　当不考虑 $ab=\frac{1}{4}$ 的情况时，定理 4.3.1 的结果蕴涵了 4.2 节定理 4.2.1 的结果.

证明：令定理 4.2.1 中的 $s=\frac{1}{4a}$，$t=b$. 则定理 4.2.1 的函数 f 满足下面两个估计：

$$| f(x) | \leqslant Ch_{1/(4a)}(r) \quad 与$$

$$| F_{\delta,j}(\lambda) | \leqslant C(1+|\lambda|)^l \mathrm{e}^{-b\lambda^2}$$

其中，l 是正整数.

选取$\varepsilon'>0$. 下面说明定理4.2.1的条件包含在定理4.3.1的条件中，从而说明定理 4.2.1 的结论可由定理 4.3.1 的结论推得. 事实上，

$$\int_{G/K}(|f(x)|\mathrm{e}^{a(1-\varepsilon')r^2}|\phi_0(x)|^{\frac{2}{p}-1})^p\mathrm{d}x\leqslant$$

$$C\int_0^{+\infty}[h_{1/(4a)}(r)\mathrm{e}^{a(1-\varepsilon')r^2}(1+r)^{\frac{2}{p}-1}\mathrm{e}^{-\rho r(\frac{2}{p}-1)}]^p\Delta_{\alpha,\beta}(r)\mathrm{d}r\leqslant$$

$$C\int_0^{+\infty}[(1+r)(1+4a(1+r))^{\alpha-\frac{1}{2}}\mathrm{e}^{-\rho r}\mathrm{e}^{-ar^2}\mathrm{e}^{a(1-\varepsilon')r^2}\times$$

$$(1+r)^{\frac{2}{p}-1}\mathrm{e}^{-\rho r(\frac{2}{p}-1)}]^p\mathrm{e}^{2\rho r}\mathrm{d}r=$$

$$C\int_0^{+\infty}(1+r)^2(1+4a(1+r))^{\alpha-\frac{1}{2}}\mathrm{e}^{-pa\varepsilon' r^2}\mathrm{d}r<\infty$$

定理 4.3.1 的条件(ⅰ)满足. 从而

$$\int_{\mathbf{R}}(\mathrm{e}^{b(1-\varepsilon')\lambda^2}|F_{\delta,j}(\lambda)|)^q|c_{\alpha,\beta}(\lambda)|^{-2}\mathrm{d}\lambda\leqslant$$

$$C\int_{\mathbf{R}}\mathrm{e}^{qb(1-\varepsilon')\lambda^2}(1+|\lambda|)^{qd}\mathrm{e}^{-qb\lambda^2}|c_{\alpha,\beta}(\lambda)|^{-2}\mathrm{d}\lambda\leqslant$$

$$C\int_{\mathbf{R}}\mathrm{e}^{-qb\varepsilon'\lambda^2}(1+|\lambda|)^{l_1}\mathrm{d}\lambda<\infty$$

其中，l_1 是正整数，可知定理 4.3.1 的条件(ⅱ)也满足，从而注 4.3.4 得证.

4.4 非紧秩 1 对称空间上的 Beurling 形式的不确定原理

通过考察非紧秩1对称空间 $X=G/K$ 上的 Helgason-Fourier 变换和 Abel 变换之间的关系，本节将证明该对称空间上的 Beurling 形式的不确定原理. 与欧氏空间的情况类似，这个定理可以推出 X 上的其他 4 种形式的不确定原理.

令 o 表示 X 的原点，d 表示由 X 上的 Riemannian 度量诱导

的距离函数，$\sigma(x)=d(x,o)$ 为 x 在 X 上的范数. 注意到 σ 是非负的、连续的、K-双不变的. 若 $x=ka_r$ 是 x 的极分解，其中 $k\in K$，$a\in\overline{A^+}$，且 $\sigma(x)=|r|$，其中 $r=|\ln a|$.

我们还需要考虑 X 上的 Radon 变换和 Abel 变换以及这些变换与 Helgason - Fourier 变换之间的关系. 定义 X 上函数 f 的 Radon 变换为

$$\mathscr{R}f(b,r)=\mathscr{R}f(kM,r)=\mathrm{e}^{\rho r}\int_N f(ka_r n\cdot o)\,\mathrm{d}n$$

定义 X 上函数 f 的 Abel 变换为

$$\mathscr{A}f(r)=\mathrm{e}^{\rho r}\int_N f(a_r n\cdot o)\,\mathrm{d}n \tag{4.4.1}$$

特别地，若 $f\in L^1(K\backslash G/K)$ 是 X 上的 K-双不变的函数，则 f 的 Radon 变换 $\mathscr{R}f$ 就与 Abel 变换一致起来.

注意到，若 $f\in L^1(K\backslash G/K)$，则 $\mathscr{A}f\in L^1(\mathbf{R})$，并且 $\mathscr{A}$: $L^1(K\backslash G/K)\to L^1(\mathbf{R})$ 是连续的线性映射. 从而，容易看出 $\mathscr{R}$: $L^1(X)\to L^1(B\mathbf{R};\mathrm{d}b\mathrm{d}r)$ 也是连续的线性映射.

Radon 变换的一个重要性质就是它与 Helgason - Fourier 变换之间有密切的关系. 对于 X 上适当衰减的函数 f，Helgason - Fourier 变换 $\widetilde{f}$ 表示为 Radon 变换 $\mathscr{R}f$ 的欧氏 Fourier 变换，即

$$\widetilde{f}(\lambda,b)=\mathscr{F}(\mathscr{R}f)(\lambda,b)=\int_{\mathbf{R}}\mathscr{R}f(b,r)\mathrm{e}^{-\mathrm{i}\lambda r}\,\mathrm{d}r \tag{4.4.2}$$

其中 $\mathscr{F}$ 表示 $\mathbf{R}$ 上的欧氏 Fourier 变换. 若 $f\in L^1(K\backslash G/K)$，则 Helgason - Fourier 变换 $\widetilde{f}$ 表示为 Abel 变换 $\mathscr{A}f$ 的欧氏 Fourier 变换，即

$$\widetilde{f}(\lambda)=\mathscr{F}(\mathscr{A}f)(\lambda)=\int_{\mathbf{R}}\mathscr{A}f(r)\mathrm{e}^{-\mathrm{i}\lambda r}\,\mathrm{d}r \tag{4.4.3}$$

注意到，对任意的 $\lambda\in\mathbf{C}$，式(4.4.2)和式(4.4.3)等号两端都是有意义的.

X 上的 Plancherel 测度 $\mathrm{d}\mu(\lambda)$ 满足：

$$d\mu(\lambda)=|c(\lambda)|^{-2}d\lambda, \quad \lambda\in\mathbf{C} \qquad (4.4.4)$$

其中，$|c(\lambda)|^{-2}$ 最多是多项式增长，$c(\lambda)$ 是 Harish-Chandra c-函数.

本节的主要结论是：

定理 4.4.1 令 $f\in L^2(X)$. 若对所有的 $b\in B$，f 满足如下条件：

$$\int_{\mathbf{R}}\int_X |f(x)||\widetilde{f}(\lambda,b)|\phi_{i|\lambda|}(x)dx d\mu(\lambda)<\infty \qquad (4.4.5)$$

其中 $\phi_{i|\lambda|}(x)$ 和 $d\mu(\lambda)$ 分别表示 X 上的球函数和 Plancherel 测度，则 $f=0$ 几乎处处成立.

定理 4.4.1 的证明需要下面两个重要的引理，即引理 4.4.2 和引理 4.4.3.

引理 4.4.2 (Plancherel 定理) 形如式(4.4.4)中的 Helgason-Fourier 变换 $f(x)\to\widetilde{f}(\lambda,b)$ 可延拓为 $L^2(X)$ 到 $L^2(\mathbf{R}\times B,|c(\lambda)|^{-2}d\lambda db)$ 上的等距映射. 并且，

$$\int_X f_1(x)\overline{f_2(x)}dx=\int_{\mathbf{R}\times B}\widetilde{f}_1(\lambda,b)\overline{\widetilde{f}_2(\lambda,b)}|c(\lambda)|^{-2}d\lambda db$$

证明：定义 X 上的卷积 $*$ 为

$$(f_1*\phi_\lambda)(x)=\int_G f_1(g\cdot o)\phi_\lambda(g^{-1}\cdot x)dg$$

由式(4.1.1)和球函数的对称性知，

$$\phi_\lambda(g^{-1}h)=\int_K e^{(i\lambda+\rho)A(kh)}e^{(-i\lambda+\rho)A(kg)}dk$$

其中，$g,h\in G$，$A(gK,kM)=A(k^{-1}g)$，我们有

$$(f_1*\phi_\lambda)(x)=\int_K e^{(i\lambda+\rho)A(x,k^{-1}M)}\Big(\int_G f_1(g\cdot o)$$
$$e^{(-i\lambda+\rho)A(gK,k^{-1}M)}dg\Big)dk=$$
$$\int_B e^{(i\lambda+\rho)A(x,b)}\widetilde{f}_1(\lambda,b)db$$

因此对 $\lambda\in\mathbf{R}$，从上式和式(4.1.1)我们推出

$$\cdot\int_X (f_1 * \phi_\lambda)(x)\,\overline{f_2(x)}\,\mathrm{d}x = \int_B \tilde{f}_1(\lambda,b)\,\overline{\tilde{f}_2(\lambda,b)}\,\mathrm{d}b$$

将上式两端同时乘 $|c(\lambda)|^{-2}$ 并在 $\mathbf{R}$ 上关于 λ 积分，利用 Helgason-Fourier 逆变换式(4.1.2) 我们就证明了引理 4.4.2.

引理 4.4.3　如果 f 满足定理 4.4.1 的条件，那么 $f \in L^1(X)$，且对任意的 $b \in B$ 及 $\lambda \in \mathbf{C}$，Helgason - Fourier 变换 $\tilde{f}(\lambda,b)$ 都绝对收敛.

证明:证明的关键在于说明在 $\tilde{f}(\cdot,b) \neq 0$ 情形下，$\tilde{f}(\cdot,b)$ 在 $\mathbf{R}$ 上支集的测度不可能是有限的，这里用反证法证明.

若 $f \in L^2(X)$ 对所有的 $b \in B$，$\tilde{f}(\cdot,b) \equiv 0$ 在 $\mathbf{R}$ 上恒成立，则 Plancherel 定理表明 f 的 L^2 范数恒等于零，进一步表明 $f=0$ 几乎处处成立. 在这种情况下，引理 4.4.3 和定理 4.4.1 自然得证.

下面假设：

(1) 存在 $b \in B$，使得 $\tilde{f}(\cdot,b) \neq 0$ 在 $\mathbf{R}$ 上成立；

(2) $\tilde{f}(\cdot,b)$ 在 $\mathbf{R}$ 上的支集的测度是有限的.

令 $D \subset X$ 是含有单位元 o 的足够大的紧集. 因为 $\tilde{f}(\cdot,b) \neq 0$，所以存在 λ_0，$|\lambda_0| = R > 0$，使得 $\tilde{f}(\lambda_0,b) \neq 0$. 根据式(4.4.3) 有

$$\int_X |f(x)|\,\phi_{i|\lambda_0|}(x)\,\mathrm{d}x < \infty$$

再利用 $\phi_{i|\lambda_0|}$ 的渐进性质，得到

$$\int_{X\setminus D} |f(x)|\,\mathrm{e}^{(R-\rho)\sigma(x)}\,\mathrm{d}x < \infty \tag{4.4.6}$$

条件 $f \in L^2(X)$ 表明 f 是局部可积的，即

$$\int_D |f(x)|\,\mathrm{d}x < \infty$$

这是因为

$$\int_D |f(x)|\,\mathrm{d}x < \mathrm{meas}(D)\int_D |f(x)|^2\,\mathrm{d}x < \infty$$

进而表明

$$\int_D | f(x) | e^{(R-\rho)\sigma(x)} dx < \infty \tag{4.4.7}$$

联合式(4.4.6)与式(4.4.7)，得到

$$\int_X | f(x) | e^{(R-\rho)\sigma(x)} dx < \infty$$

按照极分解 $x = ka_r, x \in X$，上式还可以表达为

$$\int_0^\infty \int_K | f(ka_r) | e^{(R-\rho)r} \Delta(r) dk dr < \infty \tag{4.4.8}$$

对形如式(4.4.5)的 $\tilde{f}(\cdot, b)$，令

$$F(\lambda) = \int_B \tilde{f}(\lambda, b) db$$

下面在假设(2)的前提下对 $F(\lambda)$ 进行估计，从而表明这个积分是有意义的.

根据式(4.1.1)、式(4.1.7)和极分解，有

$$\begin{aligned} | F(\lambda) | &= | \int_X f(x) \int_B e^{(-i\lambda+\rho)A(x,b)} db dx | \leqslant \\ & \int_X | f(x) \| \phi_{-\lambda}(x) | dx \leqslant \\ & C\int_X | f(x) | e^{(|\mathrm{Im}\lambda|-\rho)\sigma(x)} (1+\sigma(x)) dx \leqslant \\ & C\int_0^\infty \int_K | f(ka_r) | e^{(|\mathrm{Im}\lambda|-\rho)r} (1+r)\Delta(r) dk dr = \\ & C\int_0^\infty \int_K | f(ka_r) | e^{(R-\rho)r} e^{-(R-|\mathrm{Im}\lambda|)r} (1+r)\Delta(r) dk dr \end{aligned} \tag{4.4.9}$$

对任意的 $\lambda \in \mathbf{C}$，当 $| \mathrm{Im}\,\lambda | < R$ 时，有

$$e^{-(R-|\mathrm{Im}\,\lambda|)r}(1+r) < \infty$$

因此，再利用式(4.4.9)推出，对 $\lambda \in \mathbf{C}$，$| \mathrm{Im}\lambda | < R$，有

$$| F(\lambda) | < \infty$$

根据 Morera 定理(第1章引理1.2.5)可知，$F(\lambda)$ 在复平面

上的开带形区域 $|\mathrm{Im}\lambda|<R$ 内是解析的. 特别地, $F(\lambda)$ 对 $\lambda\in\mathbf{R}$ 是实解析的. 由假设(2) 表明 $F(\lambda)$ 的支集的测度是有限的, 这与 $F(\lambda)$ 的解析性矛盾. 从而证明了 $F(\lambda)$ 的支集的测度是无限的, 进一步表明了 $\widetilde{f}(\cdot,b)$ 在 $\mathbf{R}$ 上的支集的测度不可能是有限的.

再由式(4.4.5) 和式(4.1.7) 可知, 对任意的足够大的 L, 存在 $\lambda\in\mathbf{R}$, $|\lambda|>L$, 使得

$$\int_{X\backslash D}|f(x)|\,\mathrm{e}^{(|\lambda|-\rho)\sigma(x)}\,\mathrm{d}x<\infty$$

上式表明

$$\int_{X\backslash D}|f(x)|\,\mathrm{d}x<\infty$$

又因为 f 是局部可积的, 所以容易知道 $f\in L^1(X)$.

由 $\widetilde{f}(\cdot,b)$ 的支集不可能是有限测度的事实及式(4.4.5), 因此对任意的 $\lambda\in\mathbf{C}$, 存在 $\lambda'\in\mathbf{C}$, $|\lambda'|>|\lambda|$, 使得

$$\widetilde{f}(\lambda',b)\neq 0$$

且

$$\int_{X}|f(x)|\,\mathrm{e}^{(|\lambda'|-\rho)\sigma(x)}\,\mathrm{d}x<\infty$$

类似式(4.4.9) 的推导过程表明对任意的 $\lambda\in\mathbf{C}$, 有

$$|F(\lambda)|<\infty$$

即对任意固定的 $b\in B$ 及任意的 $\lambda\in\mathbf{C}$, 有 $\widetilde{f}(\lambda,b)<\infty$. 这表明 f 的 Helgason - Fourier 变换 $\widetilde{f}(\lambda,b)$ 对任意的 $\lambda\in\mathbf{C}$ 及 $b\in B$ 都是绝对收敛的. 到此引理 4.4.3 得证.

下面证明定理 4.4.1. 证明的关键是构造 K -双不变函数, 以便于利用 Abel 变换将定理 4.4.1 的证明归结到实直线 $\mathbf{R}$ 的情况.

定理 4.4.1 的证明: 令 $\psi\in C_0^\infty(K\backslash G/K)$ 是 X 上光滑的, 具有紧支集的 K -双不变函数, 并且其紧支集是包含单位元 o 的测度任意小的集合. 对形如定理 4.4.1 中的 f, 令 $h=f*\psi$, 其中 $*$ 表示 X 上的卷积, 具体形式为

$$h(x)=h(z\cdot o)=\int_G f(zy^{-1}\cdot o)\psi(y\cdot o)\mathrm{d}y=$$
$$\int_G f(y\cdot o)\psi(y^{-1}z\cdot o)\mathrm{d}y \tag{4.4.10}$$

其中，$y,z\in G, x=z\cdot o\in X$. 由 $f\in L^1\cap L^2(X)$ 及 Fubini 定理容易知道 $h\in L^1(X)\cap L^2(X)$. 注意到 $h\in C^\infty(X)$ 是 X 上的光滑函数，我们有

$$h(x)=\sum_{\delta\in\hat{K}_M}d(\delta)(\chi_\delta * h)(x)=\sum_{\delta\in\hat{K}_M}d(\delta)\int_K\chi_\delta(k^{-1})h(kx)\mathrm{d}k \tag{4.4.11}$$

这里的"∗"表示 K 上的卷积，这个级数是绝对收敛的.

对任意固定的 $\delta\in\hat{K}_M$，令 $h^\delta=d(\delta)\chi_\delta * h$. 注意到 $h^\delta\in L^1(X)\cap L^2(X)$ 且 h^δ 是 K-双不变的，则它的 Radon 变换与 Abel 变换一致. 由于式(4.4.10)中 ψ 的紧支集包含单位元且具有任意小的测度，因此对任意小的 $\varepsilon>0$，存在 $G_\varepsilon\subset G$，使得对任意的 $y\in G_\varepsilon$，有 $\sigma(y\cdot o)<\varepsilon$.

由

$$\phi_\lambda(zy\cdot o)=\int_B \mathrm{e}^{(i\lambda+\rho)A(y\cdot o,b)}\mathrm{e}^{(i\lambda+\rho)A(z\cdot o,b)}\mathrm{d}b$$

及

$$|A(y\cdot o,b)|\leqslant C\sigma(y\cdot o)$$

其中，C 是正常数，可知

$$\phi_{i|\lambda|}(zy\cdot o)\leqslant\phi_{i|\lambda|}(z\cdot o)\mathrm{e}^{\||\lambda|-\rho|F\sigma(y\cdot o)}$$

又因为

$$|h(x)|=|h(z\cdot o)|=\int_{G_\varepsilon}|f(zy^{-1}\cdot o)|\mathrm{d}y$$

及 G 上的 Haar 测度 $\mathrm{d}z$ 在左平移变换下是不变的，所以我们有

$$\int_G h(z\cdot o)\phi_{i|\lambda|}(z\cdot o)\mathrm{d}z\leqslant$$
$$\int_G|f(z\cdot o)|\int_{G_\varepsilon}\phi_{i|\lambda|}(zy\cdot o)\mathrm{d}y\mathrm{d}z\leqslant$$

$$\int_G |f(z\cdot o)|\phi_{i|\lambda|}(z\cdot o)\left(\int_{G_\varepsilon} e^{\|\lambda|-\rho|F\varepsilon}dy\right)dz$$

ε 的任意性表明

$$\int_X h(x)\phi_{i|\lambda|}(x)dx \leqslant \int_X |f(x)|\phi_{i|\lambda|}(x)dx$$

因此式(4.4.5)中的 f 可以由 h 来替换. 由 ψ 的定义知，ψ 的 Helgason－Fourier 变换 $\tilde{\psi}$ 与 b 无关，且是有界的实解析函数. 又因为

$$\tilde{h}(\lambda,b)=\tilde{f}(\lambda,b)\tilde{\psi}(\lambda)$$

所以式(4.4.5)中的 $\tilde{f}(\lambda,b)$ 可以由 $\tilde{h}(\lambda,b)$ 来替换. 因此积分式(4.4.5)转化为

$$\int_{\mathbf{R}}\int_X |h(x)\|\tilde{h}(\lambda,b)|\phi_{i|\lambda|}(x)dxd\mu(\lambda)<\infty \tag{4.4.12}$$

容易证明式(4.4.12)中的 $h(x)$ 和 $\tilde{h}(\lambda,b)$ 分别可以由 $h^\delta(x)$ 和 $\widetilde{h^\delta}(\lambda)$ 来替换. 事实上，一方面，有

$$|h^\delta(x)|=d(\delta)\int_K |\chi_\delta(k^{-1})\|h(kx)|dk,\ \chi_\delta(k^{-1})\in L^1(K)$$

$\phi_{i|\lambda|}$ 是 K-双不变的，及 Harr 测度 dx 在变换 $x\mapsto kx$ 下是不变的，表明 $h(x)$ 可以由 $h^\delta(x)$ 来替换. 另一方面，有

$$\widetilde{h^\delta}(\lambda)=d(\delta)\int_K |\chi_\delta(k^{-1})\tilde{h}(\lambda,kM)dk$$

(当 $h(x),h^\delta(x)\in L^1(X)\cap L^2(X)$ 时，在分布的意义下)

表明式(4.4.12)中的 $\tilde{h}(\lambda,b)$ 可以由 $\widetilde{h^\delta}(\lambda)$ 来替换. 从而，积分式(4.4.12)转化为

$$\int_{\mathbf{R}}\int_X |h^\delta(x)\|\widetilde{h^\delta}(\lambda)|\phi_{i|\lambda|}(x)dxd\mu(\lambda)<\infty \tag{4.4.13}$$

由于 h^δ 是 K-双不变的函数，因此我们现在只须讨论 K-双

不变的情形下的 Beurling 定理.

注意到对于 K -双不变函数，它的 Helgason - Fourier 变换与球变换一致，因此

$$|\widetilde{h^\delta}|(\mathrm{i}|\lambda|)=\int_X |h^\delta(x)|\phi_{\mathrm{i}|\lambda|}(x)\mathrm{d}x$$

从而式(4.4.13) 等价于

$$\int_{\mathbf{R}} |h^\delta|^{\sim}(\mathrm{i}|\lambda|)|\widetilde{h^\delta}(\lambda)|\mathrm{d}\mu(\lambda)<\infty$$

引理 4.4.3 表明 $\tilde{h}(\lambda,b)$ 对任意的 $\lambda\in\mathbf{C}$ 和 $b\in B$ 是绝对收敛的，进一步表明 $|h^\delta|^{\sim}(i|\lambda|)$ 对任意的 $\lambda\in\mathbf{C}$ 是绝对收敛的.

利用式(4.4.2)，可知上式等价于

$$\int_{\mathbf{R}} \mathscr{F}(\mathscr{A}|h^\delta|)(i|\lambda|)|\mathscr{F}(\mathscr{A}h^\delta)(\lambda)|\mathrm{d}\mu(\lambda)<\infty$$

注意到 h^δ 是 K -双不变的，则 $\mathscr{A}|h^\delta|$ 是偶函数.

因为 $\mathscr{A}|h^\delta|(t)|\geqslant|\mathscr{A}h^\delta(t)|$（容易从式(4.4.2) 得到）及

$$\begin{aligned}\mathscr{F}(\mathscr{A}|h^\delta|)(i|\lambda|)=\int_{\mathbf{R}}\mathscr{A}|h^\delta|(t)|\mathrm{e}^{|\lambda|t}\mathrm{d}t\geqslant\\ \int_0^\infty \mathscr{A}|h^\delta|(t)|\mathrm{e}^{|\lambda|t}\mathrm{d}t=\\ \frac{1}{2}\int_{\mathbf{R}}\mathscr{A}|h^\delta|(t)|\mathrm{e}^{|\lambda\|t|}\mathrm{d}t\end{aligned}$$

所以我们有

$$\int_{\mathbf{R}}\int_{\mathbf{R}}|\mathscr{A}h^\delta(t)\|\mathscr{F}(\mathscr{A}h^\delta)(\lambda)|\mathrm{e}^{|\lambda\|t|}\mathrm{d}t\mathrm{d}\mu(\lambda)<\infty \quad (4.4.14)$$

上式中的 Plancherel 测度 $\mathrm{d}\mu(\lambda)$ 可以由 Lebesgue 测度 $\mathrm{d}\lambda$ 替换（由于对称空间是半单 Lie 群的特例，因此可参见本书第 6 章定理 6.4.1 的证明过程)，因此从式(4.4.14) 推出

$$\int_{\mathbf{R}}\int_{\mathbf{R}}|\mathscr{A}h^\delta(t)\|\mathscr{F}(\mathscr{A}h^\delta)(\lambda)|\mathrm{e}^{|\lambda\|t|}\mathrm{d}t\mathrm{d}\lambda<\infty$$

这表明 $\mathscr{A}h^\delta$ 满足第1章定理1.1.8的条件，因此推出 $\mathscr{A}h^\delta(t)=0$ 对

所有的 $t \in \mathbf{R}$ 几乎处处成立，进一步还有对所有的 $\lambda \in \mathbf{R}$ 有

$$\mathscr{F}(\mathscr{A}h^{\delta})(\lambda)=\widetilde{h^{\delta}}(\lambda)=0$$

从而推出 $h^{\delta}(x)=0$ 对几乎所有的 $x \in X$ 都成立. 因为 δ 是任意的，所以根据分解式(4.4.11) 知 $h=\sum_{\delta \in \hat{K}_M} h^{\delta}$，容易看出对几乎所有的 $x \in X$ 有 $h(x)=0$. 这表明对几乎所有的 $b \in B$，实解析函数 $\lambda \to \tilde{h}(\lambda,b)=\tilde{f}(\lambda,b)\tilde{\psi}(\lambda)$ 在 $\mathbf{R}$ 上恒等于零. 因为实解析函数 $\tilde{\psi}$ 在 $\mathbf{R}$ 上不恒等于零，所以从 Plancherel 定理可知对所有的 $x \in X$，有 $f(x)=0$ 几乎处处成立. 定理 4.4.1 得证.

定理 4.4.1 包含了如下 4 种形式的不确定原理。

推论 4.4.4(Hardy 定理)　若 $f: X \to \mathbf{C}$ 是可测函数，满足下面两个条件：

(1) $|f(x)| \leqslant C\mathrm{e}^{-\alpha\sigma^2(x)}$，$\forall x \in X$，

(2) $|\tilde{f}(\lambda,b)| \leqslant C\mathrm{e}^{-\beta|\lambda|^2}$，$\forall b \in B, \forall \lambda \in \mathbf{R}$，

其中，α,β 是大于零的常数，那么当 $\alpha\beta > \frac{1}{4}$ 时，$f(x)=0$ 几乎处处成立.

推论 4.4.5(Cowling-Price 定理)　令 $f: X \to \mathbf{C}$ 是可测函数，且对正常数 α,β 有下面两个不等式成立：

(1) $e_{\alpha}f \in L^{p}(X)$，

(2) $e_{\beta}\tilde{f} \in L^{q}(\mathbf{R}\times B;\mathrm{d}\mu(\lambda)\mathrm{d}b)$，

其中 $1 \leqslant p,q \leqslant \infty$，$e_{\alpha}(x)=\mathrm{e}^{\alpha\sigma^2(x)}$，$e_{\beta}(\lambda)=\mathrm{e}^{\alpha|\lambda|^2}$. 那么当 $\alpha\beta > \frac{1}{4}$ 时，$f(x)=0$ 几乎处处成立.

推论 4.4.6(强 Morgan 定理)　若 $f: X \to \mathbf{C}$ 是可测函数，满足下面两个条件：

(1) $|f(x)| \leqslant C\mathrm{e}^{-\alpha\sigma^{p}(x)}$，$\forall x \in X$，

(2) $|\tilde{f}(\lambda,b)| \leqslant C\mathrm{e}^{-\beta|\lambda|^{q}}$，$\forall b \in B, \forall \lambda \in \mathbf{R}$，

其中 α,β 是正常数，$1<p<\infty, 1/p+1/q=1$. 那么当 $(\alpha p)^{1/p}(\beta q)^{1/q}>1$ 时，$f(x)=0$ 几乎处处成立.

推论 4.4.7(Gelfand - Shilov 定理) 令 $f\in L^2(X)$ 是可测函数，假设对正常数 α,β，有

下面两个不等式成立：

(1) $\int_X |f(x)| \mathrm{e}^{\frac{(\alpha\sigma(x))^p}{p}} \mathrm{d}x<\infty$,

(2) $\int_{\mathbf{R}} |\widetilde{f}(\lambda,b)|^2 \mathrm{e}^{\frac{(\beta|\lambda|)^q}{q}} \mathrm{d}\mu(\lambda)<\infty,\ \forall b\in B$,

其中 $1<p,q<\infty, 1/p+1/q=1$. 那么当 $\alpha\beta>1$ 时，$f(x)=0$ 几乎处处成立.

注：以上 4 个推论可以从定理 4.4.1 推出，其推导过程与欧氏空间(第 1 章 1.1 节) 的情形类似. 我们简单地给出证明. 根据定理 4.4.1 的证明过程，下面我们可以假设 f 是双不变的.

首先证明推论 4.4.5 可以从定理 4.4.1 推出. 令 f 是双不变的，且满足推论 4.4.5 的条件(1) 和条件(2). 则我们可以选取 $0<\alpha'<\alpha$ 及 $0<\beta'<\beta$ 使得 $\alpha'\beta'<\frac{1}{4}$. 这表明 $e_{\alpha'}f\in L^p(X)$ 及 $e_{\beta'}\widetilde{f}\in L^q(\mathbf{R}\times B;\mathrm{d}\mu(\lambda)\mathrm{d}b)$. 选取 $\beta''<\beta'$ 使得 $\alpha'\beta''=\frac{1}{4}$，则我们有 $e_{\beta''}\widetilde{f}\in L^q(\mathbf{R}\times B;\mathrm{d}\mu(\lambda)\mathrm{d}b)$ 且

$$I:=\int_{\mathbf{R}}\int_X |f(x)\|\widetilde{f}(\lambda)| \mathrm{e}^{\sigma(x)|\lambda|}\mathrm{d}x\mathrm{d}\mu(\lambda)=$$

$$\int_{\mathbf{R}}\int_X e_{\alpha'}(x)|f(x)|e_{\beta''}(\lambda)|\widetilde{f}(\lambda)|\times$$

$$\mathrm{e}^{-\alpha'\sigma(x)^2}\mathrm{e}^{-\beta''|\lambda|^2}\mathrm{e}^{\sigma(x)|\lambda|}\mathrm{d}x\mathrm{d}\mu(\lambda)=$$

$$\int_{\mathbf{R}}\int_X e_{\alpha'}(x)|f(x)|e_{\beta''}(\lambda)|\widetilde{f}(\lambda)|\times$$

$$\mathrm{e}^{-(\sqrt{\alpha'}\sigma(x)-\sqrt{\beta''}|\lambda|)^2}\mathrm{d}x\mathrm{d}\mu(\lambda)=$$

$$\int_{\mathbf{R}}\int_X e_{\alpha'}(x)\mid f(x)\mid e_{\beta'}(\lambda)\mid \tilde{f}(\lambda)\mid \mathrm{d}x\mathrm{d}\mu(\lambda)<+\infty$$

这表明 f 与 $\tilde{f}$ 满足定理 4.4.1 的条件. 所以 $f=0$ 几乎处处成立.

类似地，推论 4.4.7 可以从定理 4.4.1 推出. 由于

$$\alpha\beta\sigma(x)\mid\lambda\mid\leqslant\frac{\alpha^p}{p}\sigma(x)^p+\frac{\beta^q}{q}\mid\lambda\mid^q$$

及推论 4.4.7 的条件(1) 和(2)，我们得到

$$I=\int_{\mathbf{R}}\int_X \mathrm{e}^{\frac{(\alpha\sigma(x))^p}{p}}\mid f(x)\mid \mathrm{e}^{\frac{(\beta|\lambda|)^q}{q}}\mid\tilde{f}(\lambda)\mid \mathrm{e}^{-\frac{(\alpha\sigma(x))^p}{p}}\times$$

$$\mathrm{e}^{-\frac{(\beta|\lambda|)^q}{q}}\mathrm{e}^{\sigma(x)|\lambda|}\mathrm{d}x\mathrm{d}\mu(\lambda)\leqslant$$

$$\int_{\mathbf{R}}\int_X \mathrm{e}^{\frac{(\alpha\sigma(x))^p}{p}}\mid f(x)\mid \mathrm{e}^{\frac{(\beta|\lambda|)^q}{q}}\mid\tilde{f}(\lambda)\mid \mathrm{e}^{(\alpha\beta-1)\sigma(x)|\lambda|}\mathrm{d}x\mathrm{d}\mu(\lambda)\leqslant$$

$$\left(\int_X \mathrm{e}^{\frac{(\alpha\sigma(x))^p}{p}}\mid f(x)\mid \mathrm{d}x\right)\left(\int_{\mathbf{R}}\mathrm{e}^{\frac{(\beta|\lambda|)^q}{q}}\mid\tilde{f}(\lambda)\mid\mathrm{d}\mu(\lambda)\right)<+\infty$$

这也表明 f 与 $\tilde{f}$ 满足定理 4.4.1 的条件.

注意到推论 4.4.7 容易推出推论 4.4.6，而推论 4.4.6 容易推出推论 4.4.4.

习　题　4

(1) 证明 $\{Y_{\delta,j}(kM):1\leqslant j\leqslant d(\delta)\}$ 是 $L^2(k/M)$ 的正交基.

(2) 证明 $\lim\limits_{|x|\to\infty}\Gamma(c+\mathrm{i}\lambda)\exp\left(\frac{1}{2}\pi\mid\lambda\mid\right)\mid\lambda\mid^{\frac{1}{2}-c}=(2\pi)^{\frac{1}{2}}$.

(3) 证明球函数

$$\phi_\lambda(g^{-1}h)=\int_K \mathrm{e}^{(\mathrm{i}\lambda+\rho)A(kh)}\,\mathrm{e}^{(-\mathrm{i}\lambda+\rho)A(kg)}\,\mathrm{d}k$$

的对称性，其中 $g,h\in G,\lambda\in\mathbf{C}$.

第5章　调和 NA 群上的不确定原理

本章分3节,5.1节介绍调和 NA 群的基础知识，5.2节建立调和 NA 群上 Hardy 不确定原理，5.3节讨论调和 NA 群上 Cowling-Price 不确定原理.

5.1　调和 NA 群的基本结构和球分析

令 $\mathcal{N}$ 是一个实的二步幂零 Lie 代数，$\langle\cdot,\cdot\rangle_{\mathcal{N}}$ 为 $\mathcal{N}$ 上的内积；把 $\mathcal{N}$ 表达为向量空间 α 和 β 的正交直和：$\mathcal{N}=\alpha\oplus\beta$. 对这个 Lie 代数 $\mathcal{N}$, $\beta=[\alpha,\alpha]$, β 是 $\mathcal{N}$ 的中心. 对任意 $Z\in\beta$，定义映射 $J_Z:\alpha\to\alpha$ 为

$$\langle J_Z V,Y\rangle=\langle Z,[V,Y]\rangle,\quad \forall V,Y\in\alpha$$

根据 Kaplan[24]，若映射 J_Z 满足：

$$|J_Z V|=|Z\|V|,\quad \forall V\in\alpha,\forall Z\in\beta$$

那么称 $\mathcal{N}$ 为 Heisenberg-型 Lie 代数，简称为 H-型 Lie 代数. 如果单连通 Lie 群 N 的 Lie 代数是 H-型的,那么称 N 为 H-型群. 若 m 和 k 分别表示 α 和 β 的维数,则 $l=m+k+1$ 和 $Q=\frac{m}{2}+k$ 分别是 S 的维数和 N 的齐次维数.

令 $\mathcal{N}$ 是 H-型 Lie 代数，$\mathcal{A}$ 是由单位向量场 H 张成的一维 Lie 代数,$\langle\cdot,\cdot\rangle_{\mathcal{A}}$ 为 $\mathcal{A}$ 的内积,那么 $\mathcal{A}$ 与 $\mathbf{R}$ 同构，记作 $\mathcal{A}\cong\mathbf{R}$. 令 Lie 代数 $\mathcal{S}=\mathcal{N}\oplus\mathcal{A}$,其中 Lie 括号积由线性性质决定，规定 $[H,V]=\frac{1}{2}V$, $H\in\mathcal{S}$, $\forall V\in\alpha$; $[H,Z]=Z$, $\forall Z\in\beta$. 若令 $\mathcal{N}$ 和 $\mathcal{A}$ 正交，那

么可把 $\mathscr{N}$ 和 $\mathscr{A}$ 上的内积延拓到 $\mathscr{S}$ 上的内积. 注意到 $\mathscr{N}$ 是 $\mathscr{S}$ 的理想.

令 S 为具有 Lie 代数 $\mathscr{S}$ 的单连通 Lie 群. 通过指数映射，子群 $\exp(\mathscr{A})$ 和 $\exp(\mathscr{N})$ 可分别和它们的 Lie 代数 $\mathscr{A}$ 和 $\mathscr{N}$ 等同起来，且这两个子群是闭的单连通 Lie 群，分别记作 A 和 N，且 $A=\mathbf{R}^+$，那么 S 就等于 N 和 A 的半直接积 NA. 对 $a\in\mathbf{R}^+$，记 $\chi_a=\exp(\ln aH)\in A$. 对 $(V,Z,a)\in\alpha\times\beta\times A$，记

$$(V,Z,a)=(n,a)=n\chi_a=\exp(V+Z)\exp(\ln aH)$$

规定 N 和 S 上的乘法分别为

$$(V,Z)(V',Z')=(V+V',Z+Z'+\frac{1}{2}[V,V']),\quad \forall (V,Z),(V',Z')\in N$$

$$(V,Z,a)(V',Z',a')=(V+a^{1/2}V',Z+aZ'+\frac{1}{2}a^{1/2}[V,V'],aa'),\quad \forall (V,Z,a),(V',Z',a')\in S$$

可知 N 和 S 上的逆运算分别为

$$(V,Z)^{-1}=(-V,-Z),\quad \forall (V,Z)\in N$$

$$(V,Z,a)^{-1}=(-a^{-1/2}V,-a^{-1}Z,a^{-1}),\quad \forall (V,Z,a)\in S$$

规定 Lie 代数 $\mathscr{S}$ 上的内积为

$$\langle V+Z+\ln aH,V'+Z'+\ln a'H\rangle=\langle V,V'\rangle+\langle Z,Z'\rangle+aa'$$

NA 上的乘法还可以表示为

$$na_tn'a'_t=n(a_tn'a_t^{-1})a_ta'_t,\quad na_t,n'a'_t\in NA$$

其中 $a_t(V,Z)a_t^{-1}=(t^{1/2}V,tZ)$，这是因为

$$a_t(V,Z)a_t^{-1}=(0,0,t)(V,Z,1)(0,0,t^{-1})=(t^{1/2}V,tZ,t)(0,0,t^{-1})=(t^{1/2}V,tZ,1)=(t^{1/2}V,tZ)$$

当 $\mathscr{S}$ 视为 S 在单位元 e 的切空间时，S 上的左不变 Riemann 距离可由 Lie 代数 $\mathscr{S}$ 上的内积诱导而成，因此 $S=NA$ 是一个

Riemann 流形. 对 S 上任意给定的函数 $f(x)$ 和 Laplace - Beltrami 算子 L, $f(x)$ 仅依赖于 x 到给定点 x_0 的测地距离 $d(x, x_0)$, 若 $(Lf)(x)$ 也仅依赖于 $d(x,x_0)$, 则称 S 是调和的. 作为 Riemann 流形, 调和 NA 群包含所有非紧秩 1 对称空间. S 上相应的左不变测度(或 Riemann - Haar 测度)为 $a^{-Q-1}\mathrm{d}V\mathrm{d}Z\mathrm{d}a$,其中 $\mathrm{d}V\mathrm{d}Z$ 是由 $\mathcal{N}$ 上的欧氏结构所诱导的 Haar 测度.

在 NA 中, 从点 x 到单位点 e 的测地距离为

$$\rho(x)=d(x,e)=\ln\frac{1+r(x)}{1-r(x)}$$

其中 $0\leqslant r(x)<1$, 且

$$r(V,Z,t)^2=1-\frac{4t}{(1+t+\frac{|V|^2}{4})^2+|Z|^2}$$

NA 上的测地逆 σ 有如下表达式:

$$\sigma(V,Z,t)=\frac{1}{(t+\frac{|V|^2}{4})^2+|Z|^2}\times$$

$$((-(t+\frac{|V|^2}{4})+J_Z)V,-Z,t),$$

$$\forall(V,Z,t)\in NA$$

Poisson 核定义为函数 $\mathrm{P}:NA\times N\to\mathbf{R}$:

$$(na_t,n_1)\mapsto\mathrm{P}(na_t,n_1)=P_t(n_1^{-1}n),\ n\in N,\ a_t\in A$$

其中 $P_t(\forall t\in\mathbf{R}^+)$ 是 N 上的函数, 定义为

$$P_t(n)=P_a(V,Z)=t^Q\left((t+\frac{|V|^2}{4})^2+|Z|^2\right)^{-Q}=$$

$$t^{-Q}P_1(t^{-1/2}V,t^{-1}Z)\tag{5.1.1}$$

对 $x=(n,a)\in S=NA$,函数 $P(x)$ 定义为

$$P(x)=P(n,a)=P_a(n)\tag{5.1.2}$$

对 $\lambda\in\mathbf{C}$,令 $\mathrm{P}_\lambda(x,n)$ 表示 Poisson 核的复幂次方, 记为

$$\mathrm{P}_\lambda(x,n)=\mathrm{P}(x,n)^{1/2-\mathrm{i}\lambda/Q},\ \forall x\in S,\forall n\in N\tag{5.1.3}$$

$S=NA$ 上函数 f 的 Helgason－Fourier 变换 $\tilde{f}$ 定义为

$$\tilde{f}(\lambda,n)=\int_S f(x)\mathrm{P}_\lambda(x,n)\mathrm{d}x,\ \forall n\in N \tag{5.1.4}$$

对 S 中任意可测函数 f 及复数 λ，上面的积分收敛. 特别地，映射 $f\mapsto\tilde{f}$ 可自然地延拓到 $L^2(S)$ 上，且是内射.

群 $S=NA$ 的投影的一个模型(model) 是单位球：

$$\mathrm{B}(\mathscr{S})=\{(V,Z,a)\in\mathscr{S}:|V|^2+|Z|^2+a^2<1\}$$

定义 Cayley 变换为 $\mathrm{T}:S\to\mathrm{B}(\mathscr{S}),x=(V,Z,a)\mapsto x'=(V',Z',a')$，则有

$$\mathrm{T}(V,Z,a)=\frac{1}{\left(1+a+\frac{|V|^2}{4}\right)^2+|Z|^2}\times$$

$$\left(\left(1+a+\frac{|V|^2}{4}-J_Z\right)V,2Z,-1+\left(a+\frac{1}{4}|V|^2\right)^2+|Z|^2\right) \tag{5.1.5}$$

通过 Cayley 变换 T、群 S 与球 $\mathrm{B}(\mathscr{S})$ 同构. 注意到 T 把 S 的单位元 e 映为球 $\mathrm{B}(\mathscr{S})$ 的原点. 在这个模型内，通过原点的测地线是球 $\mathrm{B}(\mathscr{S})$ 的直径，且测地球是按 $\mathscr{S}$ 的范数确定的球. 从点 $x'=(V',Z',a')\in\mathrm{B}(\mathscr{S})$ 到原点的测地距离 r 是 $\rho=(|V'|^2+|Z'|^2+|a'|^2)^{1/2}$ 的函数，即

$$r=d(x',0)=\ln\frac{1+\rho}{1-\rho}$$

引进极坐标(ρ,ω)，则 $\mathrm{B}(\mathscr{S})$ 上的 Riemann 体积元可表示为

$$\mathrm{d}V=2^l(1-\rho^2)^{-Q-1}\rho^{l-1}\mathrm{d}\rho\mathrm{d}\sigma(\omega)=$$

$$2^{m+k}\left(\sinh\frac{r}{2}\right)^{m+k}\left(\cosh\frac{r}{2}\right)^k\mathrm{d}r\mathrm{d}\sigma(\omega) \tag{5.1.6}$$

其中 $\mathrm{d}\sigma(\omega)$ 表示 $\mathscr{S}$ 中单位球 $\mathrm{B}(\mathscr{S})$ 上的表面测度，这个体积元也表示群 S 的左 Haar 测度. 坐标(r,ω) 是以原点为中心的 $\mathrm{B}(\mathscr{S})$ 上的法向坐标，式(5.1.6) 表明体积密度只依赖测地距离 r. 其他点附近

的法向坐标也是如此. 注意到 S 与 $\mathrm{B}(\mathscr{S})$ 是等距的. 可以推出如下命题:

命题 5.1.1 对于任意的调和 NA 群, 若 $a \to 0^+, \rho \to 1^-$, 则 Cayley 变换 T 可延拓为边界 $\partial S \equiv N$ 与 $\partial \mathrm{B}(\mathscr{S}) \backslash \{(0,0,1)\}$ 之间的球极平面型投影 $\partial \mathrm{T}$, 且 $\partial \mathrm{T}$ 的 Jacobi 矩阵的行列式为

$$J(\partial \mathrm{T})(V,Z) = \frac{2\pi^{l/2}}{\Gamma(l/2)} P_1(V,Z) =$$

$$2^k \left\{ \left(1 + \frac{|V|^2}{4}\right)^2 + |Z|^2 \right\}^{-Q} \tag{5.1.7}$$

现在介绍调和 NA 群上径向函数的分析, 它是 Jacobi 函数分析的一个特殊情况.

定义 5.1.2 称函数 ϕ 是 S 上的球函数, 当它满足下面两个条件:

(1) $\phi(e) = 1$;

(2) ϕ 是 Laplace - Beltrami 算子 L 的径向固有函数.

若 S 上的函数 $\phi(x)$ 仅依赖于 x 到单位元 e 的测地距离, 则称 ϕ 是径向的.

ϕ 是通过 Harish - Chandra 型积分公式得到的, 如下给出:

$$\phi_\lambda(x) = \{a(x)^{Q/2 - i\lambda}\}^{\upsilon}, \quad \forall \lambda \in \mathbf{C}$$

对 $\forall x = (n,a) \in S, a(x) = a$, 其中"$\upsilon$"是定义在球 $\mathrm{B}(\mathscr{S})$ 上的平均算子, 记为

$$f^{\upsilon}(x') = \frac{\Gamma(l/2)}{2\pi^{l/2}} \int_{\partial \mathrm{B}(\mathscr{S})} f(\rho\sigma) \mathrm{d}\sigma, \quad \forall x' \in \mathrm{B}(\mathscr{S})$$

此外还有 $L\phi_\lambda = -(Q^2/4 + \lambda^2)\phi_\lambda$, 且 $\phi_\lambda = \phi_{-\lambda}$. ϕ 还可以表示如下

$$\phi_\lambda(x) = \frac{\Gamma(l/2)}{2\pi^{l/2}} \int_{\partial \mathrm{B}(\mathscr{S})} \frac{\mathrm{P}_\lambda((n_\sigma,1)^{-1}x)}{\mathrm{P}_\lambda((n_\sigma,1)^{\pm 1})} \mathrm{d}\sigma \tag{5.1.8}$$

其中, $n_\sigma = \{\partial \mathrm{T}\}^{-1}(\sigma)$.

对于 $\mathrm{Im}\,\lambda < 0$, 球函数 ϕ_λ 有如下渐近性质:

$$\phi_\lambda(x) \approx c(\lambda) \mathrm{e}^{(i\lambda - Q/2)r}, \text{ 当 } r = r(x) \to +\infty \tag{5.1.9}$$

其中

$$c(\lambda)=\frac{2^{Q-2i\lambda}\Gamma(l/2)\Gamma(2i\lambda)}{\Gamma(i\lambda+Q/2)\Gamma(i\lambda+m/4+1/2)}$$

按照 Bessel 函数，ϕ_λ 有下列更精确的估计：

$$|\phi_\lambda(r)|\leqslant C(1+r)e^{r(|\mathrm{Im}\,\lambda|-Q/2)} \tag{5.1.10}$$

对 $\forall r\geqslant 0,\lambda\in\mathbf{C}$.

对于 $S=NA$ 上所有的径向函数 f，定义球 Fourier 变换为

$$\mathscr{H}f(\lambda)=\int_S f(x)\phi_\lambda(x)\mathrm{d}x=$$

$$\frac{2\pi^{l/2}}{\Gamma(l/2)}\int_0^{+\infty}f(r)\phi_\lambda(r)\Delta(r/2)\mathrm{d}r \tag{5.1.11}$$

其中

$$\Delta(r/2)=2^{m+k}\left(\sinh\frac{r}{2}\right)^{m+k}\left(\coth\frac{r}{2}\right)^{k}$$

定义球 Fourier 逆变换为

$$f(x)=c_0\int_0^{+\infty}\phi_\lambda(x)\mathscr{H}f(\lambda)\,|\,c(\lambda)\,|^{-2}\mathrm{d}\lambda \tag{5.1.12}$$

其中

$$c_0=2^{k-2}\pi^{-l/2-1}\Gamma(l/2)$$

并且可把 $\mathscr{H}$ 延拓为从径向的 L^2 函数空间 $L^2(S)$ 到 $L^2((0,+\infty),c_0\,|\,c(\lambda)\,|^{-2}\mathrm{d}\lambda)$ 上的等距映射.

S 上的 Laplace-Beltrami 算子 L 的径向部分（按测地极坐标）表示为

$$\mathrm{rad}L=\frac{\mathrm{d}^2}{\mathrm{d}r^2}+\left(\frac{m+k}{2}\coth\frac{r}{2}+\frac{k}{2}\tanh\frac{r}{2}\right)\frac{\mathrm{d}}{\mathrm{d}r} \tag{5.1.13}$$

若令 $\gamma=r/2$，那么 $4\mathrm{rad}L$ 就变成 Jacobi 算子：

$$L_{p,q}=\frac{\mathrm{d}^2}{\mathrm{d}\gamma^2}+\{(2p+1)\coth\gamma+(2q+1)\tanh\gamma\}\frac{\mathrm{d}}{\mathrm{d}\gamma}$$

其中，$p=(m+k-1)/2$，$q=(k-1)/2$. S 上的球函数可以表示为 Jacobi 函数：

$$\phi_\lambda(r)=\varphi_{2\lambda}^{(p,q)}(r/2)$$

显然球 Fourier 变换等价于 Jacobi 变换：

$$\mathscr{H}f(\lambda)=\frac{2^{2-k}\pi^{l/2}}{\Gamma(l/2)}\widehat{f(2\cdot)}^{(p,q)}(2\lambda)$$

考虑相应于 S 上的 Laplace - Beltrami 算子 L 的热方程：

$$\begin{cases}\dfrac{\partial}{\partial t}u(t,x)=Lu(t,x) & (t>0,x\in S)\\ \lim\limits_{t\to0^+}u(t,x)=f(x)\end{cases}$$

它的解由热半群：

$$u(t,x)=\mathrm{e}^{tL}f(x)=\int_S h_t(x,y)f(y)\mathrm{d}y$$

给出，其中 $h_t(x,y)=h_t(d(x,y))$ 是相应于 L 的热核. 为方便起见，记

$$h_t(x)=h_t(x,e)=h_t(d(x,e))$$

也就是说热核 $h_t(x)$ 是径向的，即它只与自变量 x 到单位元 e 的测地距离有关.

热核 $h_t(x)$ 的球 Fourier 变换为

$$\mathscr{H}h_t(\lambda)=\mathrm{e}^{-t(Q^2/4+\lambda^2)} \tag{5.1.14}$$

由逆公式(5.1.12)，有

$$h_t(x)=c_0\int_0^{+\infty}\mathrm{e}^{-(Q^2/4+\lambda^2)t}\phi_\lambda(x)\mid c(\lambda)\mid^{-2}\mathrm{d}\lambda \tag{5.1.15}$$

通过 Abel 逆变换，$h_t(x)$ 还可以表示为

$$\begin{cases}h_t(r)=2^{-m-\frac{k}{2}-1}\pi^{-\frac{n}{2}}t^{-\frac{1}{2}}\mathrm{e}^{-\frac{Q^2}{4}t}\left(-\dfrac{1}{\sinh r}\dfrac{\partial}{\partial r}\right)^{k/2}\times\\ \qquad\left(-\dfrac{1}{\sinh\frac{r}{2}}\dfrac{\partial}{\partial r}\right)^{m/2}\mathrm{e}^{-\frac{r^2}{4t}},\ k\text{ 是偶数}\\ h_t(r)=2^{-m-\frac{k}{2}-1}\pi^{-\frac{n+1}{2}}t^{-\frac{1}{2}}\mathrm{e}^{-\frac{Q^2}{4}t}\displaystyle\int_r^\infty\frac{\sinh s}{\sqrt{\cosh s-\cosh r}}\times\\ \qquad\left(-\dfrac{1}{\sinh s}\dfrac{\partial}{\partial s}\right)^{(k+1)/2}\left(-\dfrac{1}{\sinh\frac{s}{2}}\dfrac{\partial}{\partial s}\right)^{m/2}\mathrm{e}^{-\frac{r^2}{4t}},\ k\text{ 是奇数}\end{cases}$$

即使在调和 NA 群上，热核也应具有重要的作用. 下面给出

$h_t(x)$ 满足的精确估计.

命题 5.1.3　令 $h_t(r)(t>0)$ 是调和 NA 群上相应于 Laplace-Beltrami 算子 L 的热核. 当测地距离 $d(x,e)=r>0$ 时，存在两个常数 C_1,C_2，使得 $h_t(r)$ 满足下面的估计：

$$C_1 t^{-3/2}\mathrm{e}^{-\frac{Q^2}{4}t}H_t(r)\leqslant h_t(r)\leqslant C_2 t^{-3/2}\mathrm{e}^{-\frac{Q^2}{4}t}H_t(r) \tag{5.1.16}$$

其中

$$H_t(r)=(1+r)\left(1+\frac{1+r}{t}\right)^{(l-3)/2}\mathrm{e}^{-Qr/2}\mathrm{e}^{-r^2/(4t)}$$

证明：令

$$f_{\alpha,\beta}(r)=\left(-\frac{1}{\sinh r}\frac{\mathrm{d}}{\mathrm{d}r}\right)^{\alpha}\left(-\frac{1}{\sinh\frac{r}{2}}\frac{\mathrm{d}}{\mathrm{d}r}\right)^{\beta}(-r)^2 \tag{5.1.17}$$

其中 α,β 是非负整数，$\alpha+\beta>0$. 我们将证明

$$f_{\alpha,\beta}(r)=C\varphi_0^{(\alpha+\beta-\frac{1}{2},\beta-\frac{1}{2})}\left(\frac{r}{2}\right),\ C>0\ \text{是常数} \tag{5.1.18}$$

首先证明 k 是偶数的情形. 事实上，注意 $f_{\alpha,\beta}(r)$ 和 $\varphi_0^{(\alpha+\beta-\frac{1}{2},\beta-\frac{1}{2})}\left(\frac{r}{2}\right)$ 是 $\mathbf{R}$ 上的光滑偶函数，且满足相同的微分方程

$$\widetilde{L}_{\alpha+\beta-\frac{1}{2},\beta-\frac{1}{2}}f(r)=0$$

其中

$$\widetilde{L}_{p,q}=\frac{1}{2}L_{p,q}+\left(\frac{p+q+1}{2}\right)^2$$

这可由下面的两个式子得到：

$$\begin{cases}\left(-\dfrac{1}{\sinh\frac{r}{2}}\dfrac{\mathrm{d}}{\mathrm{d}r}\right)\widetilde{L}_{p+1,-\frac{1}{2}}=\widetilde{L}_{p,-\frac{1}{2}}\left(-\dfrac{1}{\sinh\frac{r}{2}}\dfrac{\mathrm{d}}{\mathrm{d}r}\right)\\[2ex]\left(-\dfrac{1}{\sinh r}\dfrac{\mathrm{d}}{\mathrm{d}r}\right)\widetilde{L}_{p,q}=\widetilde{L}_{p+1,q+1}\left(-\dfrac{1}{\sinh r}\dfrac{\mathrm{d}}{\mathrm{d}r}\right)\end{cases}$$

Jacobi 函数 $\varphi_0^{(\alpha,\beta)}$ 按照超几何函数 $F(a,b;c;z)$ 表示为

$$\varphi_0^{(\alpha,\beta)}(r)=(\cosh r)^{-\alpha-\beta-1}F(\frac{\alpha+\beta+1}{2},\frac{\alpha-\beta+1}{2};\alpha+1;\tanh^2 r)$$

其中

$$F(a,b;x;t)=\sum_{k=0}^{\infty}\frac{(a)_k(b)_k}{(c)_k k!}t^k$$

$$(a)_k=a(a+1)\cdots(a+k-1)=\frac{\Gamma(a+k)}{\Gamma(a)}$$

因此，式(5.1.18)得证. 从式(5.1.10)可知

$$f_{\alpha,\beta}(r)\sim(1+r)\mathrm{e}^{-(\frac{\alpha}{2}+\beta)r},\ r>0 \qquad (5.1.19)$$

对 $t>0, r\geqslant 0$，我们有

$$(-\frac{1}{\sinh r}\frac{\mathrm{d}}{\mathrm{d}r})^{\alpha}(-\frac{1}{\sinh\frac{r}{2}}\frac{\mathrm{d}}{\mathrm{d}r})^{\beta}\mathrm{e}^{-\frac{r^2}{4t}}=\sum_{j=1}^{p+q}a_j(r)t^{-j}\mathrm{e}^{-\frac{r^2}{4t}}$$

其中

$$a_1=\frac{1}{4}f_{\alpha,\beta}$$

$$a_{\alpha+\beta}=4^{-\alpha-\beta}f_{1,0}^{\beta}f_{0,1}^{\beta}$$

更一般地，a_j 等于积 $f_{\alpha_1,\beta_1}\cdots f_{\alpha_j,\beta_j}$ 的具有非负系数的线性组合，即

$$\alpha_1+\cdots+\alpha_j=\alpha$$

$$\beta_1+\cdots+\beta_j=\beta$$

因此，

$$a_j(r)=O((1+r)^j\mathrm{e}^{-(\frac{\alpha}{2}+\beta)r})$$

从而，

$$(-\frac{1}{\sinh r}\frac{\mathrm{d}}{\mathrm{d}r})^{\alpha}(-\frac{1}{\sinh\frac{r}{2}}\frac{\mathrm{d}}{\mathrm{d}r})^{\beta}\mathrm{e}^{-\frac{r^2}{4t}}\sim$$

$$(\frac{1+r}{t}+(\frac{1+r}{t})^{\alpha+\beta})\mathrm{e}^{-(\frac{\alpha}{2}+\beta)r-\frac{r^2}{4t}}\sim$$

$$\frac{1+r}{t}\left(1+\frac{1+r}{t}\right)^{\alpha+\beta-1}\mathrm{e}^{-(\frac{\alpha}{2}+\beta)r-\frac{r^2}{4t}} \qquad (5.1.20)$$

命题 5.1.3 对于 k 是偶数的情形得证.

下面证明 k 是奇数的情形. 令 $\alpha\geqslant 0,\beta>\frac{1}{2}$, 利用变量替换 $s=r+u$ 得

$$\int_r^{\infty}\frac{\sinh s}{\sqrt{\cosh s-\cosh r}}(1+s)\left(1+\frac{1+s}{t}\right)^{\alpha}\mathrm{e}^{-\beta s-\frac{s^2}{4t}}\mathrm{d}s=$$

$$\mathrm{e}^{-\beta r-\frac{r^2}{4t}}\int_0^{\infty}\frac{\sinh(r+u)}{\sqrt{\cosh(r+u)-\cosh r}}(1+r+u)\times$$

$$\left(1+\frac{1+r+u}{t}\right)^{\alpha}\mathrm{e}^{-\beta u-\frac{ru}{2t}-\frac{u^2}{4t}}\mathrm{d}u \qquad (5.1.21)$$

利用下面的估计

$$\sinh v\sim\frac{1+v}{v}\mathrm{e}^{v}, \text{对 } v\geqslant 0$$

$$\cosh v-\cosh(v-w)\sim\sinh v\frac{w}{1+w}, \text{对 } v\geqslant 0$$

$$\sqrt{1+v}\sim 1+\sqrt{v}, \text{对 } v\geqslant 0$$

我们知道式(5.1.21)等价于

$$t^{-p}\mathrm{e}^{\frac{r}{2}}\int_0^{\infty}\sqrt{1+u}\left(1+\sqrt{\frac{r}{u}}\right)\sqrt{1+r+u}(1+t+$$

$$r+u)^{\alpha}\mathrm{e}^{-(\beta-\frac{1}{2})u-\frac{ru}{2t}-\frac{u^2}{4t}}\mathrm{d}u$$

令上式中的积分为 $I_1=I_1(t,r)$, 为证明结果, 现在我们只需要证明

$$I_1\sim\sqrt{t}(1+r)(1+t+r)^{\alpha-\frac{1}{2}} \qquad (5.1.22)$$

为估计 I_1 的上界,利用下面基本的不等式

$$\sqrt{1+r+u}\leqslant\sqrt{1+r}\sqrt{1+u}$$

$$(1+t+r+u)^{\alpha}\leqslant(1+t+r)^{\alpha}(1+u)^{\alpha}$$

$$(1+u)^{p}\mathrm{e}^{-(\beta-\frac{1}{2})u}\leqslant C\mathrm{e}^{-\varepsilon u}, \text{对某个 } \varepsilon>0$$

我们得到

$$I_1 \leqslant C\sqrt{1+r}\,(1+t+r)^{\alpha}\int_0^{\infty}(1+\sqrt{\frac{r}{u}})\mathrm{e}^{-\varepsilon u-\frac{u}{2t}-\frac{u^2}{4t}}\mathrm{d}u \tag{5.1.23}$$

令上式中的积分为 $I_2 = I_2(t,r)$. 对 $t \geqslant 1+r$，我们有

$$I_2 \leqslant \int_0^{\infty}\mathrm{e}^{-\varepsilon u}\mathrm{d}u + \sqrt{r}\int_0^{\infty}\sqrt{\frac{1}{u}}\,\mathrm{e}^{-\varepsilon u}\mathrm{d}u \leqslant C\sqrt{1+r} \leqslant C\frac{\sqrt{1+r}\sqrt{t}}{\sqrt{1+t+r}} \tag{5.1.24}$$

对 $t \leqslant 1+r$，我们有

$$I_2 \leqslant \int_0^{\infty}\mathrm{e}^{-\frac{u^2}{4t}}\mathrm{d}u + \sqrt{r}\int_0^{\infty}\sqrt{\frac{1}{u}}\,\mathrm{e}^{-\frac{u}{2t}}\mathrm{d}u \leqslant C\sqrt{t} \leqslant C\frac{\sqrt{1+r}\sqrt{t}}{\sqrt{1+t+r}} \tag{5.1.25}$$

式(5.1.23) ~ 式(5.1.25) 表明了式(5.1.22) 中 I_1 的上界估计成立.

为估计 I_1 的下界，我们利用

$$\sqrt{1+u} \geqslant 1$$
$$\sqrt{1+r+u} \geqslant \sqrt{1+r}$$
$$(1+t+r+u)^{\alpha} \geqslant (1+t+r)^{\alpha}$$

得到

$$I_1 \geqslant C\sqrt{1+r}\,(1+t+r)^{\alpha}\int_0^{\infty}(1+\sqrt{\frac{r}{u}})\mathrm{e}^{-(\beta-\frac{1}{2})u-\frac{u}{2t}-\frac{u^2}{4t}}\mathrm{d}u \tag{5.1.26}$$

令上式中的积分为 $I_3 = I_3(t,r)$. 对 $r \leqslant \min\{1,\sqrt{t}\}$，我们有

$$I_3 \geqslant \int_0^{\infty}\mathrm{e}^{-(\beta-\frac{1}{2})u-\frac{u}{2t}-\frac{u^2}{4t}}\mathrm{d}u = \mathrm{e}^{\frac{T^2}{t}}\int_0^{\infty}\mathrm{e}^{-\frac{(T+\frac{u}{2})^2}{t}}\mathrm{d}u$$

其中

$$T = (\beta-\frac{1}{2})t + \frac{r}{2}$$

作变量替换

$$u'=(\beta-\frac{1}{2})t+\frac{T+\frac{u}{2}}{\sqrt{t}}$$

并利用

$$\int_{T'}^{\infty}\mathrm{e}^{-u'^2}\,\mathrm{d}u'\sim\frac{1}{1+T'}\mathrm{e}^{-T'^2},\ 对\ T'\geqslant 0$$

我们得到

$$I_3\geqslant C\frac{\sqrt{t}}{1+\sqrt{t}+\frac{r}{\sqrt{t}}}\geqslant C\frac{\sqrt{1+r}\sqrt{t}}{\sqrt{1+t+r}} \tag{5.1.27}$$

对 $r\geqslant\min\{1,\sqrt{t}\}$，我们有

$$I_3\geqslant C\int_0^{\sqrt{t}}\sqrt{\frac{r}{u}}\,\mathrm{e}^{-(\beta-\frac{1}{2})u-\frac{u}{2t}}\mathrm{d}u$$

作变量替换 $u'^2=\frac{Tu}{t}$，并利用

$$\int_0^{T'}\mathrm{e}^{-u'^2}\,\mathrm{d}u'\sim\frac{T'}{1+T'},\ 对\ T'\geqslant 0$$

我们得到

$$I_3\geqslant C\frac{\sqrt{t}\sqrt{r}}{\sqrt{\sqrt{t}+t+r}}\geqslant C\frac{\sqrt{1+r}\sqrt{t}}{\sqrt{1+t+r}},\ 对\ r\geqslant 1\ 或\ r\geqslant\sqrt{t} \tag{5.1.28}$$

式(5.1.26) ～ 式(5.1.28) 表明了式(5.1.22) 中 I_1 的下界估计成立.

命题5.1.3 得证.

5.2　调和 NA 群上的 Hardy 不确定原理

本节利用相应于调和 NA 群上 Laplace-Beltrami 算子 L 的热

核和 Helgason - Fourier 变换建立 NA 群上的 Hardy 形式的不确定原理.

定理 5.2.1 令 f 是调和 NA 群 S 上的可测函数，对于 $\tau,t>0$，满足如下两个条件：

（ⅰ）$|f(x)|\leqslant Ch_{\tau}(r)$，对所有的 $x=\mathrm{T}_r\omega=\mathrm{T}^{-1}(r\omega)\in S$，其中，T是从 S 到单位球 $\mathrm{B}(\mathscr{S})$ 的Cayley变换，(r,ω) 是 $\mathrm{T}x$ 在 $\mathrm{B}(\mathscr{S})$ 上的法向坐标，这里 r 为 S 中 x 到单位元 e 的测地距离；

（ⅱ）对任意 $\lambda\in\mathbf{R}$，函数 $F(\lambda)=\int_N\tilde{f}(\lambda,n)\dfrac{\mathrm{P}_1(n)}{\mathrm{P}_\lambda((n,1)^{\pm1})}\mathrm{d}n$ 满足估计：

$$|F(\lambda)|\leqslant C\mathrm{e}^{-t\lambda^2}$$

那么当 $\tau<t$ 时，$f=0$.

我们需要用到下面的整函数引理，它在定理 5.2.1 的证明中具有重要的作用.

引理 5.2.2 假设 $f:\mathbf{C}^n\rightarrow\mathbf{C}$ 是整函数，满足下面两个估计：

(1) $|f(z)|\leqslant C_1(1+|z|)^m\mathrm{e}^{a|\mathrm{Im}\,z|^2}$，$\forall z\in\mathbf{C}^n$；

(2) $|f(x)|\leqslant C_2\mathrm{e}^{-a|x|^2}$，$\forall x\in\mathbf{R}^n$.

其中，$C_1,C_2,a>0$ 都是常数，$m\geqslant0$ 是整数，那么

$$f(z)=C\mathrm{e}^{-a|z|^2}$$

其中，$z=(z_1,z_2,\cdots,z_n)$，C 是常数，且

$$|z|^2=\sum_{j=1}^n z_j^2$$

证明：对 n 用归纳法证明：

当 $n=1$ 时，从第 1 章引理 5.2.2 可知结论成立. 由归纳假设，若 f 满足引理 5.2.2 的条件，则 $\mathbf{R}^{n-1}$ 上的函数 $g(z_1,\cdots,z_{n-1})=f(z_1,\cdots,z_{n-1},0)$ 如下给出：

$$g(z_1,\cdots,z_{n-1})=C\mathrm{e}^{-a\sum\limits_{j=1}^{n-1}|z_j|^2},\ (z_1,\cdots,z_{n-1})\in\mathbf{C}^{n-1}$$

对固定的 $\widetilde{x}=(x_1,\cdots,x_{n-1})\in\mathbf{R}^{n-1}$，函数 $h_{\widetilde{x}}(z)=f(x_1,\cdots,x_{n-1},z)$ 是 $z\in\mathbf{C}$ 的整函数，满足：

$$|h_{\widetilde{x}}(z)|\leqslant C_1\mathrm{e}^{a(\mathrm{Im}\,z)^2}(1+|z|)^m,\quad |h_{\widetilde{x}}(z)|\leqslant C_2\mathrm{e}^{-ax^2}$$

其中，$z\in\mathbf{C}$，$x\in\mathbf{R}$. 由假设，当 $n=1$ 时，有

$$h_{\widetilde{x}}(z)=C(\widetilde{x})\mathrm{e}^{-az^2},z\in\mathbf{C}$$

其中，$C(\widetilde{x})$ 是常数. 与 g 作比较，得 $C(\widetilde{x})=C_0\mathrm{e}^{-a\sum\limits_{j=1}^{n-1}x_j^2}$. 因此对整函数 f，有

$$f(x_1,\cdots,x_{n-1},x_n)=C_0\mathrm{e}^{-a\sum\limits_{j=1}^{n}x_j^2},\ (x_1,\cdots,x_n)\in\mathbf{R}^n$$

$$f(z_1,\cdots,z_n)=C_0\mathrm{e}^{-a\sum\limits_{j=1}^{n}|z_j|^2},\ (z_1,\cdots,z_n)\in\mathbf{C}^n$$

定理 5.2.1 的证明：由 $\widetilde{f}(\lambda,n)$ 的定义式(5.1.4)，有

$$F(\lambda)=\int_N\widetilde{f}(\lambda,n)\frac{\mathrm{P}_1(n)}{\mathrm{P}_\lambda((n,1)^{\pm1})}\mathrm{d}n=$$

$$\int_S f(x)(\int_N\frac{\mathrm{P}_\lambda(x,n)}{\mathrm{P}_\lambda((n,1)^{\pm1})}\mathrm{P}_1(n)\mathrm{d}n)\mathrm{d}x \qquad (5.2.1)$$

考虑积分：

$$\psi_\lambda(x)=\int_N\frac{\mathrm{P}_\lambda(x,n)}{\mathrm{P}_\lambda((n,1)^{\pm1})}\mathrm{P}_1(n)\mathrm{d}n \qquad (5.2.2)$$

作球极平面型投影 ∂T，令 $n=\{\partial T\}^{-1}(\sigma)=n_\sigma$，根据式(5.1.8)，有

$$\psi_\lambda(x)=\frac{\Gamma(l/2)}{2\pi^{l/2}}\int_{\partial\mathrm{B}(s)}\frac{\mathrm{P}_\lambda(x,n_\sigma)}{\mathrm{P}_\lambda((n_\sigma,1)^{\pm1})}\mathrm{d}\sigma(\omega)$$

令 $x=(n_1,a)=(V_1,Z_1,a)$，$n_\sigma=(V_\sigma,Z_\sigma)$，由 N 和 S 上的乘法和逆运算，有

$$n_\sigma^{-1}n_1=(-V_\sigma,-Z_\sigma)(V_1,Z_1)=$$

$$(V_1-V_\sigma,Z_1-Z_\sigma+\frac{1}{2}[V_1,V_\sigma])$$

$$(n_\sigma,1)^{-1}x=(n_\sigma,1)^{-1}(n_1,a)=$$

$$(-V_\sigma,-Z_\sigma,1)(V_1,Z_1,a)=$$

$$(V_1 - V_\sigma, Z_1 - Z_\sigma + \frac{1}{2}[V_1, V_\sigma], a)$$

再利用 Poisson 核的定义式(5.1.1) 和式(5.1.2),得到

$$\mathrm{P}(x, n_\sigma) = \mathrm{P}_a(n_\sigma^{-1} n_1) = \mathrm{P}_a(V_1 - V_\sigma, Z_1 - Z_\sigma + \frac{1}{2}[V_1, V_\sigma])$$

$$\mathrm{P}((n_\sigma, 1)^{-1} x) = \mathrm{P}((V_1 - V_\sigma, Z_1 - Z_\sigma + \frac{1}{2}[V_1, V_\sigma], a)) = \mathrm{P}_a(V_1 - V_\sigma, Z_1 - Z_\sigma + \frac{1}{2}[V_1, V_\sigma])$$

从而 $\mathrm{P}(x, n_\sigma) = \mathrm{P}((n_\sigma, 1)^{-1} x)$ 及 $\mathrm{P}_\lambda(x, n_\sigma) = \mathrm{P}_\lambda((n_\sigma, 1)^{-1} x)$,由此推出

$$\psi_\lambda(x) = \frac{\Gamma(l/2)}{2\pi^{l/2}} \int_{\partial \mathrm{B}(s)} \frac{\mathrm{P}_\lambda((n_\sigma, 1)^{-1} x)}{\mathrm{P}_\lambda((n_\sigma, 1)^{\pm 1})} \mathrm{d}\sigma(\omega) \qquad (5.2.3)$$

由球函数 $\phi_\lambda(x)$ 的表达式(5.1.8),立即得到

$$\psi_\lambda(x) = \phi_\lambda(x)$$

因此,从式(5.2.1) 有

$$F(\lambda) = \int_S f(x) \phi_\lambda(x) \mathrm{d}x = \int_0^{+\infty} f(\mathrm{T}_r) \phi_\lambda(r) \Delta(r/2) \mathrm{d}r \qquad (5.2.4)$$

其中,

$$f(\mathrm{T}_r) = \int_{\partial \mathrm{B}(s)} f(\mathrm{T}_r \omega) \mathrm{d}\sigma(\omega)$$

根据定理 5.2.1 的条件(ⅰ) 及式(5.1.16),有

$$|f(\mathrm{T}_r)| \leqslant \int_{\partial \mathrm{B}(s)} |f(\mathrm{T}_r \omega)| \mathrm{d}\sigma(\omega) \leqslant C_1(1 + r)(1 + (1 + r)/\tau)^{(l-3)/2} \mathrm{e}^{-Qr/2} \mathrm{e}^{-r^2/(4\tau)}$$

回到式(5.2.4),并结合式(5.1.10),得到关于 $F(\lambda)$ 的如下估计

$$|F(\lambda)| \leqslant C_2 \int_0^{+\infty} (1 + r)^2 (1 + \frac{1 + r}{\tau})^{(l-3)/2} \mathrm{e}^{-r^2/(4\tau) + |\mathrm{Im}\,\lambda| r} \mathrm{d}r =$$

$$C_2 \int_0^{+\infty} (1 + r)^2 (1 + \frac{1 + r}{\tau})^{(l-3)/2} \mathrm{e}^{-\frac{1}{4\tau}(r - 2\tau|\mathrm{Im}\,\lambda|)^2} \mathrm{e}^{\tau |\mathrm{Im}\,\lambda|^2} \mathrm{d}r =$$

$$C_2 e^{\tau|\mathrm{Im}\,\lambda|^2}\int_0^{+\infty}(1+r+2\tau\mid\mathrm{Im}\,\lambda\mid)^2\times$$
$$(1+\frac{1+r+2\tau\mid\mathrm{Im}\lambda\mid}{\tau})^{(l-3)/2}e^{-\frac{1}{4\tau}r^2}\,\mathrm{d}r$$

若 $r=+\infty$,则上式右端的积分等于零. 若 $r<+\infty$,则存在常数 C,使得

$$(1+r+2\tau\mid\mathrm{Im}\,\lambda\mid)^2(1+\frac{1+r+2s\mid\mathrm{Im}\,\lambda\mid}{\tau})^{(l-3)/2}\leqslant$$
$$C(1+|\lambda|)^{(l+1)/2}$$

因此,$F(\lambda)$ 可以延拓为一个二阶整函数,且满足如下条件:

$$|F(\lambda)|\leqslant C_3(1+|\lambda|)^{(l+1)/2}e^{\tau|\mathrm{Im}\,\lambda|^2},\quad\forall\lambda\in\mathbf{C}$$

再利用定理5.2.1中的条件(ⅱ)及整函数引理5.2.2,知当 $\tau<t$ 时,有

$$F(\lambda)=C_4 e^{-t\lambda^2}$$

由球 Fourier 逆变换公式(5.1.12),得

$$f(x)=C_5\int_0^{+\infty}e^{-t\lambda^2}\phi_\lambda(x)\mid C(\lambda)\mid^{-2}\mathrm{d}\lambda=$$
$$C_5 e^{Q^2t/4}\int_0^{+\infty}e^{-(Q^2/4+\lambda^2)t}\phi_\lambda(x)\mid C(\lambda)\mid^{-2}\mathrm{d}\lambda=$$
$$C_5 e^{Q^2t/4}h_t(r)$$

其中,C_5 仅依赖 m 和 k. 又因为 f 满足定理5.2.1的条件(ⅰ),所以

$$C_6(m,k)h_t(r)\leqslant(1+r)(1+\frac{1+r}{\tau})^{(l-3)/2}e^{-Qr/2}e^{-r^2/(4\tau)},\tau<t$$

但这与 $h_t(r)$ 关于 t 的增长性矛盾,除非 $C_6(m,k)=0$. 由此推出 $C_5=0$,从而 $f=0$. 证毕.

5.3 调和 NA 群上 Cowling - Price 形式的不确定原理

本节将 Morgan 形式的不确定原理和 Cowling - Price 形式的

不确定原理推广到调和 NA 群上. 具体做法是：利用调和 NA 群上的 Radon 变换和 Helgason - Fourier 变换之间的关系，把调和 NA 群上的不确定原理的证明转化为实直线 $\mathbf{R}$ 上的不确定原理的证明. 对于 NA 上的可积函数 f 和 N 中的固定元素 n，f 的 Radon 变换定义为

$$\mathscr{R}f(n,s)=\mathrm{e}^{-sQ/2}\int_N f(n\sigma(n_1\exp(sH)))\mathrm{d}n_1,\ \forall s\in\mathbf{R} \tag{5.3.1}$$

对于 NA 上的任意的可积函数 f，它的 Helgason - Fourier 变换 $\hat{f}$ 等于它的 Radon 变换 $\mathscr{R}f$ 的欧氏 Fourier 变换，即

$$\hat{f}(\lambda,n)=F(\mathscr{R}f)(\lambda,n)=\int_N \mathscr{R}f(n,s)\mathrm{e}^{-\mathrm{i}\lambda s}\mathrm{d}s,\ \forall\lambda\in\mathbf{R},\forall n\in N \tag{5.3.2}$$

其中,F 表示 $\mathbf{R}$ 上的欧氏 Fourier 变换.

本节的主要结果是定理 5.3.1 和定理 5.3.3. 下面分别加以叙述和证明.

定理 5.3.1 令 f 是调和 NA 群上的可测函数，对于所有的 $x\in NA,\lambda\in\mathbf{R},n\in N$，满足：

(ⅰ) $|f(x)|\leqslant C\mathrm{e}^{-a\rho^p(x)}$；

(ⅱ) $|\hat{f}(\lambda,n)|\leqslant C\mathrm{e}^{-b|\lambda|^q}$.

其中,C,a,b 是大于零的常数，$p>1,p^{-1}+q^{-1}=1$. 若 $(ap)^{1/p}(bq)^{1/q}>1$，则 $f=0$ a.e. 成立.

在定理 5.3.1 的证明过程中，我们需要下面的引理 5.3.2.

引理 5.3.2 令 f 满足定理 5.3.1 的条件. 对任意的 $a^1,0<a^1<a$，存在常数 C'，使得对所有的 $(n,s)\in N\times\mathbf{R}$，有 $|\mathscr{R}f(n,s)|\leqslant C'\mathrm{e}^{-a^1s^p}$ 成立.

证明：利用三角不等式 $\rho(xy)\geqslant\rho(x)-\rho(y)$，定理 5.3.1 的条件(ⅰ)和式(5.3.1)，我们得到

$$|\mathcal{R}f(n,s)| \leqslant e^{-sQ/2}\int_N |f(n\sigma(n_1\exp(sH)))|\,dn_1 \leqslant$$

$$Ce^{-sQ/2}\int_N e^{-a\rho(n\sigma(n_1\exp(sH)))^p}\,dn_1 \leqslant$$

$$Ce^{-sQ/2}\int_N e^{-a(\rho(\sigma(n_1\exp(sH)))-\rho(n))^p}\,dn_1$$

由于 $n_1\exp(sH)$ 和测地逆到原点的距离是相等的，因此上式最后一项等于

$$Ce^{-sQ/2}\int_N e^{-a(\rho(n_1\exp(sH))-\rho(n))^p}\,dn_1$$

对固定的 n，若 $a^1<\gamma<a$，则我们有

$$|\mathcal{R}f(n,s)| \leqslant Ce^{-sQ/2}\int_N e^{-\gamma\rho(n_1\exp(sH))^p}\,dn_1$$

记 $\gamma=a^1+\varepsilon,\ \varepsilon>0$，利用不等式 $|s|=\rho(\exp(sH))\leqslant\rho(n_1\times\exp(sH))$，我们有

$$|\mathcal{R}f(n,s)| \leqslant Ce^{-sQ/2}e^{-a^1s^p}\int_N e^{-\varepsilon\rho(n_1\exp(sH))^p}\,dn_1$$

作变量替换 $n_2=\exp(-sH/2)n_1\exp(sH/2)$，并利用不等式

$$\rho(\exp(sH/2)n_2\exp(sH/2))\geqslant\rho(n_2)$$

我们有

$$|\mathcal{R}f(n,s)| \leqslant Ce^{-a^1s^p}\int_N e^{-\varepsilon\rho(\exp(sH/2)n_2\exp(sH/2))^p}\,dn_2 \leqslant$$

$$Ce^{-a^1s^p}\int_N e^{-\varepsilon\rho(n_2)^p}\,dn_2$$

对足够大的 $\rho(n)$，有 $e^{-\varepsilon\rho(n)^p}\ll e^{-Q\rho(n)}$. 再利用 $P_1(n)\sim e^{-Q\rho(n)}$ 且 $P_1(n)$ 是可积的，我们推出上式最后一个积分有限，从而引理 5.3.2 得证.

定理 5.3.1 的证明：由式(5.3.2) 和定理 5.3.1 的条件(ⅱ)可知

$$|F(\mathcal{R}f)(\lambda,n)| \leqslant Ce^{-b|\lambda|^q}$$

若$(ap)^{1/p}(bq)^{1/q}>1$，则可选取$a^1(0<a^1<a)$使得

$$(a^1 p)^{1/p}(bq)^{1/q}>1$$

再根据引理 5.3.2 和第 1 章定理 1.1.7，可得对所有的$n\in N$，$s\to\mathscr{R}f(n,s)$在$\mathbf{R}$上几乎处处等于零. 因此，对所有的$n\in N$，$\hat{f}(\lambda,n)=0$，$\forall\lambda\in\mathbf{R}$. 又因为$NA$上的 Helgason－Fourier 变换是内射，从而推出$f=0$ a.e. 成立.

定理 5.3.3 令f是调和NA群上的可测函数，对于所有的$a,b>0$，满足：

（ⅰ）$e_a f\in L^p(NA)$；

（ⅱ）$e_b\hat{f}\in L^q(\mathbf{R}\times NA;|c(\lambda)|^{-2}\mathrm{d}\lambda\mathrm{d}n)$.

其中，$|c(\lambda)|^{-2}$为NA上的 Plancherel 测度，$e_a(x)=\mathrm{e}^{a\rho^2(x)}$，$e_b(\lambda)=\mathrm{e}^{b\lambda^2}$，$1\leqslant p,q\leqslant\infty$. 若$ab\geqslant\frac{1}{4}$，则$f=0$ a.e. 成立.

定理 5.3.3 的证明与定理 5.3.1 的证明在思路上相似，都是利用 Radon 变换和 Helgason－Fourier 变换之间的关系，但是定理 5.3.3 的证明涉及更多的技巧. 注意到，若$p=q=\infty$，则定理 5.3.3 包含在定理 5.3.1 中. 因此在下面的定理 5.3.3 的证明过程中，我们可以假设p和q之中至少有一个是有限的. 我们首先假设p和q都是有限的.

令f是定理 5.3.3 中的函数，$\phi\in C_0^\infty(NA)^\#$（$NA$上的光滑的具有紧支集的径向的函数空间）. 令$h$为$f$与$\phi$的卷积，即

$$h=f*\phi \tag{5.3.3}$$

我们首先证明下面两个引理.

引理 5.3.4 对于a^1，$0\leqslant a^1<a$，有$e_{a^1}h\in L^1(NA)$成立.

证明：令

$$I=\int_{NA}\mathrm{e}^{a^1\rho^2(z)}\,|h(z)|\,\mathrm{d}z \tag{5.3.4}$$

下面证明I是有限的. 由式(5.3.3)可知，

$$|h(z)| \leqslant \int_{NA} |f(y)| |\phi(y^{-1}z)| \mathrm{d}y$$

利用 Fubini 定理，有

$$I \leqslant \int_{NA} \mathrm{e}^{a^1 \rho^2(z)} \left(\int_{NA} |f(y)| |\phi(y^{-1}z)| \mathrm{d}y\right)\mathrm{d}z =$$

$$\int_{NA} |f(y)| \left(\int_{NA} \mathrm{e}^{a^1 \rho^2(z)} |\phi(y^{-1}z)| \mathrm{d}z\right)\mathrm{d}y \qquad (5.3.5)$$

令

$$I_1(y) = \int_{NA} \mathrm{e}^{a^1 \rho^2(z)} |\phi(y^{-1}z)| \mathrm{d}z$$

作变量替换 $x = y^{-1}z$，容易计算 $\mathrm{d}x = \mathrm{d}z$，得到

$$I_1(y) = \int_{NA} \mathrm{e}^{a^1 \rho^2(yx)} |\phi(x)| \mathrm{d}x$$

作为 $y \in NA$ 的函数，I_1 是径向的，因此 I_1 由测地距离 $\rho(y)$ 确定. 从而，

$$I_1(y) \leqslant \mathrm{e}^{a^1(\rho(y)+M)^2} \int_{NA} |\phi(x)| \mathrm{d}x \qquad (5.3.6)$$

其中

$$M = \sup(\rho(x) \mid x \in \mathrm{supp}(\phi))$$

选取 $\tilde{a}$，使得 $a^1 < \tilde{a} < a$. 由定理 5.3.3 的条件(ⅰ)，有 $e_{\tilde{a}} f \in L^1(NA)$，这是因为

$$\int_{NA} |e_{\tilde{a}}(x) f(x)| \mathrm{d}x = \int_{NA} e_{-(a-\tilde{a})}(x) |e_a(x) f(x)| \mathrm{d}x \leqslant$$

$$\left(\int_{NA} |e_{-(a-\tilde{a})}(x)|^{p'} \mathrm{d}x\right)^{\frac{1}{p'}} \times$$

$$\left(\int_{NA} |e_a(x) f(x)|^p \mathrm{d}x\right)^{\frac{1}{p}} < \infty$$

$$(5.3.7)$$

其中，p' 是 p 的共轭数. 因此，从式(5.3.6) 得到

$$I \leqslant |\phi|_1 \int_{NA} \mathrm{e}^{a^1(\rho(y)+M)^2} |f(y)| \mathrm{d}y =$$

$$|\phi|_1\int_{NA}e_{\tilde{a}}(y)\,|\,f(y)\,|\,\mathrm{e}^{a^1(\rho(y)+M)^2-\tilde{a}\rho^2(y)}\mathrm{d}y$$

其中，$|\phi|_1$ 为 ϕ 的 L^1 范数. 上式表明 $I<\infty$，这是因为式(5.3.7)和

$$\sup_{y\in NA}\mathrm{e}^{a^1(\rho(y)+M)^2-\tilde{a}\rho^2(y)}<\infty$$

引理5.3.5 对于 $\forall\lambda\in\mathbf{C}$, $\forall n\in N$，由式(5.1.4)定义的积分 $\hat{f}(\lambda,n)$ 绝对收敛.

证明：首先对 Poisson 核 $\mathrm{P}(n_1a_t,n)$ 进行估计：利用式(5.1.1)得到

$$\mathrm{P}(n_1a_t,n)=P_t(n^{-1}n_1)=t^{-Q}P_1(a_t^{-1}(n^{-1}n_1)a_t)=t^{-Q}P_1(a_t^{-1}n^{-1}(n_1a_t))$$

其中 $P_1(n)\sim\mathrm{e}^{-Q\rho(n)}$，因此，对 $x=n_1a_t$，可估计上式为

$$\mathrm{P}(x,n)=t^{-Q}P_1(a_t^{-1}n^{-1}x)\leqslant Ct^{-Q}\mathrm{e}^{-Q\rho(a_t^{-1}n^{-1}x)}\leqslant Ct^{-Q}\mathrm{e}^{-Q\rho(n^{-1}x)}\leqslant C\mathrm{e}^{-Q\ln t}\mathrm{e}^{-Q(\rho(n)-\rho(x))}\leqslant C\mathrm{e}^{Q\rho(x)}\mathrm{e}^{Q(\rho(x)-\rho(n))}\leqslant C\mathrm{e}^{Q(2\rho(x)-\rho(n))}$$

其中，用到 $\rho(a_t^{-1}n^{-1}x)\geqslant\rho(n^{-1}x)$，$|\ln t|\leqslant\rho(x)$ 及三角不等式 $\rho(n^{-1}x)\geqslant\rho(n)-\rho(x)$. 再根据式(5.1.3)，有

$$|\mathrm{P}_\lambda(x,n)|=|\mathrm{P}(x,n)^{1/2+\mathrm{Im}\,\lambda/Q}\|\mathrm{P}(x,n)^{-\mathrm{i}\mathrm{Re}\,\lambda/Q}|=|\mathrm{P}(x,n)^{1/2+\mathrm{Im}\,\lambda/Q}|\leqslant C\mathrm{e}^{|2\rho(x)-\rho(n)\|\mathrm{Im}\,\lambda+Q/2|}$$

因为 n 是固定的，从而，

$$|\hat{f}(\lambda,n)|\leqslant\int_{NA}|f(x)\|\mathrm{P}_\lambda(x,n)|\,\mathrm{d}x\leqslant C\int_{NA}|f(x)|\,\mathrm{e}^{|\mathrm{Im}\,\lambda+Q/2\|2\rho(x)-\rho(n)|}\mathrm{d}x\leqslant C'\int_{NA}|f(x)|\,\mathrm{e}^{|2\mathrm{Im}\,\lambda+Q|\rho(x)}\mathrm{d}x\leqslant C'\int_{NA}\mathrm{e}_{a^1}(x)\,|f(x)|\,\mathrm{e}^{|2\mathrm{Im}\,\lambda+Q|\rho(x)-a^1\rho^2(x)}\mathrm{d}x$$

其中，$\mathrm{e}^{|2\mathrm{Im}\,\lambda+Q|\rho(x)-a^1\rho^2(x)}<\infty$. 因此，由定理5.3.3的条件(i)，得到

$$|\hat{f}(\lambda,n)|\leqslant C\int_{NA}e_{a^1}(x)\,|f(x)|\,\mathrm{d}x<\infty$$

从而证得 $\hat{f}(\lambda,n)$ 绝对收敛.

Lebesgue控制收敛定理表明 $\hat{f}(\lambda,n)$ 是 $\mathbf{C}\times N$ 上的连续函数. 并且,由 Morera 定理(第 1 章引理 1.2.5)和 Fubini 定理推出,对固定的 $n\in N$,函数 $\lambda(\in\mathbf{C})\to\hat{f}(\lambda,n)$ 是 $\mathbf{C}$ 上的解析函数. 特别地,对固定的 $n\in N$, 函数 $\lambda(\in\mathbf{R})\to\hat{f}(\lambda,n)$ 是 $\mathbf{R}$ 上的解析函数.

定理5.3.3的证明:令 a^1 如引理5.3.4所示,选取 $\tilde{a}$ 使得 $a^1<\tilde{a}<a$. 令 $g(y)=e_{\tilde{a}}(y)\,|h(y)|$, $y\in NA$, 那么从引理 5.3.4 知 g 是 NA 上的连续可积函数. 因此,

$$\begin{aligned}\infty>\int_{NA}g(y)\mathrm{d}y=&\int_{NA}\mathrm{e}^{\tilde{a}\rho^2(y)}\,|h(y)|\,\mathrm{d}y=\\&\int_{NA}\mathrm{e}^{\tilde{a}\rho^2(n\sigma(y))}h(n\sigma(y))\,|\,\mathrm{d}y\geqslant\\&\int_{NA}\mathrm{e}^{\tilde{a}(\rho(\sigma(y)-\rho(n)))^2}h(n\sigma(y))\,|\,\mathrm{d}y\geqslant\\&C\int_{NA}\mathrm{e}^{\tilde{a}\rho^2(\sigma(y))}\,|h(n\sigma(y))|\,\mathrm{d}y\end{aligned}$$

这是因为测度逆 σ 保持 Riemannian 测度及 $\rho(n\sigma(y))\geqslant\rho(n)-\rho(\sigma(y))$.

令 $y=(V_1,Z_1,t)\in NA$,由 $\rho(na_t)\geqslant\rho(a_t)=|\ln t|$ 可知

$$\rho(\sigma(y))\geqslant\rho(\exp(\ln\frac{t}{(t+\frac{|V_1|^2}{4})^2+|Z_1|^2}H))=$$

$$\left|\ln\frac{t}{(t+\frac{|V_1|^2}{4})^2+|Z_1|^2}\right|$$

现在令 $y=(V_1,Z_1,t)\in NA$,使得

$$(t+\frac{|V_1|^2}{4})^2+|Z_1|^2\geqslant1$$

有

$$\rho(\sigma(y)) \geqslant \ln\left(\left(t+\frac{|V_1|^2}{4}\right)^2+|Z_1|^2\right)-\ln t \geqslant |\ln t|$$

因此

$$\infty > \int_{NA} g(y)\mathrm{d}y \geqslant \int_{NA} \mathrm{e}^{a|\ln t|^2} \ | h(n\sigma(y)) | \ \mathrm{d}y$$

其中，$y=(V_1, Z_1, t)$，满足

$$\left(t+\frac{|V_1|^2}{4}\right)^2+|Z_1|^2 \geqslant 1$$

同时，利用 $g(y)$ 的连续性，对所有的 $y=n_1 a_t=(V_1, Z_1, t) \in NA$，可得

$$\int_{NA} \mathrm{e}^{\tilde{a}|\ln t|^2} \ | h(n\sigma(y)) | \ \mathrm{d}y =$$

$$\int_N \int_0^{+\infty} \mathrm{e}^{\tilde{a}|\ln t|^2} \ | h(n\sigma(n_1 a_t)) | \ t^{-Q-1}\mathrm{d}t\mathrm{d}n_1 =$$

$$\int_N \int_{-\infty}^{+\infty} \mathrm{e}^{\tilde{a}s^2} \ | h(n\sigma(n_1 \exp(sH))) | \ \mathrm{e}^{(-Q-1)s}\mathrm{e}^s \mathrm{d}s\mathrm{d}n_1 =$$

$$\int_{-\infty}^{+\infty} \int_N \mathrm{e}^{\tilde{a}s^2-sQ} \ | h(n\sigma(n_1 \exp(sH))) | \ \mathrm{d}n_1\mathrm{d}s$$

由 Fubini 定理推出，对几乎所有的 $(n,s) \in N \times \mathbf{R}$，有

$$\int_N \mathrm{e}^{\tilde{a}s^2-sQ} \ | h(n\sigma(n_1 \exp(sH))) | \ \mathrm{d}n_1 < \infty$$

即，对几乎所有的 $(n,s) \in N \times \mathbf{R}$，有

$$\mathrm{e}^{\tilde{a}s^2-sQ/2} R(|h|)(n,s) < \infty$$

并且

$$\int_{-\infty}^{+\infty} \mathrm{e}^{\tilde{a}s^2-sQ/2} R(|h|)(n,s)\mathrm{d}s < \infty$$

显然，$\mathrm{e}^{-sQ/2} \leqslant \mathrm{e}^{|s|Q/2}$. 令 $\varepsilon=\tilde{a}-a^1>0$，$\varphi$ 是 N 上的光滑的具有紧支集的函数. 因此，

$$\int_{-\infty}^{+\infty} \int_N \mathrm{e}^{a^1 s^2} \ | \varphi(n) Rh(n,s) | \ \mathrm{d}n\mathrm{d}s \leqslant$$

$$C\int_{-\infty}^{+\infty} \mathrm{e}^{a^1 s^2} \ | Rh(n,s) | \ \mathrm{d}s \leqslant$$

$$C\int_{-\infty}^{+\infty} e^{a^1 s^2} R(|h|)(n,s)\mathrm{d}s =$$

$$C\int_{-\infty}^{+\infty} e^{\tilde{a}s^2 - sQ/2} e^{-\varepsilon s^2 + sQ/2} R(|h|)(n,s)\mathrm{d}s < \infty$$

从而推出，函数

$$s \to e^{a^1 s^2}\int_N \varphi(n) Rh(n,s)\mathrm{d}n \in L^1(\mathbf{R};\mathrm{d}s) \qquad (5.3.8)$$

与第 4 章式(4.1.7)类似，NA 上的 Plancherel 测度 $|c(\lambda)|^{-2}$ 有如下估计：

$$|c(\lambda)|^{-2} \sim p(\lambda)(\lambda \text{ 的多项式}) \qquad (5.3.9)$$

根据定理 5.3.3 的条件(ⅱ)，有

$$e_b\hat{f} \in L^q(\mathbf{R}\times NA; p(\lambda)\mathrm{d}\lambda\mathrm{d}n) \qquad (5.3.10)$$

令 D 是 $\mathbf{R}^+$ 上的常系数微分算子，使得 D 的 Fourier 变换为式(5.3.9)中的 $p(\lambda)$. 令 $D(NA)$ 表示 NA 上的径向的(即与平均算子可交换)不变微分算子的环，这个环的唯一生成子是 Laplace - Beltami 算子 L. 令 $\widetilde{D}\in D(NA)$，使得对任意的 NA 上的光滑的径向函数 φ 有

$$\widetilde{D}\phi = D\phi$$

现在

$$\widetilde{D}h = f * \widetilde{D}\phi$$

$$\widetilde{D}\phi \in C_0^\infty(NA)^\#$$

按照式(5.3.8)的证明过程可得，函数

$$s \to e^{a^1 s^2}\int_N \varphi(n)\mathscr{R}\widetilde{D}h(n,s)\mathrm{d}n \in L^1(\mathbf{R};\mathrm{d}s) \qquad (5.3.11)$$

和

$$s \to \int_N \varphi(n)\mathscr{R}\widetilde{D}h(n,s)\mathrm{d}n \in L^1(\mathbf{R};\mathrm{d}s)$$

因为 ϕ 是径向函数，所以 $\hat{\phi}$ 只与 λ 有关. 利用 Fubini 定理及 Helgason - Fourier 变换可以表示为 Radon 变换与欧氏 Fourier 变

换的复合这一事实，得到

$$\mathscr{F}\left(\int_N \varphi(n)\mathscr{R}\widetilde{D}h(n,s)\mathrm{d}n\right)(\lambda)=\int_N \phi(n)\,(f*\widetilde{D}\varphi)^{\wedge}\,(\lambda,n)\mathrm{d}n=$$
$$\int_N \phi(n)\hat{f}(\lambda,n)p(\lambda)\hat{\phi}(\lambda)\mathrm{d}n \tag{5.3.12}$$

现在 $\hat{\phi}(\lambda)$ 是 $\mathbf{R}$ 上的有界的实解析函数，因此，由式(5.3.11)有

$$\int_{\mathbf{R}} \mathrm{e}^{b^1\lambda^2}\ \left|\mathscr{F}\left(\int_N \varphi(n)\mathscr{R}\widetilde{D}h(n,s)\mathrm{d}n\right)\right|\mathrm{d}\lambda \leqslant$$
$$C\int_{\mathbf{R}\times N} \mathrm{e}^{b\lambda^2}\ |\hat{f}(\lambda,n)|\ \varphi(n)\mathrm{e}^{-(b-b^1)\lambda^2}\,p(\lambda)\mathrm{d}n\mathrm{d}\lambda \leqslant$$
$$C\left(\int_{\mathbf{R}\times N} \mathrm{e}^{qb\lambda^2}\ |\hat{f}(\lambda,n)|^q p(\lambda)\mathrm{d}n\mathrm{d}\lambda\right)^{1/q}$$
$$\left(\int_{\mathbf{R}\times N} |\varphi(n)|^{q'}\mathrm{e}^{-q'(b-b^1)\lambda^2}\,p(\lambda)\mathrm{d}n\mathrm{d}\lambda\right)^{1/q'}<\infty \tag{5.3.13}$$

对给定的 $ab>\frac{1}{4}$，可选取 $a^1>0,b^1>0$，使得

$$a^1<a,b^1<b,a^1b^1>\frac{1}{4}$$

根据式(5.3.11)和式(5.3.13)可知，$\int_N \varphi(n)\mathscr{R}\widetilde{D}h(n,s)\mathrm{d}n$ 与 $\mathscr{F}\left(\int_N \varphi(n)\mathscr{R}\widetilde{D}h(n,s)\mathrm{d}n\right)$ 满足第1章定理1.1.6的条件，因此，对所有的 $n\in N$，$s\to\int_N \varphi(n)\mathscr{R}\widetilde{D}h(n,s)\mathrm{d}n=0$ 几乎处处成立. 由式(5.3.12)可知，对所有的 $n\in N$，实解析函数 $\lambda\to\int_N \phi(n)\hat{f}(\lambda,n)p(\lambda)\hat{\phi}(\lambda)\mathrm{d}n=0$ 几乎处处成立. 由于 $\varphi(n)$ 是任意的，且实解析函数 $p(\lambda)$ 和 $\hat{\phi}(\lambda)$ 在 $\mathbf{R}$ 上不能一致的趋于零，从而推出，对几乎所有的 $n\in N$，$\lambda\to\hat{f}(\lambda,n)=0$. 由于 NA 上的 Helgason-Fourier 变换是内射，所以 $f=0$ 几乎处处成立.

注：从上述的证明过程可知，若 p 和 q 之中有一个是无限的，

那么定理 5.3.3 仍然成立，并且证明过程更简便. 下面给出证明：

首先假设 p 是无限的，而 q 是有限的，则定理 5.3.3 的条件（ⅰ）变为

$$|f(x)|\leqslant C\mathrm{e}^{-a\rho^2(x)}$$

由式(5.3.3) 得

$$|h(y)|=\left|\int_{NA}f(yx^{-1})\phi(x)\mathrm{d}x\right|\leqslant C\sup_{x\in NA}|f(yx^{-1})|\leqslant C\mathrm{e}^{-a\rho^2(y)}$$

利用引理 5.3.2，得到

$$|\mathscr{R}h(n,s)|\leqslant C\mathrm{e}^{-a^1s^2},\quad 0<a^1<a$$

这时式(5.3.11) 就变成

$$\left|\int_N\varphi(n)\mathscr{R}\widetilde{D}h(n,s)\mathrm{d}n\right|\leqslant C\mathrm{e}^{-a^1s^2}\tag{5.3.14}$$

由式(5.3.13)、式(5.3.14) 以及第 1 章定理 1.1.6 可知，对所有的 $n\in N,s\to\int_N\varphi(n)\mathscr{R}\widetilde{D}h(n,s)\mathrm{d}n=0$ 几乎处处成立. 从而推出 $f=0$ 几乎处处成立.

然后假设 p 是有限的，而 q 是无限的，则定理 5.3.3 的条件（ⅱ）变为

$$|\hat{f}(\lambda,n)|\leqslant C\mathrm{e}^{-b\lambda^2}$$

这时式(5.3.12) 就变成

$$\mathscr{F}\left(\int_N\varphi(n)\mathscr{R}h(n,s)\mathrm{d}n\right)(\lambda)=\int_N\varphi(n)\hat{f}(\lambda,n)\hat{\phi}(\lambda)\mathrm{d}n$$

式(5.3.13) 变成

$$\left|\mathscr{F}\left(\int_N\varphi(n)\mathscr{R}h(n,s)\mathrm{d}n\right)(\lambda)\right|\leqslant C\sup_{n\in N}|\hat{f}(\lambda,n)|\left|\int_N\varphi(n)\mathrm{d}n\right|\leqslant C'\mathrm{e}^{-b\lambda^2}\tag{5.3.15}$$

由式(5.3.8)、式(5.3.15) 以及第 1 章定理 1.1.6 可知,对所有的 $n \in N, s \to \int_N \varphi(n) \mathscr{R}h(n,s) \mathrm{d}n = 0$ 几乎处处成立. 从而推出 $f=0$ 几乎处处成立.

习　题　5

(1) 证明命题 5.1.1.

(2) 证明 $L\phi_\lambda = -(Q^2/4+\lambda^2)\phi_\lambda$; 且 $\phi_\lambda = \phi_{-\lambda}$.

(3) 证明式(5.1.9) 和式(5.1.10).

(4) 证明不等式

$$|s| = \rho(\exp(sH)) \leqslant \rho(n_1 \exp(sH))$$

及

$$\rho(\exp(sH/2) n_2 \exp(sH/2)) \geqslant \rho(n_2)$$

(5) 证明 $P_1(n) \sim \mathrm{e}^{-Q\rho(n)}$, $\forall n \in N$.

第6章 半单 Lie 群上的不确定原理

本章分4节，6.1节介绍半单 Lie 群的基本概念和性质，6.2节建立半单 Lie 群上 Hardy 形式的不确定原理，6.3节建立半单 Lie 群上 Cowling - Price 形式的不确定原理上，6.4节建立一类特殊半单 Lie 群上 Beurling 形式的不确定原理.

6.1 半单 Lie 群的基础知识

本节简述半单 Lie 群上的一些相关概念和性质. 更详细的介绍可参考文献[12]和[13].

令 G 是具有有限个中心的、连通的、非紧的半单 Lie 群，K 是 G 的最大紧子群. 令 $\mathscr{G}$ 和 $\mathscr{K}$ 分别表示 G 和 K 的 Lie 代数. 假设 $\mathscr{G}=\mathscr{K}\oplus\mathscr{P}$ 是 $\mathscr{G}$ 的一个 Cartan 分解，B 是 $\mathscr{G}$ 的 Cartan - Killing 形式. B 在 $\mathscr{P}$ 上的限制是正定的，因此 B 定义了实向量空间 $\mathscr{P}$ 上的一个内积. 令 $P=\exp\mathscr{P}$，则对 $k\in K, u\in P$，在映射 $(k,u)\to ku$ 下，G 与 $K\times P$ 是微分同胚的. 因此任意的 $g\in G$ 可以唯一的写成 $g=g_K g_P$，其中 $g_K\in K, g_P\in P$. 由于 P 和 $\mathscr{P}$ 在指数映射下是微分同胚的，所以 $g_P=\exp X$，对唯一的 X. 定义 $\|g\|_G=B(X,X)^{\frac{1}{2}}$.

固定 $\mathscr{P}$ 的最大可交换子空间 $\mathscr{A}$. 令 $\mathscr{A}$ 的维数是 l(称 l 为 G 的实秩). 限制 $B|_{\mathscr{A}\times\mathscr{A}}$ 给出了 $\mathscr{A}$ 上的一个内积，在这个内积下，我们把 $\mathscr{A}$ 与 $\mathbf{R}^l$ 等同起来. 令 Δ 表示 $\mathscr{A}$ 在 $\mathscr{G}$ 上的伴随作用的根的集合. 令 Δ^+ 表示相应的正根的集合，固定 $\mathscr{A}$ 的一个 Weyl - Cham ber $\mathscr{A}^+$，令 $A=\exp\mathscr{A}, A^+=\exp\mathscr{A}^+$. 若 $\overline{A^+}$ 表示 A^+ 在 G 中的闭集，则

$G=K\overline{A^+}K$ 是 G 的极分解，即任意的 $x\in G$ 可以写成 $x=k_1ak_2$，其中 $k_1,k_2\in K,a\in\overline{A^+}$. 若 $\mathscr{G}_\alpha$ 表示相应于 $\alpha\in\Delta$ 的根空间，则我们可以选取 G 上的一个 Haar 测度 $\mathrm{d}x$ 使得相应的极分解为

$$\mathrm{d}x=J(a)\mathrm{d}k_1\mathrm{d}a\mathrm{d}k_2$$

其中

$$J(a)=\Pi_{\alpha\in\Delta^+}(\mathrm{e}^{\alpha(\ln a)}-\mathrm{e}^{-\alpha(\ln a)})^{n(\alpha)}$$

$$n(\alpha)=\dim\mathscr{G}_\alpha$$

ln 表示在 $\mathscr{A}$ 上的映射 exp 的逆，即

$$\int_G f(x)\mathrm{d}x=\int_K\int_{\overline{A^+}}\int_K f(k_1ak_2)J(a)\mathrm{d}k_1\mathrm{d}a\mathrm{d}k_2$$

这里 $\mathrm{d}a$ 表示 A 上的 Haar 测度. 令 $G=KAN$ 是 G 的 Iwasawa 分解. 这个分解产生了投影映射 $\kappa:G\to K,a:G\to A,\ n:G\to N$. 则我们有

$$x=k(x)\exp H(x)n(x)$$

其中，$\mathscr{K}(x)\in K,H(x)\in\mathscr{A},H(x)=\ln a(x),n(x)\in N$.

若 M 是 A 在 K 中的中心化子，$P=MAN$ 是 G 的最小抛物子群. 固定 $\xi\in\hat{M}$，令 $\boldsymbol{H}_\xi$ 是有 ξ 作用的有限维 Hilbert 空间，即

$$d(\xi)=\dim\boldsymbol{H}_\xi$$

对 $\lambda\in\mathscr{A}^*$（$\mathscr{A}$ 的实对偶），定义 P 的一个表示 (ξ,λ) 为

$$(\xi,\lambda)(man)=\xi(m)\exp((\mathrm{i}\lambda+\rho)(\ln a))$$

其中，$\ln:A\to\mathscr{A}$ 表示 $\exp:\mathscr{A}\to A$ 的逆，则

$$\rho=\frac{1}{2}\sum\nolimits_{\alpha\in\Delta^+}n(\alpha)\alpha,\quad m\in M,a\in A,n\in N$$

根据归纳，从这个表示我们得到作用到如下 Hilbert 空间上的 G 的一个表示 $\pi_{\xi,\lambda}$，即

$$\boldsymbol{H}_\xi^0=\{g:K\to\boldsymbol{H}_\xi:g(km)=\xi(m^{-1})g(k),k\in K,m\in M,$$
$$\int_K\|g(k)\|^2\mathrm{d}k<\infty\}$$

其中，$\|\cdot\|$ 表示 $\boldsymbol{H}_\xi$ 上的范数. 作用在 $\boldsymbol{H}_\xi^0$ 上的酉表示 $\pi_{\xi,\lambda}$ 为

$$(\pi_{\xi,\lambda}(x)g)(k)=\mathrm{e}^{-(\mathrm{i}\lambda+\rho)(H(x^{-1}k))}g(\kappa(x^{-1}k)) \qquad (6.1.1)$$

对 $x\in G,k\in K,g\in\boldsymbol{H}_\xi^0$. 注意到 K 在 $\boldsymbol{H}_\xi^0$ 上的作用正是左正则投影.

对给定的 $\xi\in\hat{M}$，在 $\mathscr{A}^*$ 中存在一个稠密的开子集 O_ξ，使得对所有的 $\lambda\in O_\xi$ 有 $\pi_{\xi,\lambda}$ 是不可约的. 令 W 是$(\mathscr{G},\mathscr{A})$ 的 Weyl 群. 则 $\hat{M}\times\mathscr{A}^*$ 上存在 W 的一个自然作用，且这些不可约表示之间的等价性是由 Weyl 群作用给出的.

下面我们假设 G 有唯一的 Cartan 子群的共轭类. 对给定的 $f\in L^1(G)$，定义 $\hat{M}\times\mathscr{A}^*$ 上的群 Fourier 变换 $\hat{f}(\xi,\lambda)$ 为

$$\hat{f}(\xi,\lambda)=\hat{f}(\pi_{\xi,\lambda})=\pi_{\xi,\lambda}(f)=\int_G f(x)\pi_{\xi,\lambda}(x)\mathrm{d}x \qquad (6.1.2)$$

其中，$(\xi,\lambda)\in\hat{M}\times\mathscr{A}^*$. 若 $f\in L^1(G)\cap L^2(G)$，对 G 我们有 Plancherel 定理：在 $\hat{M}\times\mathscr{A}^*$ 上存在一个显式的可计算的测度 μ 使得

$$\int_G|f(x)|^2\mathrm{d}x=\int_{\hat{M}\times\mathscr{A}^*}\mathrm{tr}\,(\pi_{\xi,\lambda}(f)\pi_{\xi,\lambda}(f))^*\,\mathrm{d}\mu(\xi,\lambda) \qquad (6.1.3)$$

对给定的 $\xi\in\hat{M}$，这个测度在 $\mathscr{A}^*$ 上至多是多项式增长. 令 $\mathscr{A}_{\mathrm{C}}^*=\mathscr{A}^*\oplus\mathbf{C}$. 因为 B 在 $\mathscr{A}$ 上是正定的，因此 B 定义了 $\mathscr{A}$ 上的一个内积. 从而在 $\mathscr{A}^*$ 上存在一个自然的内积，相应范数表示为 $\|\cdot\|$. 这个内积可以唯一地延拓到复向量空间 $\mathscr{A}_{\mathrm{C}}^*$ 上，相应的范数也表示为 $\|\cdot\|$. 在不引起混乱的情况下，$\mathscr{A}$ 上由 B 诱导的范数也表示为 $\|\cdot\|$.

如果 1 是 $\hat{M}$ 中平凡的表示，那么我们把 $\pi_{1,\lambda}$ 简写为 π_λ. 我们称表示的集合 $\{\pi_\lambda\}_{\lambda\in\mathscr{A}^*}$ 为 G 的 -1 类主序列表示，这些表示作用在 Hilber 空间 $L^2(K/M)$ 上. 令 ϕ_λ 是相应于 $\lambda\in\mathscr{A}_{\mathrm{C}}^*$ 的单位球函数，则对 $\lambda\in\mathscr{A}^*$，有

$$\phi_\lambda(x)=\langle\pi_\lambda(x)1,1\rangle,\quad x\in G \tag{6.1.4}$$

其中,1 是 K/M 上的常函数. $\phi_\lambda(x)$ 还可表示为

$$\phi_\lambda(x)=\int_K e^{-(i\lambda+\rho)H(x^{-1}k)}\,dk=\int_K e^{(i\lambda-\rho)(H(xk))}\,dk \tag{6.1.5}$$

对 $\lambda\in\mathscr{A}_{\mathbf{C}}^*(\cong\mathbf{C}^l)$. 并且对 $\lambda\in\mathscr{A}^*(\cong\mathbf{R}^l)$ 和任意的 $a\in\overline{A^+}$,有下面的估计:

$$|\varphi_{i\lambda}(a)|\leqslant e^{\lambda^+(\ln a)} \tag{6.1.6}$$

其中,λ^+ 是相应于 λ 的基本的 Weyl－Chamber 中的元素.

6.2 半单 Lie 群上 Hardy 形式的不确定原理

在这节,我们给出半单 Lie 群 G 上 Hardy 形式的不确定原理. 首先考虑 G 只有一个 Cartan 子群的共轭类. 如 6.1 节所描述的,对于这样的群,Plancherel 测度只与主序列表示相关. 对于 G 为任意的非紧的半单 Lie 群的情形,Hardy 形式的不确定原理可参考文献[28].

定理 6.2.1 令 f 是 G 上的可测函数,满足下面两个条件:

(ⅰ) $|f(x)|\leqslant Ce^{-\alpha\|x\|_G^2}$, 对所有的 $x\in G$,

(ⅱ) $\|\hat{f}(\xi,\lambda)\|_{HS}=\|\pi_{\xi,\lambda}(f)\|_{HS}\leqslant C_\xi e^{-\beta\|\lambda\|^2}$, $(\xi,\lambda)\in\hat{M}\times\mathscr{A}^*$,

其中,$\|T\|_{HS}$ 表示 T 的 Hilbert－Schmidt 算子, C,C_ξ,α,β 是正常数,C_ξ 依赖于 ξ. 若 $\alpha\beta>\dfrac{1}{4}$, 则 $f=0$ 几乎处处成立.

证明: 注意到 f 的快速衰减表明 $f\in L^1(G)$. 因此 $\pi_{\xi,\lambda}(f)$ 对所有的 $\xi\in\hat{M},\lambda\in\mathscr{A}^*$ 有定义. 若 $x=k_1ak_2$, $a=\exp H$,则

$$\|x\|_G=\|H\|$$

其中,$\|\cdot\|$ 表示 6.1 节定义的 $\mathscr{A}$ 上的范数.

对 $\xi\in\hat{M}$，令 $\{e_j^\xi: j\in\mathbf{N}\}$ 是由 K－有限向量构成的 $\boldsymbol{H}_\xi^0$ 的基底. 从 6.1 节可知 K 在 $\boldsymbol{H}_\xi^0$ 上的作用是左正则作用. 令 $\langle\cdot,\cdot\rangle_\xi$ 表示 $\boldsymbol{H}_\xi^0$ 上的内积. 我们将证明：若 $\alpha\beta>\dfrac{1}{4}$，则

$$\langle\pi_{\xi,\lambda}(f)e_m^\xi,e_n^\xi\rangle_\xi=0,\text{对所有的}\lambda\in\mathscr{A}^*,m,n\in\mathbf{N}$$

固定 $m_0,n_0\in\mathbf{N}$，由式(6.1.2)有

$$\langle\pi_{\xi,\lambda}(f)e_{m_0}^\xi,e_{n_0}^\xi\rangle_\xi=\int_G f(x)\langle\pi_{\xi,\lambda}(x)e_{m_0}^\xi,e_{n_0}^\xi\rangle_\xi\,\mathrm{d}x \tag{6.2.1}$$

令

$$\phi_{\xi,\lambda}^{m_0,n_0}(x)=\langle\pi_{\xi,\lambda}(x)e_{m_0}^\xi,e_{n_0}^\xi\rangle_\xi$$

对 $x\in G$. 则从 $\pi_{\xi,\lambda}(x)$ 作用在 $\boldsymbol{H}_\xi^0$ 上的定义可以看出：

$$\phi_{\xi,\lambda}^{m_0,n_0}(x)=\int_K \mathrm{e}^{-(\mathrm{i}\lambda+\rho)H(x^{-1}k)}\langle e_{m_0}^\xi(\boldsymbol{\kappa}(x^{-1}k)),e_{n_0}^\xi(k)\rangle_\xi\,\mathrm{d}k \tag{5.2.2}$$

其中，积分里面的 $\langle\cdot,\cdot\rangle_\xi$ 表示 $\boldsymbol{H}_\xi$ 上的内积. 因此

$$\langle\pi_{\xi,\lambda}(f)e_{m_0}^\xi,e_{n_0}^\xi\rangle_\xi=\int_G f(x)\phi_{\xi,\lambda}^{m_0,n_0}(x)\,\mathrm{d}x \tag{6.2.3}$$

基向量 $e_{m_0}^\xi,e_{n_0}^\xi$ 是 K－有限的，并且属于 $C^\infty(K,\boldsymbol{H}_\xi)$，因此是到 $\boldsymbol{H}_\xi$ 中的有界函数. 从而，容易知道对任意的 $x\in G$，由 $\phi_{\xi,\lambda}^{m_0,n_0}$ 定义的积分对 $\lambda\in\mathscr{A}_{\mathbf{C}}^*$ 也有意义. 对固定的 x，函数 $\lambda\to\phi_{\xi,\lambda}^{m_0,n_0}$ 延拓为 $\lambda\in\mathscr{A}_{\mathbf{C}}^*(\cong\mathbf{C}^l)$ 的一个整函数. 令 $\lambda=\lambda_R+\mathrm{i}\lambda_I$，从式(6.2.2)有如下估计：

$$|\phi_{\xi,\lambda}^{m_0,n_0}(x)|\leqslant C\int_K \mathrm{e}^{(\lambda_I-\rho)H(x^{-1}k)}\,\mathrm{d}k \tag{6.2.4}$$

其中，常数 C 依赖于 m_0,n_0,ξ. 上式右端的积分正是单位球函数 $\phi_{\mathrm{i}\lambda_I}(x)$，因此，我们有如下简单的估计：

$$|\phi_{\xi,\lambda}^{m_0,n_0}(x)|\leqslant C\phi_{\mathrm{i}\lambda_I}(x) \tag{6.2.5}$$

利用 $\phi_{\mathrm{i}\lambda_I}$ 的 K-双不变性，我们知道，若把 x 写作：$x=k_1ak_2,k_1,k_2\in K,a\in\overline{A^+}$，则

$$|\phi_{\xi,\lambda}^{m_0,n_0}(x)| \leqslant Ce^{\lambda_I^+(\ln a)} \tag{6.2.6}$$

其中，λ_I^+ 是相应于 λ_I 的基本的 Weyl－chamber 中的元素. 定义

$$G(\lambda) = \int_G \phi_{\xi,\lambda}^{m_0,n_0}(x) f(x) \mathrm{d}x, \lambda \in \mathscr{A}^* \tag{6.2.7}$$

则 $G(\lambda) = \langle \pi_{\xi,\lambda}(f) e_{m_0}^{\xi}, e_{n_0}^{\xi} \rangle_{\xi}$，对 $\lambda \in \mathscr{A}^*$. 从条件(ⅰ)以及 $\lambda \to \phi_{\xi,\lambda}^{m_0,n_0}$ 在 $\mathscr{A}_{\mathbf{C}}^*(\cong \mathbf{C}^l)$ 上的解析性，可知估计式(6.2.6)和式(6.2.3)表明式(6.2.7)中的积分对所有的 $\lambda \in \mathscr{A}_{\mathbf{C}}^*$ 有意义，且定义了一个整函数. 并且，对 $\lambda = \lambda_R + \mathrm{i}\lambda_I \in \mathscr{A}_{\mathbf{C}}^*$，有

$$|G(\lambda)| \leqslant \int_G |\phi_{\xi,\lambda}^{m_0,n_0}(x)| \, |f(x)| \mathrm{d}x$$

若 $x = k_1 a k_2$，则 $\|x\|_G = \|a\|_G$. 利用极坐标和式(6.2.6)，我们有

$$|G(\lambda)| \leqslant C\int_{\overline{A^+}} \mathrm{e}^{-\alpha\|x\|_G^2} \mathrm{e}^{\lambda_I^+(\ln a)} |J(a)| \mathrm{d}a \tag{6.2.8}$$

其中，$\mathrm{d}a$ 表示 A 上的 Haar 测度. 若 $H \in \mathscr{A}$ 是使得 $\exp H = a$ 的唯一元素，且 $\mathrm{d}H$ 是 $\mathscr{A}$ 上的 Legesgue 测度，则容易看出存在一个常数 C 使得 $|J(a)| \leqslant C\mathrm{e}^{C\|H\|}$，且从式(6.2.8)推出

$$|G(\lambda)| \leqslant C\int_{\mathscr{A}} \mathrm{e}^{-\alpha\|H\|^2} \mathrm{e}^{\lambda_I^+(H)} \mathrm{e}^{C\|H\|} \mathrm{d}H$$

其中，$\|\cdot\|$ 表示由 Cartan－Killing 形式诱导的 $\mathscr{A}$ 上的范数.

令 $H_{\lambda_I} \in \mathscr{A}$ 是满足 $\lambda_I^+(H) = \langle H, H_{\lambda_I} \rangle$ 的唯一元素(对所有的 $H \in \mathscr{A}$)，其中 $\langle \cdot, \cdot \rangle$ 表示由 Cartan－Killing 形式诱导的 $\mathscr{A}$ 上的内积. 则存在 $0 < \alpha' < \alpha$，使得 $\alpha'\beta > \frac{1}{4}$，且 $\mathrm{e}^{-\alpha\|H\|^2 + C\|H\|} \leqslant C\mathrm{e}^{-\alpha'\|H\|^2}$. 因此，根据 Lebesgue 测度的平移不变性，有

$$\int_{\mathscr{A}} \mathrm{e}^{-\alpha\|H\|^2} \mathrm{e}^{\lambda_I^+(H)} \mathrm{e}^{C\|H\|} \mathrm{d}H = \int_{\mathscr{A}} \mathrm{e}^{-\alpha\|H\|^2 + \langle H, H_{\lambda_I} \rangle + C\|H\|} \mathrm{d}H \leqslant$$

$$C\int_{\mathscr{A}} \mathrm{e}^{-\alpha'\|H\|^2 + \langle H, H_{\lambda_I} \rangle} \mathrm{d}H =$$

$$Ce^{\frac{1}{4\alpha}\|H_{\lambda_I}\|^2}\int_{\mathscr{A}} e^{-\alpha'\langle H-\frac{1}{2\alpha}H_{\lambda_I},H-\frac{1}{2\alpha}H_{\lambda_I}\rangle}\mathrm{d}H=$$

$$Ce^{\frac{1}{4\alpha}\|H_{\lambda_I}\|^2}\int_{\mathscr{A}} e^{-\alpha'\|H\|^2}\mathrm{d}H$$

根据 $\mathscr{A}^*$ 上内积的选取，可知 $\|\lambda_I^+\|=\|H_{\lambda_I}\|$. 并且 Weyl 群的作用保持 $\mathscr{A}^*$ 上的范数不变，从而 $\|\lambda_I^+\|=\|\lambda_I\|=\|\lambda\|$. 因此我们得到下面的估计

$$|G(\lambda)|\leqslant Ce^{\frac{1}{4\alpha}\|\lambda\|^2},\quad \lambda\in\mathscr{A}_{\mathrm{C}}^*\ (\cong\mathbf{C}^l)$$

对某个常数 C. 然而，对 $\lambda\in\mathscr{A}^*$，由条件(ⅱ)，知

$$|G(\lambda)|\leqslant C_\xi e^{-\beta\|\lambda\|^2}$$

由于 $\alpha'\beta>\frac{1}{4}$，$-\beta<-\frac{1}{4\alpha'}$，因此我们有 $|G(\lambda)|\leqslant Ce^{\frac{1}{4\alpha}\|\lambda\|^2}$，对 $\lambda\in\mathscr{A}_{\mathrm{C}}^*$，且 $|G(\lambda)|\leqslant C_\xi e^{-\frac{1}{4\alpha}\|\lambda\|^2}$，对 $\lambda\in\mathscr{A}^*$. 根据第 5 章引理 5.2.2，我们有 $|G(\lambda)|=Ce^{-\frac{1}{4\alpha}\|\lambda\|^2}$，对 $\lambda\in\mathscr{A}^*$. 因此，对 $\lambda\in\mathscr{A}^*$，我们有

$$|Ce^{-\frac{1}{4\alpha}\|\lambda\|^2}|=|G(\lambda)|\leqslant C_\xi e^{-\beta\|\lambda\|^2}$$

但是 $\beta-\frac{1}{4\alpha'}>0$，从而我们有

$$|Ce^{(\beta-\frac{1}{4\alpha})\|\lambda\|^2}|\leqslant C_\xi,\quad \lambda\in\mathscr{A}^*$$

这是不可能的，除非左端的常数等于零，由此得 $G(\lambda)\equiv 0$，即对任意的 $\xi\in\hat{M}$，$m_0,n_0\in\mathbf{N}$，$\langle\pi_{\xi,\lambda}(f)e_{m_0}^\xi,e_{n_0}^\xi\rangle_\xi\equiv 0$ 作为 λ 的函数. 因此，$\pi_{\xi,\lambda}(f)\equiv 0$，对 $\xi\in\hat{M}$，$\lambda\in\mathscr{A}^*$. 由于 Plancherel 测度的支集在 $\hat{M}\times\mathscr{A}^*$ 上，所以 $f=0$ 几乎处处成立. 证毕.

下面令 G 为任意的具有限中心的非紧的半单 Lie 群，即我们去掉 G 只有一个 Cartan 子群的共轭类的假设. 然而我们对所考虑的函数给出一些限制，即我们将只考虑右 K-不变的函数. 对于这类函数，只有类 -1 主序列表示是相关的. 令 $\{\pi_\lambda\}_{\lambda\in\mathscr{A}^*}$ 为 G 的类 -1 主序列表示，即 $\pi_\lambda=\pi_{1,\lambda}$，其中 1 是 M 的平凡表示. 这些表

示可以作用在$L^2(K/M)$上. 令v_0是K/M上的常函数1，即对于表示π_λ，本质上v_0是$L^2(K/M)$中唯一的K-不变向量，则我们知道若v是$L^2(K/M)$中任意其他的K-有限向量，即不等于v_0的常数倍，则$\pi_\lambda(f)=0$. 因此$\pi_\lambda(f)$完全由$\pi_\lambda(f)v_0$决定，而且

$$\| \pi_\lambda(f) \|_{\mathrm{HS}} = \| \pi_\lambda(f)v_0 \|$$

其中$\|\cdot\|$表示$L^2(K/M)$中通常的范数. 从而群Fourier变换可看作是$\mathscr{A}^*$上的一个函数，在Hilbert空间$L^2(K/M)$中取值. 基于这些性质，从定理6.2.1的证明过程可立即推出下面的结果：

推论6.2.2 假设f是G上可测的右K-不变的函数，满足下面两个估计：

(ⅰ) $|f(x)| \leqslant C\mathrm{e}^{-\alpha\|x\|_G^2}$, $x\in G$;

(ⅱ) $\|\pi_\lambda(f)v_0\| \leqslant C_\xi \mathrm{e}^{-\beta\|\lambda\|^2}$, $\lambda\in\mathscr{A}^*$.

其中，C,α,β是正常数. 若$\alpha\beta>\dfrac{1}{4}$，则$f=0$几乎处处成立.

我们可以把上述推论看成是关于非紧的对称空间G/K上的函数的结论. 群Fourier变换可看成是对称空间上的Fourier变换.

6.3 半单Lie群上Cowling-Price形式的不确定原理

本节的目的是将Cowling-Price形式的不确定原理推广到半单Lie群G上. 我们需要下面的关于球函数ϕ_λ的引理.

引理6.3.1 (ⅰ) $\phi_\lambda(x)$按照$x\in G$是K-双不变的，按照$\lambda\in\mathscr{A}_{\mathbb{C}}^*$是$W$-双不变的.

(ⅱ) $\phi_\lambda(x)$是x的C^∞函数，是λ的解析函数.

(ⅲ) 对$H\in\overline{\mathscr{A}^+}$和常数$C,m>0$，我们有

$$\mathrm{e}^{-\rho(H)} \leqslant \varphi_0(\exp H) \leqslant C(1+\|H\|)^m \mathrm{e}^{-\rho(H)}$$

(ⅳ) 对 $H \in \overline{\mathscr{A}^+}$ 和 $\lambda \in \overline{\mathscr{A}^*_+}$，我们有

$$0 < \varphi_{i\lambda}(\exp H) \leqslant e^{\lambda(H)}\varphi_0(\exp H)$$

对任意的 $\xi \in \hat{M}$，令 ν_ξ 为表示集合 $\{\pi_{\xi,\lambda}:\lambda \in \mathscr{A}^*\}$ 上的 Plancherel 测度的密度，这个测度在 $\mathscr{A}^*$ 上至多是多项式增长. 令 $\| T \|$ 表示算子 T 的范数. 利用上面的引理，我们证明 G 上 Cowling－Price 形式的不确定原理.

定理 6.3.2　令 $f:X=G\to \mathbf{C}$ 是可测函数. 假设对 $1\leqslant p\leqslant\infty$，$1\leqslant q<\infty$ 及 $a,b>0$，f 满足如下两个条件：

(ⅰ) $\int_G (|f(x)| e^{a|x|_G^2}\phi_0(x)^{\frac{2}{p}-1})^p d\mu < \infty$；

(ⅱ) $\int_{\mathscr{A}^*} e^{qb|\lambda|^2} \| \hat{f}(\pi_{\xi,\lambda}) \|^q \nu_\xi(\lambda) d\lambda < \infty$，对所有的 $\xi \in \hat{M}$.

若 $ab \geqslant \frac{1}{4}$，则 $f=0$ 几乎处处成立.

证明：只要证明 $ab=\frac{1}{4}$. 对 $\lambda \in \mathscr{A}^*_{\mathbf{C}}$，令

$$F_\xi^{m,n}(\lambda) = \int_G f(x)\phi_{\xi,\lambda}^{m,n}(x)dx$$

即 $F_\xi^{m,n}(\lambda)$ 是 $\hat{f}(\pi_{\xi,\lambda})$ 的第 m 行 n 列的矩阵分量. 如果我们能证明 $F_\xi^{m,n}(\lambda)=0$，那么就可得到 $f=0$ 几乎处处成立. 根据假设(ⅰ)和引理 6.3.1，我们有

$$\begin{aligned}
|F_\xi^{m,n}(\lambda)| \leqslant & \int_{K\overline{\mathscr{A}^+}K} |f(k_1ak_2)| e^{\lambda_I^+(\ln a)}\phi_0(a)J(a)dk_1dadk_2 = \\
& \int_{K\overline{\mathscr{A}^+}K} |f(k_1\exp Hk_2)| e^{a\|H\|^2} \times \\
& \phi_0(\exp H)^{\frac{2}{p}-1} e^{\lambda_I^+(H)} e^{-a\|H\|^2} \times \\
& \phi_0(\exp H)^{2-\frac{2}{p}} J(\exp H)dk_1dHdk_2 \leqslant \\
& C(\int_{\overline{\mathscr{A}^+}} (e^{-a\|H\|^2} e^{\lambda_I^+(H)} e^{-\rho(H)(2-\frac{2}{p})} (1+\|H\|)^r)^{p'} \times \\
& e^{2\rho(H)} e^{-a\|H\|^2} dH)^{1/p'} \leqslant
\end{aligned}$$

$$C\left(\int_{\overline{\mathscr{A}^+}}\left(e^{-p'a\|H\|^2+p'\lambda_I^+(H)}\left(1+\|H\|\right)^{rp'}dH\right)^{1/p'}\leqslant\right.$$

$$Ce^{\frac{1}{4a}\|H_{\lambda_I}\|^2}\times$$

$$\left(\int_{\overline{\mathscr{A}^+}}\left(e^{-p'a\|H-\frac{1}{2a}H_{\lambda_I^+}\|^2}\left(1+\|H\|\right)^{rp'}dH\right)^{1/p'}\leqslant\right.$$

$$Ce^{\frac{1}{4a}\|H_{\lambda_I}\|^2}\times$$

$$\left(\int_{\mathscr{A}}e^{-p'a\|H\|^2}\left(1+\left\|H+\frac{1}{2a}H_{\lambda_I^+}\right\|\right)^{rp'}dH\right)^{1/p'}$$

因此

$$|F_\xi^{m,n}(\lambda)|\leqslant Ce^{\frac{1}{4a}\|\operatorname{Im}\lambda\|^2}(1+\|\operatorname{Im}\lambda\|)^s$$

定义

$$G_\xi(\lambda)=F_\xi^{m,n}(\lambda)e^{\frac{1}{4a}\langle\lambda,\lambda\rangle}$$

对 $\lambda\in\mathscr{A}_{\mathbf{C}}^*$. 则 $G_\xi(\lambda)$ 是 λ 的一个整函数，且满足

$$|G_\xi(\lambda)|\leqslant Ce^{\frac{1}{4a}\|\operatorname{Re}\lambda\|^2}(1+\|\operatorname{Im}\lambda\|)^s$$

由于 $b=\dfrac{1}{4a}$ 和 $|F_\xi^{m,n}(\lambda)|\leqslant\|\hat{f}(\pi_{\xi,\lambda})\|$，从条件(ⅱ),我们有

$$\int_{\mathscr{A}^*}|G_\xi(\lambda)|^q\nu_\xi(\lambda)d\lambda<\infty$$

由于任意的 $\nu_\xi(\lambda)$ 至多是 λ 的多项式增长，从而满足第 4 章引理 4.3.3 给出的对 Q 的条件. 证毕.

定理 6.3.3 对 $\alpha\leqslant\dfrac{2}{p}-1$($p$ 与定理 6.3.2 中的一样)，若把 $\phi_0(x)^{\frac{2}{p}-1}$ 换成 ϕ_0^α，则定理 6.3.2 也成立. 下面举例说明 $\dfrac{2}{p}-1$ 是最优的指数.

例 令 $G=SL(2,\mathbf{C})$. 则

$$A=\left\{\boldsymbol{a}_t=\begin{bmatrix}e^t&0\\0&e^{-t}\end{bmatrix}:t\in\mathbf{R}\right\}$$

$$\mathscr{A}=\left\{\boldsymbol{a}_t=\begin{pmatrix}t & 0\\ 0 & -t\end{pmatrix}:t\in\mathbf{R}\right\}$$

通过映射 $a_t\to\lambda t$，$\lambda\in\mathscr{A}^*$ 与 $\lambda\in\mathbf{R}$ 是等价的，则 Haar 测度的 Jacobi 行列式为 $\sinh^2 2t$，$|c(\lambda)|^{-2}=\lambda^2$，$\phi_\lambda(t)=C\dfrac{\sin\lambda t}{\lambda\sinh 2t}$，因此

$$\phi_0=C\frac{t}{\sinh 2t}$$

并且

$|\lambda|_{\mathscr{A}^*}=\dfrac{|\lambda|}{4}$，$|a_t|_G=4|t|$. 固定 $s>\dfrac{2}{p}-1$. 我们将给出一个非零的 K-双不变的函数 f 的例子，满足：

(1) $\int_0^\infty |f(a_t)|^p \mathrm{e}^{pt^2}\left(\dfrac{t}{\sinh 2t}\right)^{sp}\sinh^2 2t\mathrm{d}t<\infty$；

(2) $\int_{\mathscr{A}^*}|\hat{f}(\phi_\lambda)|^q \mathrm{e}^{q\frac{|\lambda|^2}{4}}|\lambda|^2\mathrm{d}\lambda<\infty$.

令 $\psi\in C_c^\infty(-\beta,\beta)$ 是偶函数. 定义 $f=\mathrm{A}^{-1}(\psi)*h$，其中 h 是K-双不变的函数，由 $\hat{h}(\lambda)=\mathrm{e}^{-\frac{\lambda^2}{4}}$ 给出，A 是 Abel 变换. 从而可知 f 有定义，且属于 L^p-Schwartz 类，对 $0<p\leqslant 2$(L^p-Schwartz 类的定义是：它是无穷可微的 K-不变的函数空间，且满足：

$$\sup_{x\in G}|[\delta(x)(1+|x|^m)]^{1/p}Df|<\infty$$

其中 D 是左不变微分算子，$m\in\mathbf{Z}^+$，$\delta:\mathscr{P}\to\mathbf{R}$ 是由$\int_{G/K}f(x)\mathrm{d}x=\int_{\mathscr{P}}f((\exp X)K)\delta(X)\mathrm{d}X$ 确定的，$\mathrm{d}X$ 是 $\mathscr{P}$ 上的欧氏测度)

$$\hat{f}(\lambda)=\tilde{\psi}(\lambda)\mathrm{e}^{-\frac{\lambda^2}{4}}$$

其中 $\tilde{\psi}$ 是 ψ 的欧氏 Fourier 变换. 显然 f 满足条件(2). 利用球 Fourier 逆变换和 ϕ_λ 的显式表示，我们有

$$|f(a_t)|\leqslant C\frac{\mathrm{e}^{-t^2}\mathrm{e}^{2\beta t}}{\sinh 2t}$$

对足够大的 t. 因此对足够大的 N，有

$$I=\int_0^{\infty}\frac{e^{2p\beta t}}{(\sinh 2t)^p}\left(\frac{t}{\sinh 2t}\right)^{sp}\sinh^2 2t\mathrm{d}t<\infty$$

若 $s>0$，则

$$I\leqslant\int_N^{\infty}e^{2t[p\beta-(p+sp-2)]}t^{sp}\mathrm{d}t$$

当 $s>\frac{2}{p}-1$ 时，我们可以选取 $\beta>0$，使得

$$p\beta-p-sp+2<0$$

且 I 是有限的. 若 $s\leqslant 0$，即 $p\geqslant 2$，则

$$I\leqslant\int_N^{\infty}e^{2t[p\beta-(p+sp-2)]}\mathrm{d}t$$

由于 $sp+p-2>0$，我们可以选取 $\beta>0$，使得上述积分有限. 注意到，在这种情况下，如果我们取 $s=0$，根据第1章定理1.1.6可知，对于 $p\geqslant 2$，$f=0$，这与 f 是非零的函数相矛盾. 因此，我们说 $\frac{2}{p}-1$ 是最优的指数.

6.4 $SL(2,\mathbf{C})$ 上 Beurling 形式的不确定原理

本节的目的是证明一类特殊的半单 Lie 群 $G=SL(2,\mathbf{R})$ 上的 Beurling 形式的不确定原理，这个定理可以推出 G 上的其他4种形式的不确定原理：Hardy 形式、Cowling - Price 形式、Morgan 形式及 Gelfand - Shilov 形式.

令 $G=SL(2,\mathbf{R})$. 再令

$$\boldsymbol{k}_\theta=\begin{pmatrix}\cos\theta & \sin\theta\\ -\sin\theta & \cos\theta\end{pmatrix}$$

$$\boldsymbol{a}_t=\begin{bmatrix}e^t & 0\\ 0 & e^{-t}\end{bmatrix},\quad \boldsymbol{n}_\zeta=\begin{pmatrix}1 & \zeta\\ 0 & 1\end{pmatrix}$$

则 $K=\{\boldsymbol{k}_\theta:\theta\in[0,2\pi)\}$，$A=\{\boldsymbol{a}_t:t\in\mathbf{R}\}$ 及 $N=\{\boldsymbol{n}_\zeta:\zeta\in\mathbf{R}\}$ 是 G 的三个特殊子群，其中 K 是 G 的最大紧子群 $SO(2)$. 显然，A 和 N 都与 $\mathbf{R}$ 等价. 对 $x\in G$，令 $x=k_\theta a_t n_\zeta$ 是 x 的 Iwasawa 分解，记 $H(x)=t, K(x)=k_\theta$. G 的 Haar 测度分解为

$$dx=e^{2t}dkdtdn$$

其中 $dk=dk_\theta=\dfrac{d\theta}{2\pi}$ 是 K 的法向 Haar 测度，$dn=dn_\zeta=d\zeta$ 和 $da=da_t=dt$ 都是 $\mathbf{R}$ 上的 Legesgue 测度.

任意的 $x\in G$ 可以 Cartan 分解为 $x=k_1a_tk_2$，其中 $k_1,k_2\in K$，$t\geqslant 0$. 按照 Cartan 分解，G 的 Haar 测度分解为

$$dx=dk_1\sinh 2tdtdk_2$$

令

$$\sigma(x)=\sigma(k_1a_tk_2)=|t|$$

事实上，

$$\sigma(x)=d(xK,o)$$

其中，$o=eK$ 是对称空间 G/K 的单位元，d 是 G/K 上的距离函数.

令 $\hat{K}=\{e_n:n\in\mathbf{Z}\}$ 是 K 的连续特征的集合，其中

$$e_n(k_\theta)=e^{in\theta}$$

称 G 上的复值函数是左(或右)K -型为 n 的，若 $f(kx)=e_n(k)f(x)$(或 $f(xk)=e_n(k)f(x)$)，对 $k\in K$，$x\in G$. 若一个函数 f 的左 K -型为 m 且右 K -型为 n，则称 f 是 (m,n) 型的. 对函数 f，它的 (m,n) 型相同的函数记为 $f_{m,n}$，则

$$\begin{aligned}f_{m,n}(x)=&\langle\pi_{\xi,\lambda}(f)e^{\xi}_{m_0}e^{\xi}_{n_0}\rangle_\xi=\\&\int_K\int_K\overline{e_m(k_1)}\,\overline{e_n(k_2)}f(k_1xk_2)dk_1dk_2=\\&\int_K\int_K e^{-im\theta}e^{-in\phi}f(k_\theta xk_\phi)dk_\theta dk_\phi\end{aligned}\tag{6.4.1}$$

可以证明 $f_{m,n}$ 是 (m,n) 型的，且当 m 和 n 互为相反数时，$f_{m,n}=0$. f 可以分解为

$$f = \sum_{m,n \in \mathbf{Z}} f_{m,n}$$

事实上，当 $f \in C^{\infty}(G)$ 时，这个分解按照 C^{∞} -拓扑是一个绝对收敛的级数. 当 $f \in L^{p}(G)$, $p \in [1,\infty)$ 时，这个分解是在分布意义下成立.

在 $G = SL(2,\mathbf{R})$ 情形，$M = \{\pm I\}$，其中 I 是 2×2 阶单位矩阵. M 的酉对偶为 $\hat{M} = \{\xi_+, \xi_-\}$，其中 ξ_+ 是 M 的平凡表示，ξ_- 是 M 的唯一的不平凡不可约酉表示. 令 $\mathbf{Z}^{\xi_+}$ 为偶整数集合，$\mathbf{Z}^{\xi_-}$ 为奇整数集合. 对 $\xi \in \hat{M}, \lambda \in \mathscr{A}^*$，有

$$(\pi_{\xi,\lambda}(x)e_n)(k) = \mathrm{e}^{-(\lambda+1)H(x^{-1}k^{-1})}e_{-n}(K(x^{-1}k^{-1})) \tag{6.4.2}$$

对任意的 $k \in \mathbf{Z}^*$ (非零整数集)，存在一个离散的级数表示 π_k，作为 $\pi_{\xi,|k|}$ 的子表示，使得 $k \in \mathbf{Z}/\mathbf{Z}^{\xi}$. 令 $\phi_{\xi,\lambda}^{m,n}(x) = \langle \pi_{\xi,\lambda}(x)e_m, e_n \rangle$ 和 $\psi_k^{m,n}(x) = \langle \pi_k(x)e_m^k, e_n^k \rangle_k$ 分别是主级数表示和离散级数表示的矩阵系数，对 $m,n \in \mathbf{Z}^{\xi}$，$k \in \mathbf{Z}/\mathbf{Z}^{\xi}$，其中 $\{e_n^k\}$ 是法向基，$\langle \cdot, \cdot \rangle_k$ 是 π_k 的法向内积. 特别地，$\phi_{\xi_+,\lambda}^{0,0}$ 是初等球函数，也可以表示为 ϕ_λ.

对 $f \in L^1(G)$，令 $\hat{f}(\xi,\lambda)$ 和 $\hat{f}(k)$ 分别表示相应于 $\pi_{\xi,\lambda}$ 和 π_k 的主 Fourier 变换和离散的 Fourier 变换，即

$$\hat{f}(\xi,\lambda) = \int_G f(x)\pi_{\xi,\lambda}(x^{-1})\mathrm{d}x$$

和

$$\hat{f}(k) = \int_G f(x)\pi_k(x^{-1})\mathrm{d}x$$

$\hat{f}(\xi,\lambda)$ 和 $\hat{f}(k)$ 的第(m,n) 个矩阵分量分别表示为 $\hat{f}(\xi,\lambda)_{m,n}$ 和 $\hat{f}(k)_{m,n}$. 因此，

$$\hat{f}(\xi,\lambda)_{m,n} = \langle \hat{f}(\xi,\lambda)e_m, e_n \rangle_\xi = \int_G f(x)\phi_{\xi,\lambda}^{m,n}(x^{-1})\mathrm{d}x$$

$$\hat{f}(k)_{m,n} = \int_G f(x)\psi_k^{m,n}(x^{-1})\mathrm{d}x$$

由于

$$\int_G f(x)\phi_{\xi,\lambda}^{m,n}(x^{-1})\mathrm{d}x = \int_G f_{m,n}(x)\phi_{\xi,\lambda}^{m,n}(x^{-1})\mathrm{d}x$$

所以

$$\hat{f}(\xi,\lambda)_{m,n} = \hat{f}_{m,n}(\xi,\lambda)$$

类似地，

$$\hat{f}(k)_{m,n} = \hat{f}_{m,n}(k)$$

注意到整数对 $m,n \in \mathbf{Z}^{\xi}$ 唯一地确定 $\xi \in \hat{M}$，因此我们可以省略 ξ，把 $\phi_{\xi,\lambda}^{m,n}$ 简记为 $\phi_{\lambda}^{m,n}$，且把 $\hat{f}_{m,n}(\xi,\lambda)$ 简记为 $\hat{f}_{m,n}(\lambda)$.

从式(6.4.2)可知，对 $\xi \in \hat{M}, \lambda \in \mathbf{C}, m, n \in \mathbf{Z}^{\xi}$，有

$$\phi_{\xi,\lambda}^{m,n}(x) = \int_K \mathrm{e}^{-(\lambda+1)H(x^{-1}k^{-1})} e_{-m}(K(x^{-1}k^{-1}))e_n(k^{-1})\mathrm{d}k \tag{6.4.3}$$

因此，

$$|\phi_{\xi,\lambda}^{m,n}(x)| \leqslant \int_K \mathrm{e}^{-(\lambda_{\mathbf{R}}+1)H(x^{-1}k^{-1})}\mathrm{d}k = \phi_{\lambda_{\mathbf{R}}}^{0,0} = \phi_{\lambda_{\mathbf{R}}}$$

对 $\lambda = \lambda_{\mathbf{R}} + \mathrm{i}\lambda_I$. 我们知道

$$|\phi_{\lambda}(x)| \leqslant 1, \text{对 } x \in G, \lambda \in \mathbf{C}, |\lambda_{\mathbf{R}}| \leqslant 1$$

再利用如下两个估计：

$$|\phi_{\lambda}(x)| \leqslant \mathrm{e}^{|\lambda_R|\xi(x)}\Xi(x), \text{对 } \lambda \in \mathbf{C}$$

和

$$\Xi(x) \leqslant C(1+\xi(x))\mathrm{e}^{-\xi(x)} \tag{6.4.4}$$

其中，$\Xi = \phi_0^{0,0} = \phi_0$，我们得到

$$|\phi_{\lambda}^{m,n}(x)| \leqslant C\mathrm{e}^{|\lambda_R|\xi(x)}(1+\xi(x))\mathrm{e}^{-\xi(x)} \leqslant C\mathrm{e}^{|\lambda_R|\xi(x)}, \text{对 } \forall \lambda \in \mathbf{C}$$

从上面的估计和 Morera 定理(第 1 章引理 1.2.5)可推出，在 Helgason-Johnson 带型域 $\{\lambda \in \mathbf{C}: |\lambda_R| \leqslant 1\}$ 内，$\hat{f}_{m,n}(\lambda)$ 是一个全纯函数. 特别地，$\hat{f}_{m,n}$ 在虚轴上的限制是一个(复值的)实解析函数，从而零点集的测度为零. 在西主级数表示(参数化为 $\mathrm{i}\mathbf{R}$)上的 Plancherel 测度为

$$\mathrm{d}\mu(\xi,\lambda) = \mu(\xi,\lambda)\mathrm{d}\lambda$$

其中

$$\mu(\xi_+, \mathrm{i}\zeta) = \frac{\zeta}{4\pi}\tanh\left(\frac{\zeta\pi}{2}\right), \ \mu(\xi_-, \mathrm{i}\zeta) = \left(\frac{\zeta}{4\pi}\right)\coth\left(\frac{\zeta\pi}{2}\right),$$

$$\text{对 } \zeta \in \mathbf{R} \qquad (6.4.5)$$

这里，我们可以再次省略 ξ，把 $\mu(\xi,\lambda)$ 记为 $\mu(\lambda)$. 关于离散级数的 Plancherel 测度为

$$\mu(\pi_k) = \frac{|k|}{2\pi}, \quad \text{对 } k \in \mathbf{Z}^*$$

下面建立 $G = SL(2,\mathbf{R})$ 上的 Beurling 形式的不确定原理.

定理 6.4.1 令 $f \in L^2(G)$. 若对所有的 $\xi \in \hat{M}$, f 满足如下条件：

$$\int_G \int_{\mathrm{i}\mathbf{R}} |f(x)| \, \| \hat{f}(\xi,\lambda) \| \phi_{|\lambda|}(x) \mathrm{d}x \mathrm{d}\mu(\lambda) < \infty \tag{6.4.6}$$

$$\sum_{k \in \mathbf{Z}^*} \frac{|k|}{2\pi} \int_G |f(x)| \, \| \hat{f}(k) \| \phi_{|k|}(x) \mathrm{d}x < \infty \tag{6.4.7}$$

则 $f = 0$ 几乎处处成立. $\| \cdot \|$ 表示 Hilbert - Schmidt 范数.

定理 6.4.1 证明思路是利用 Abel 变换将定理证明回归到欧氏空间的情形. 首先给出 Abel 变换的一些性质. 设 $f \in L^1(G)$ 是 (m,n) 型的，定义其 Abel 变换为

$$\mathrm{A}f(t) = \mathrm{e}^t \int_N f(a_t n) \mathrm{d}n$$

因此

$$|\mathrm{A}f(t)| \leqslant \mathrm{e}^t \int_N |f(a_t n)| \mathrm{d}n = \mathrm{A}|f(t)| \tag{6.4.8}$$

由于 $|f|$ 是可积的，且 K -双不变的，所以根据 Iwasawa 分解，可知

$$\int_{\mathbf{R}} \mathrm{A}|f|(t) \mathrm{e}^t \mathrm{d}t = \int_{\mathbf{R}} \int_N \mathrm{e}^{2t} |f|(a_t n) \mathrm{d}n \mathrm{d}t =$$

$$\int_G |f|(x) \mathrm{d}x < \infty$$

注意到 $A|f|$ 是一个偶函数，$|f|$是 K -双不变的，因此，$\int_{\mathbf{R}} A|f|(t)e^t dt < \infty$ 表明 $A|f| \in L^1(\mathbf{R})$. 从而根据式(6.4.8)推出 $Af \in L^1(\mathbf{R})$.

定理 6.4.1 的证明需要下面的引理：

引理 6.4.2　令 $\xi \in \hat{M}, f \in L^1(G)_{m,n}$，对 $m,n \in \mathbf{Z}^{\xi}$. 则

$$\hat{f}_{m,n}(\xi,\lambda) = \widetilde{Af}(-i\lambda) \text{ 对 } \lambda \in i\mathbf{R}$$

这里

$$\widetilde{Af}(v) = \int_{\mathbf{R}} Af(t)e^{-ivt}dt$$

证明：我们省略 ξ，把 $\phi_{\xi,\lambda}^{m,n}$ 简记为 $\phi_{\lambda}^{m,n}$，且把 $\hat{f}_{m,n}(\xi,\lambda)$ 简记为 $\hat{f}_{m,n}(\lambda)$. 从式(6.4.3)，对 $\lambda \in i\mathbf{R}$，我们有

$$\hat{f}_{m,n}(\lambda) = \int_G f(x)\int_K e^{-(\lambda+1)H(xk^{-1})}e_{-m}(K(xk^{-1}))e_n(k^{-1})dkdx =$$
$$\int_K\int_G f(x)e^{-(\lambda+1)H(xk^{-1})}e_{-m}(K(xk^{-1}))e_n(k^{-1})dxdk$$

取 $x = k^{-1}yk$，G 的 Haar 测度在这个变换下是不变的，我们有

$$\hat{f}_{m,n}(\lambda) = \int_K\int_G f(k^{-1}yk)e^{-(\lambda+1)H(k^{-1}y)}e_{-m}(K(k^{-1}y)) \times$$
$$e_n(k^{-1})dydk$$

由于

$$f(k^{-1}yk) = f(y)e_m(k^{-1})e_n(k)$$
$$e_{-m}(K(k^{-1}y)) = e_m(k)e_{-m}(K(y))$$
$$H(k^{-1}y) = H(y)$$

因此

$$\hat{f}_{m,n}(\lambda) = \int_G f(y)e^{-(\lambda+1)H(y)}e_{-m}(K(y))dy$$

利用 Iwasawa 分解 $G = KAN$，A 和 $\mathbf{R}$ 的等价性，得到

$$\hat{f}_{m,n}(\lambda) = \int_K\int_{\mathbf{R}}\int_N f(ka_t n)e^{-(\lambda+1)t}e_{-m}(k)dke^{2t}dtdn =$$

$$\int_{\mathbf{R}}\int_{N} f(a_t n)\mathrm{e}^{-(\lambda+1)t}\mathrm{e}^{2t}\mathrm{d}t\mathrm{d}n =$$

$$\int_{\mathbf{R}} \mathrm{e}^{t}\int_{N} f(a_t n)\mathrm{d}n\mathrm{e}^{-\lambda t}\mathrm{d}t =$$

$$\int_{\mathbf{R}} \mathrm{A}f(t)\mathrm{e}^{-\mathrm{i}(-\mathrm{i}\lambda)t}\mathrm{d}t$$

因此$\hat{f}_{m,n}(\lambda)=\widetilde{\mathrm{A}f}(-\mathrm{i}\lambda)$. 证毕.

注意到在引理 6.4.2 中，只要结论中的等式两边都有定义，那么此结论对所有的 $\lambda\in\mathbf{C}$ 也都成立.

定理 6.4.1 还可以表述为：对 $g\in L^1(\mathbf{R})$，如果

$$\int_{\mathbf{R}} \mathrm{M}(g)(\lambda)\mid\tilde{g}(\lambda)\mid \mathrm{d}\lambda<\infty \tag{6.4.9}$$

其中

$$\mathrm{M}(g)(\lambda)=\int_{\mathbf{R}}\mid(g)(x)\mid \mathrm{e}^{|\lambda\|x|}\mathrm{d}x$$

则 $g=0$ 几乎处处成立.

下面我们开始证明定理 6.4.1.

证明:我们分四个步骤来证明. 首先注意到若$\hat{f}(\xi,\cdot)=0$在$\mathbf{R}$上，则 f(或 $f_{m,n}$) 的 Fourier 变换支撑在离散级数表示上. 在这种情况下，我们可直接进入到第四步.

第一步：固定$\xi\in\hat{M}$, 使得$\hat{f}(\xi,\cdot)\neq 0$在 i$\mathbf{R}$上(如果不存在这样的ξ, 则可以跳到第四步). 此时，我们将证明$f\in L^1(G)$，且对任意的$m,n\in\mathbf{Z}^{\xi}$, $\hat{f}(\xi,\lambda)_{m,n}$对任意的$\lambda\in\mathbf{C}$有定义. 我们要用到 ϕ_λ 的如下渐进性质：

$$\lim_{t\to\infty}\mathrm{e}^{(-|\lambda|+1)t}\phi_{|\lambda|}(a_t)=c(\lambda),\quad 对\ \lambda\neq 0 \tag{6.4.10}$$

其中,$c(\lambda)=\dfrac{\Gamma(\lambda/2)}{\Gamma(1+\lambda/2)}$ 是 G 的 Harish - Chandra c -函数.

令 $B\subset X$ 是含有单位元的足够大的紧集. 由于 $f\in L^2(G)$，所以 f 是G 上局部可积的函数，从而

$$\int_B |f(x)| \mathrm{d}x < \infty$$

且

$$\int_B |f(x)| \phi_{\xi,\lambda}^{m,n}(x)\mathrm{d}x < \infty$$

我们断言 $\hat{f}(\xi,\cdot)$ 不可能支撑在 $\mathrm{i}\mathbf{R}$ 的测度有限的集合上. 下面假设 $\hat{f}(\xi,\cdot)$ 支撑在测度有限的集合上. 则对任意的 $m,n\in\mathbf{Z}^{\xi}$，$\hat{f}(\xi,\cdot)_{m,n}$ 也支撑在测度有限的集合上. 由于 $\hat{f}(\xi,\cdot)\not\equiv 0$，因此存在 $\lambda_0\neq 0$，使得 $\hat{f}(\xi,\lambda_0)\neq 0$. 再从式(6.4.6)可知，

$$\int_G |f(x)| \varphi_{\lambda_0}(x)\mathrm{d}x < \infty$$

假设 $|\lambda_0|=r>0$. 利用式(6.4.10)，我们有

$$\int_{G\setminus B} |f(x)| \mathrm{e}^{(r-1)\sigma(x)}\mathrm{d}x < \infty$$

再次利用 f 是局部可积的条件，我们有

$$\int_B |f(x)| \mathrm{e}^{(r-1)\sigma(x)}\mathrm{d}x < \infty$$

故

$$\int_G |f(x)| \mathrm{e}^{(r-1)\sigma(x)}\mathrm{d}x < \infty$$

按照 Cartan 分解 $x=k_1a_tk_2$，上式还可以表达为

$$\int_K\int_0^{\infty}\int_K |f(k_1a_tk_2)| \mathrm{e}^{(r-1)t}\sinh 2t\mathrm{d}k_1\mathrm{d}t\mathrm{d}k_2 < \infty \tag{6.4.11}$$

由于

$$\hat{f}_{m,n}(\xi,\lambda)=\int_G f(x)\phi_{\lambda}^{m,n}(x^{-1})\mathrm{d}x$$

结合式(6.4.4)，就有

$$\left|\int_G f(x)\phi_{\lambda}^{m,n}(x^{-1})\mathrm{d}x\right| \leqslant \int_G |f(x)|\,|\phi_{\lambda}^{m,n}(x^{-1})| \mathrm{d}x \leqslant$$

$$\int_G |f(x)| \mathrm{e}^{|\lambda_R|\xi(x)}\Xi(x)\mathrm{d}x \leqslant$$

$$C\int_K\int_0^{\infty}\int_K |f(k_1a_tk_2)|\times$$
$$e^{(|\lambda_R|-1)t}(1+t)\sinh 2t\mathrm{d}k_1\mathrm{d}t\mathrm{d}k_2$$

因此对 $0<r'<r$ 和 $\lambda\in\mathbf{C}$, $|\lambda_R|<r'$, 成立

$$\left|\int_G f(x)\phi_\lambda^{m,n}(x^{-1})\mathrm{d}x\right|\leqslant$$
$$\int_K\int_0^{\infty}\int_K |f(k_1a_tk_2)|e^{(r-1)t}e^{(|\lambda_R|-r')t}e^{(r'-r)t}(1+t)\sinh 2t\mathrm{d}k_1\mathrm{d}t\mathrm{d}k_2$$

从而根据式(6.4.11), 可知

$$\left|\int_G f(x)\phi_\lambda^{m,n}(x^{-1})\mathrm{d}x\right|<\infty$$

对任意的 $\lambda\in\mathbf{C}$, $|\lambda_{\mathbf{R}}|<r'$.

根据 Morera 定理, $\hat{f}_{m,n}$ 在 $\mathscr{A}_{\mathbf{C}}^*=\mathbf{C}$ 中开的带形区域 $|\lambda_R|<r'$ 内是解析的. 这与 $\hat{f}_{m,n}(\xi,\cdot)$ 的假设矛盾, 因此 $\hat{f}(\xi,\cdot)_{m,n}$ 支撑在测度无限的集合上. 进一步这表明了 $\hat{f}(\xi,\cdot)$ 也支撑在测度无限的集合上.

再由式(6.4.6) 和式(6.4.10) 可知, 对任意的足够大的 M, 存在 $\lambda\in\mathrm{i}\mathbf{R}$, $|\lambda|>M$, 使得

$$\int_{G\backslash B}|f(x)|e^{(|\lambda|-1)\sigma(x)}\mathrm{d}x<\infty$$

上式表明

$$\int_{G\backslash B}|f(x)|\mathrm{d}x<\infty$$

又因为 f 是局部可积的, 所以容易知道

$$f\in L^1(G)$$

由于 $\hat{f}(\xi,\cdot)$ 不可能支撑在测度有限的集合上, 因此对任意的 $\lambda'\in\mathbf{C}$, $|\lambda'|>l$, 选取 $M=l$. 则

$$\int_{G\backslash B}|f(x)|e^{(|\lambda|-1)\sigma(x)}\mathrm{d}x<\infty,\quad \text{对某个 }\lambda,\ |\lambda|>l$$

由于

$$|\phi_{\lambda'}^{m,n}(x)| \leqslant e^{(|\lambda'_R|-1)\xi(x)}(1+\xi(x)),\ 对\ \forall \lambda' \in \mathbf{C}$$

所以

$$\int_{G\backslash B} |f(x)||\phi_{\lambda'}^{m,n}(x)|\,\mathrm{d}x < \infty$$

又

$$\int_{B} |f(x)||\phi_{\lambda}^{m,n}(x)|\,\mathrm{d}x < \infty$$

因此 $$\int_{G} |f(x)||\phi_{\lambda}^{m,n}(x)|\,\mathrm{d}x < \infty$$

这表明 f 的 Fourier 变换 $\hat{f}_{m,n}(\xi,\lambda)$ 对任意的 $\lambda \in \mathbf{C}$ 都有定义. 注意到 $|f|$ 的衰减足够快，使得对任意的 $m,n \in \mathbf{Z}^{\xi}$ 和任意的 $\lambda \in \mathbf{C}$，$|f|^{\wedge}(\xi,\lambda)_{m,n}$ 都有定义.

第二步：在 G 上的分布意义下，我们有

$$f = \sum_{m,n\in \mathbf{Z}} f_{m,n}$$

由于

$$f \in L^1(G) \cap L^2(G)$$

所以对任意的 $m,n \in \mathbf{Z}$，有

$$f_{m,n} \in L^1(G) \cap L^2(G)$$

固定 $\xi \in \hat{M}$，选取两个任意的 $m,n \in \mathbf{Z}^{\xi}$，由于

$$|f_{m,n}(x)| \leqslant \int_K\int_K f(k_1 x k_2)\,\mathrm{d}k_1\,\mathrm{d}k_2$$

$\varphi_{|\lambda|}(x)$ 是 K-双不变的，Haar 测度 $\mathrm{d}x$ 在变换 $x \mapsto k_1 x k_2$ 下是不变的，因此我们可以将式(6.4.6) 和式(6.4.7) 中的 f 换为 $f_{m,n}$. 而且我们还可以将式(6.4.6)(或式(6.4.7)) 中的 $\|\hat{f}(\xi,\lambda)\|$ 换为 $\|\hat{f}_{m,n}(\lambda)\|$(或 $\|\hat{f}(k)\|$ 换为 $\|\hat{f}_{m,n}(k)\|$)，其中

$$\|\hat{f}(\xi,\lambda)\|^2 = \sum_{m,n\in \mathbf{Z}} |\hat{f}_{m,n}(\lambda)|^2$$

$$\|\hat{f}(k)\|^2 = \sum_{m,n\in \mathbf{Z}} |\hat{f}_{m,n}(k)|^2$$

因此我们得到

$$\int_G \int_{\mathrm{i}\mathbf{R}} |f_{m,n}(x)| \, |\hat{f}_{m,n}(\xi,\lambda)| \, \phi_{|\lambda|}(x) \mathrm{d}x \mathrm{d}\mu(\lambda) < \infty \tag{6.4.12}$$

$$\sum_{k \in \mathbf{Z}^*} \frac{|k|}{2\pi} \int_G |f_{m,n}(x)| \, |\hat{f}_{m,n}(k)| \, \phi_{|k|}(x) \mathrm{d}x < \infty \tag{6.4.13}$$

从式(6.4.12)和式(6.4.13)可知，如果能证明 $f_{m,n}=0$，那么根据 f 关于 $f_{m,n}$ 的分解可知我们就证明了定理 6.4.1. 所以下面只须考虑限制在(m,n)型的函数即可，其中 $m,n \in \mathbf{Z}$.

由于

$$|f|^{\wedge}(|\lambda|)_{m,n} \leqslant \int_G |f_{m,n}(x)| \, |\phi_{|\lambda|}(x)| \mathrm{d}x$$

因此式(6.4.12)等价于

$$\int_{\mathrm{i}\mathbf{R}} |f|^{\wedge}(|\lambda|)_{m,n} |\hat{f}_{m,n}(\lambda)| \mathrm{d}\mu(\lambda) = \int_{\mathbf{R}} |f|^{\wedge}(|\lambda|)_{m,n} |\hat{f}_{m,n}(\mathrm{i}\lambda)| \mathrm{d}\mu(\mathrm{i}\lambda) < \infty$$

(注意到对 $\lambda \in \mathrm{i}\mathbf{R}$，$|f|^{\wedge}(|\lambda|)_{m,n}$ 有定义).

利用引理 6.4.2，我们得到

$$\int_{\mathbf{R}} \widehat{\mathrm{A}|f_{m,n}|}(-\mathrm{i}|\lambda|) \, |\widehat{\mathrm{A}f_{m,n}}(\lambda)| \mathrm{d}\mu(\mathrm{i}\lambda) < \infty$$

回忆到 $f_{m,n}$ 是(m,n)型的K-有限的函数，$|f_{m,n}|$是K-双不变的函数，因此 $\mathrm{A}|f|$ 是偶函数. 从而我们有

$$\int_{\mathbf{R}} \widehat{\mathrm{A}|f_{m,n}|}(\mathrm{i}|\lambda|) \, |\widehat{\mathrm{A}f_{m,n}}(\lambda)| \mathrm{d}\mu(\mathrm{i}\lambda) < \infty \tag{6.4.14}$$

由于 $\mathrm{A}|f_{m,n}|$ 是偶函数，所以

$$\widehat{\mathrm{A}|f_{m,n}|}(\mathrm{i}|\lambda|) = \int_{\mathbf{R}} \mathrm{A}|f_{m,n}|(t) \mathrm{e}^{|\lambda| t} \mathrm{d}t \geqslant \int_0^{\infty} \mathrm{A}|f_{m,n}|(t) \mathrm{e}^{|\lambda| t} \mathrm{d}t =$$

$$\frac{1}{2}M(A|f_{m,n}|)(\lambda)$$

其中，$M(A|f_{m,n}|)(\lambda)$ 的定义见式(6.4.9)．从而从式(6.4.14)我们有

$$\int_{\mathbf{R}} \widetilde{A|f_{m,n}|}(|\lambda|)\,|\widetilde{Af_{m,n}}(\lambda)|\,d\mu(i\lambda) < \infty$$

由于 $|Af_{m,n}(t)| \leqslant A|f_{m,n}|(t)$，对所有的 $t \in \mathbf{R}$(见式(6.4.8))，且 $e^{|\lambda||t|}$ 大于零，所以我们有

$$M(Af_{m,n})(\lambda) \leqslant M(A|f_{m,n}|)(\lambda)$$

因此，

$$\int_{\mathbf{R}} M(Af_{m,n})(\lambda)\,|\widetilde{Af_{m,n}}(\lambda)|\,d\mu(i\lambda) < \infty \qquad (6.4.15)$$

第三步：在这一步中，我们首先证明式(6.4.15)中的 Plancherel 测度 $d\mu(i\lambda)$ 可以由 Lebesgue 测度 $d\lambda$ 替换，从而推出 $\hat{f}_{m,n}(\lambda)=0$，对所有的 $\lambda \in i\mathbf{R}$ 都成立．

由于 $d\mu(i\lambda)=\mu(i\lambda)d\lambda$，$\mu(i\lambda)$ 与式(6.4.5)中定义的一样，因此我们有

$$\int_{\mathbf{R}} M(Af_{m,n})(\lambda)\,|\widetilde{Af_{m,n}}(\lambda)|\,\mu(i\lambda)d\lambda < \infty$$

从而对几乎所有的 $\lambda \in \mathbf{R}$，$M(Af_{m,n})(\lambda)\,|\widetilde{Af_{m,n}}(\lambda)|\,\mu(i\lambda)$ 关于 Lebesgue 测度是有限的．注意到，对 $\lambda \in \mathbf{R}$，$\mu(i\lambda)$ 和 $\hat{f}_{m,n}(i\lambda)=\widetilde{Af_{m,n}}(\lambda)$ 是实解析函数．因此 $M(Af_{m,n})(\lambda)$ 几乎处处是有限的．又 $M(Af_{m,n})(\lambda)$ 是 λ 的偶函数，是 $|\lambda|$ 的增函数．因为对 $R'>0$ 我们有

$$\int_{|\lambda|\leqslant R'} M(Af_{m,n})(\lambda)d\lambda \leqslant 2R'M(R') < \infty$$

从而 $M(Af_{m,n})(\lambda)$ 几乎处处有限且局部可积．由于 $\mu(i\lambda)\to\infty$ 对 $|\lambda|\to\infty$，所以从式(6.4.5)可知存在 $R>0$ 使得 $\mu(i\lambda)\geqslant\frac{1}{2}$，对

所有的 $\lambda \in \mathbf{R}$ 和 $|\lambda| > R$ 成立. 欧氏空间上的 Riemann - Lebesgue 引理表明 $\widehat{\mathrm{A}f_{m,n}}(\lambda)$ 是有界的连续函数. 因此 $\widehat{\mathrm{A}f_{m,n}}(\lambda) = \hat{f}_{m,n}(\mathrm{i}\lambda) = 0$ 对所有的 $\lambda \in \mathbf{R}$, 即 $\hat{f}_{m,n}(\lambda) = 0$ 对所有的 $\lambda \in \mathrm{i}\mathbf{R}$. 从而我们推出 $f_{m,n}$ 的 Fourier 变换支撑在离散级数上.

第四步: 令 $D_{m,n} = \{k \in \mathbf{Z}^* : \pi_k$ 是(m,n)型的$\}$, 即 $D_{m,n}$ 是将(m,n)型的离散级数表示参数化的集合. 注意到 $D_{m,n}$ 的基是有限的. 由于 $f_{m,n}$ 是(m,n)型的, 且其 Fourier 变换支撑在离散级数上, 所以 $f_{m,n}$ 是有限个离散级数表示的矩阵系数的线性组合, 可参数化为 $D_{m,n}$ 的元素. 也就是说,

$$f_{m,n} = \sum_{k \in D_{m,n}} c_k \psi_k^{m,n}$$

其中 $\psi_k^{m,n}$ 是 π_k 的第(m,n)个规范矩阵的系数. 令

$$k_0 = \max\{|k| : k \in D_{m,n}\}$$

当 $t \to \infty$ 时,

$$\psi_k^{m,n}(a_t) \to A\mathrm{e}^{-(1+|k|)t}$$

其中 A 依赖于 k 的非零常数. 这表明

$$|f_{m,n}(a_t)| \geqslant A'\mathrm{e}^{-(1+k_0)t}$$

对充分大的 $t > 0$, A' 是依赖于 $f_{m,n}$ 的正常数. 利用 Cartan 分解和式(6.3.10), 我们有

$$\int_G |f_{m,n}(x)| \varphi_{k_0}(x)\mathrm{d}x = \int_0^\infty |f_{m,n}(a_t)| \varphi_{k_0}(a_t)\sinh 2t\mathrm{d}t$$

是无限的, 其中 k_0 与前面的一样. 因此, $f_{m,n}$ 不满足定理 6.4.1 的条件 2, 除非 $f_{m,n} = 0$ 几乎处处成立.

从而我们证明了 $f_{m,n}(x) = 0$ 对几乎所有的 $x \in G$ 成立. 由于(m,n)是任意的, 按照分布意义下的分解 $f = \sum_{m,n} f_{m,n}$, 我们推出 $f(x) = 0$ 对几乎所有的 $x \in G$ 成立. 证毕.

从定理 6.4.1 可以推出如下四种形式的不确定原理(这些推论的独立的证明可参考前面两节).

推论 6.4.3(Hardy 定理)　若 $f:G\to\mathbf{C}$ 是复值的可测函数，满足下面两个条件：

(1) $|f(x)|\leqslant C\mathrm{e}^{-\alpha\sigma^2(x)}$, $\forall x\in G$;

(2) $\|\hat{f}(\xi,\lambda)\|\leqslant C\mathrm{e}^{-\beta|\lambda|^2}$, $\forall\xi\in\hat{M},\forall\lambda\in\mathrm{i}\mathbf{R}$.

其中，α,β 是大于零的常数. 那么当 $\alpha\beta>\dfrac{1}{4}$ 时，$f=0$ 几乎处处成立.

推论 6.4.4(Cowling－Price 定理)　令 $f:G\to\mathbf{C}$ 是可测函数，假设对正常数 α,β，有下面两个不等式成立：

(1) $e_\alpha f\in L^p(G)$;

(2) $e_\beta\|\hat{f}(\xi,\lambda)\|\in L^q(\mathrm{i}\mathbf{R};d\mu(\xi,\lambda))$.

其中，$e_\alpha(x)=\mathrm{e}^{\alpha\sigma^2(x)}$，$e_\beta(\lambda)=\mathrm{e}^{\alpha|\lambda|^2}$，$1\leqslant p,q\leqslant\infty$. 那么当 $\alpha\beta>\dfrac{1}{4}$ 时，$f=0$ 几乎处处成立.

推论 6.4.5(Morgan 定理)　若 $f:G\to\mathbf{C}$ 是可测的函数，满足下面两个条件：

(1) $|f(x)|\leqslant C\mathrm{e}^{-\alpha\sigma^p(x)}$, $\forall x\in G$;

(2) $\|\hat{f}(\xi,\lambda)\|\leqslant C\mathrm{e}^{-\beta|\lambda|^q}$, $\forall\xi\in\hat{M},\forall\lambda\in\mathrm{i}\mathbf{R}$.

其中，α,β 是正常数，$1<p<\infty$，$1/p+1/q=1$. 那么当 $(\alpha p)^{1/p}(\beta q)^{1/q}>1$ 时，$f=0$ 几乎处处成立.

推论 6.4.6(Gelfand－Shilov 定理)　令 $f\in L^2(G)$ 是可测的函数，假设对正常数 α,β，有下面两个不等式成立：

(1) $\displaystyle\int_X|f(x)|\,\mathrm{e}^{\frac{(\alpha\sigma(x))^p}{p}}\mathrm{d}x<\infty$;

(2) $\displaystyle\int_{\mathbf{R}}|\tilde{f}(\lambda,b)|^2\mathrm{e}^{\frac{(\beta|\lambda|)^q}{q}}\mathrm{d}\mu(\lambda)<\infty$, $\forall\xi\in\hat{M},\forall\lambda\in\mathrm{i}\mathbf{R}$.

其中，$1<p,q<\infty$，$1/p+1/q=1$. 那么当 $\alpha\beta>1$ 时，$f=0$ 几乎处处成立.

注：以上 4 个推论可以从定理 6.4.1 推出，其推导过程与欧氏

空间和对称空间的情形本质上类似. 根据定理 6.4.1 的证明过程，下面我们可以假设 f 是 (m,n) 型的. 注意到整数对 $m,n\in\mathbf{Z}^{\xi}$ 唯一地确定 $\xi\in\hat{M}$，因此把 $\hat{f}(\xi,\lambda)$ 简记为 $\hat{f}(\lambda)$，且把 $\mu(\xi,\lambda)$ 简记为 $\mu(\lambda)$.

我们简单地给出证明. 首先推论 6.4.4 可以从定理 6.4.1 推出. 事实上，令 f 是 (m,n) 型的，且满足推论 6.4.4 的条件(1) 和条件(2). 则我们可以选取 $0<\alpha'<\alpha$ 及 $0<\beta'<\beta$ 使得 $\alpha'\beta'>\frac{1}{4}$. 这表明 $e_{\alpha'}f\in L^p(G)$ 及 $e_{\beta'}\hat{f}\in L^q(\mathrm{i}\mathbf{R};d\mu(\lambda))$. 选取 $\beta''<\beta'$ 使得 $\alpha'\beta''=\frac{1}{4}$，则有

$$e_{\beta'}\hat{f}\in L^q(\mathrm{i}\mathbf{R};d\mu(\lambda))$$

且

$$\begin{aligned}I:=&\int_{\mathrm{i}\mathbf{R}}\int_G|f(x)\|\hat{f}(\lambda)|\,\mathrm{e}^{\sigma(x)|\lambda|}\mathrm{d}x\mathrm{d}\mu(\lambda)=\\&\int_{\mathrm{i}\mathbf{R}}\int_G e_{\alpha'}(x)\,|f(x)|\,e_{\beta'}(\lambda)\,|\hat{f}(\lambda)|\times\\&\mathrm{e}^{-\alpha'\sigma(x)^2}\,\mathrm{e}^{-\beta'|\lambda|^2}\,\mathrm{e}^{\sigma(x)|\lambda|}\mathrm{d}x\mathrm{d}\mu(\lambda)=\\&\int_{\mathrm{i}\mathbf{R}}\int_G e_{\alpha'}(x)\,|f(x)|\,e_{\beta'}(\lambda)\,|\hat{f}(\lambda)|\times\\&\mathrm{e}^{-(\sqrt{\alpha'}\sigma(x)-\sqrt{\beta'}|\lambda|)^2}\mathrm{d}x\mathrm{d}\mu(\lambda)=\\&\int_{\mathrm{i}\mathbf{R}}\int_G e_{\alpha'}(x)\,|f(x)|\,e_{\beta'}(\lambda)\,|\tilde{f}(\lambda)|\,\mathrm{d}x\mathrm{d}\mu(\lambda)<+\infty\end{aligned}$$

这表明 f 与 $\hat{f}$ 满足定理 6.4.1 的条件. 所以 $f=0$ 几乎处处成立.

类似地推论 6.4.6 可以从定理 6.4.1 推出. 事实上，由于

$$\alpha\beta\sigma(x)\,|\lambda|\leqslant\frac{\alpha^p}{p}\sigma(x)^p+\frac{\beta^q}{q}|\lambda|^q$$

及推论 6.4.6 的条件(1) 和(2)，我们得到

$$I=\int_{\mathrm{i}\mathbf{R}}\int_G\mathrm{e}^{\frac{(\alpha\sigma(x))^p}{p}}\,|f(x)|\,\mathrm{e}^{\frac{(\beta|\lambda|)^q}{q}}\,|\hat{f}(\lambda)|\times$$

$$e^{-\frac{(\alpha\sigma(x))^p}{p}} e^{-\frac{(\beta|\lambda|)^q}{q}} e^{\sigma(x)|\lambda|} \mathrm{d}x\,\mathrm{d}\mu(\lambda) \leqslant$$

$$\int_{i\mathbf{R}}\int_G e^{\frac{(\alpha\sigma(x))^p}{p}} \mid f(x) \mid e^{\frac{(\beta|\lambda|)^q}{q}} \mid \hat{f}(\lambda) \mid e^{(\alpha\beta-1)\sigma(x)|\lambda|} \mathrm{d}x\,\mathrm{d}\mu(\lambda) \leqslant$$

$$\left(\int_G e^{\frac{(\alpha\sigma(x))^p}{p}} \mid f(x) \mid \mathrm{d}x\right)\left(\int_{i\mathbf{R}} e^{\frac{(\beta|\lambda|)^q}{q}} \mid \tilde{f}(\lambda) \mid \mathrm{d}\mu(\lambda)\right) <$$

$$+\infty$$

这也表明 f 与 $\hat{f}$ 满足定理 6.4.1 的条件.

注意:由推论 6.4.6 容易推出推论 6.4.5，由推论 6.4.5 容易推出推论 6.4.3.

习　题　6

(1) 证明式(6.1.6).

(2) 证明引理 6.3.1.

(3) $\mid \phi_\lambda(x) \mid \leqslant 1$,对 $x \in G, \lambda \in \mathbf{C}$, $\mid \lambda_R \mid \leqslant 1$.

(4) 证明(6.4.4).

(5) 证明(6.4.10).

第7章　复空间上的 Hardy 不确定原理

本章分2节，7.1节研究复平面上的 Hardy 形式的不确定原理. 7.2节建立复空间 $\mathbf{C}^n$ 上的 Hardy 形式的不确定原理.

7.1　复平面上 Hardy 形式的不确定原理

本节将证明复平面上以复 Gauss 函数 $e^{-\pi\zeta x^2}$（这里 ζ 是一个具有正实部的复数）为特征的 Hardy 不确定原理和旋转. 下面设 $f \in L^1(\mathbf{R})$，定义 f 的 Fourier 变换为

$$\hat{f}(\xi) = \int_{-\infty}^{\infty} f(x) e^{-2\pi i x\xi} dx$$

经典的不确定原理已在多个不同空间情形得到了推广，这些推广的证明几乎都归结为 Hardy 不确定原理或 Beurling 不确定原理的最初形式. 总之，它们都归结为某种形式的最大值原理. 一个有趣的问题是能否对解析函数及其 Fourier 变换给出 Hardy 定理.

多年以前，Gelfand 和 Shilov[30] 对在 $\mathbf{R}$ 和 $\mathrm{i}\mathbf{R}$ 上满足某些增长/衰减条件的解析函数，证明了相应 Fourier 变换的映射性质. Hörmander[2] 指出，Beurling 不确定原理与 Hardy 不确定原理的其他变形及推广在某种意义下是精确的. 那么，在复平面的任意方向上，Fourier 对 f 和 $\hat{f}$ 之间有何联系？

本节将作一回答，即把连续的 f 和 $\hat{f}$ 的实 Gauss 函数的特征推广到具复因子的 Gauss 函数的特征，其形式为 $e^{-\pi i\zeta x^2}$，其中 $\zeta = \beta + i\alpha, \alpha > 0$. 考虑到 $\mathbf{C}$ 上的旋转，我们设 f 定义在 $\mathbf{C}$ 上.

$$令\ \mathscr{F}(f)(\zeta)=\hat{f}(\zeta)=\int_{-\infty}^{\infty} f(x)\mathrm{e}^{-2\pi\mathrm{i}x\zeta}\mathrm{d}x$$

和

$$f(z)=\int_{-\infty}^{\infty}\hat{f}(\xi)\mathrm{e}^{2\pi\mathrm{i}z\xi}\mathrm{d}\xi$$

这里 $z,\zeta\in\mathbf{C}$ 使相应的积分存在. 本节主要结果是:

定理 7.1.1 设 $f\in L^1(\mathbf{R})$, 对 $\psi_0\in\left(-\frac{\pi}{2},\frac{\pi}{2}\right)$, 积分 $\hat{f}(s\mathrm{e}^{\mathrm{i}\psi_0})=\int_{-\infty}^{\infty} f(t)\mathrm{e}^{-2\pi\mathrm{i}ts\mathrm{e}^{\mathrm{i}\psi_0}}\,\mathrm{d}t$ 对所有实的 s 收敛, 且满足

$$|\hat{f}(s\mathrm{e}^{\mathrm{i}\psi_0})|\leqslant c\mathrm{e}^{-\pi s^2/\alpha}$$

c,α 为大于零的常数. 则 f 可解析延拓到复平面上. 此外设对某个 $\theta_0\in\mathbf{R}$, f 的延拓满足

$$|f(r\mathrm{e}^{\mathrm{i}\theta_0})|\leqslant C\mathrm{e}^{-\pi\alpha r^2},\ 对所有\ r\in\mathbf{R}$$

C 为某个正常数, α 同上. 则 f 是 $\mathrm{e}^{-\pi\alpha x^2}$ 的倍数沿平面上角度 $-\theta_0$ 的旋转. 而且此时有

$$\theta_0=-\psi_0 \bmod \pi$$

这个定理从两个方面推广了经典的 Hardy 定理: 一方面, 在 $\hat{f}$ 的逆 Fourier 变换和 $\hat{f}$ 的解析延拓的逆 Fourier 变换之间没有先验联系. 而在关于 f 的条件下建立其联系是证明的核心. 它要求一个确定的正则化讨论, 这个讨论用到了 Phragmen-Lindelöf 定理(第 1 章引理 1.1.2), 此时条件 $\psi^0\neq\pm\frac{\pi}{2}$ 开始起作用了. 另一方面, 在 θ^0 与 ψ^0 之间没有先验联系. $-\theta^0$ 与 ψ^0 相差 π 的整数倍的关系是从 f 被确定为 Gauss 函数后推出来的. 结论 $|\psi^0|<\frac{\pi}{4}$ 则是为了保证 $f\in L^1(\mathbf{R})$.

为证明定理 7.1.1, 我们需要下面的引理.

引理 7.1.2 设 $f\in L^1(\mathbf{R})$, 定义积分

$$\mathscr{F}(f)(\zeta)=\hat{f}(\zeta)=\int_{-\infty}^{\infty} f(t)\mathrm{e}^{-2\pi it\zeta}\,\mathrm{d}t \quad (\zeta\in\mathbf{C})$$

这里ζ使积分有意义. 若$\psi_0\in\left(-\frac{\pi}{2},\frac{\pi}{2}\right)$使得$\hat{f}(r\mathrm{e}^{\mathrm{i}\psi_0})$对所有$r\in\mathbf{R}$有定义，且满足

$$|\hat{f}(r\mathrm{e}^{\mathrm{i}\psi_0})|\leqslant C\mathrm{e}^{-\pi r^2/\alpha}$$

那么f可解析延拓到复平面上.

证明：引理结论的证明依赖于f的二重正则性. 我们仅讨论$0\leqslant\psi_0<\frac{\pi}{2}$，情形$-\frac{\pi}{2}<\psi_0\leqslant 0$的讨论是类似的. 固定$\phi\in\left(0,\frac{\pi}{2}-\psi_0\right)$，对$\varepsilon>0$，规定$G_{\varepsilon,\phi}(z)=\sqrt{\varepsilon}\exp(-\pi\mathrm{i}\varepsilon\mathrm{e}^{-2\mathrm{i}\phi}z^2)(z\in\mathbf{C})$. 则

$$\begin{aligned}|G_{\varepsilon,\varphi}(r\mathrm{e}^{\mathrm{i}\theta})|&=|\sqrt{\varepsilon}\exp(-\pi\mathrm{i}\varepsilon\mathrm{e}^{-2\mathrm{i}\phi}r^2\mathrm{e}^{2\mathrm{i}\theta})|\\&(-\pi\mathrm{i}\varepsilon\mathrm{e}^{-2\mathrm{i}\phi}r^2\mathrm{e}^{2\mathrm{i}\theta}=-\pi\mathrm{i}\varepsilon r^2\mathrm{e}^{2\mathrm{i}\theta-2\mathrm{i}\phi}=\\&-\pi\varepsilon r^2\sin 2(\varphi-\theta))=\\&\sqrt{\varepsilon}\,\mathrm{e}^{-\pi\varepsilon r^2\sin 2(\varphi-\theta)}\end{aligned}$$

且作为r的函数，$G_{\varepsilon,\phi}(r\mathrm{e}^{\mathrm{i}\theta})$衰减(这里衰减是指它在无穷远处为零) 当且仅当$0<\phi-\theta<\frac{\pi}{2}$，即$\phi-\frac{\pi}{2}<\theta<\phi$. 作$G_{\varepsilon,\phi}$的Fourier变换得

$$\begin{aligned}\widehat{G_{\varepsilon,\phi}}(\zeta)&=\int_{-\infty}^{\infty}G_{\varepsilon,\phi}(t)\mathrm{e}^{-2\pi it\zeta}\,\mathrm{d}t=\\&\int_{-\infty}^{\infty}\sqrt{\varepsilon}\exp(-\pi\mathrm{i}\varepsilon\mathrm{e}^{-2\mathrm{i}\phi}t^2)\mathrm{e}^{-2\pi it\zeta}\,\mathrm{d}t=\\&\mathrm{e}^{\mathrm{i}\phi}\mathrm{e}^{-\mathrm{i}\pi/4}\exp(\pi\mathrm{i}\mathrm{e}^{2\mathrm{i}\phi}\zeta^2/\varepsilon)\end{aligned}$$

使得

$$\begin{aligned}|\widehat{G_{\varepsilon,\phi}}(r\mathrm{e}^{\mathrm{i}\theta})|&=|\mathrm{e}^{\mathrm{i}\phi}\mathrm{e}^{-\mathrm{i}\pi/4}\exp(\pi\mathrm{i}\mathrm{e}^{2\mathrm{i}\phi}r^2\mathrm{e}^{2\mathrm{i}\theta}/\varepsilon)|=\\&\mathrm{e}^{-\pi r^2\sin 2(\theta+\phi)/\varepsilon}. \qquad (7.1.1)\end{aligned}$$

它在无穷远处为零，当且仅当 $0<\phi+\theta<\frac{\pi}{2}$，即 $-\phi<\theta<\frac{\pi}{2}-\phi$. 于是 $G_{\varepsilon,\phi}$ 和 $\widehat{G_{\varepsilon,\phi}}$ 都在 **R** 上的无穷远处衰减. 固定 ϕ 和 $\varepsilon>0$，定义 $f\in L^1(\mathbf{R})$ 的二重正则化如下：

$$f_{\varepsilon,\phi}(t)=\frac{1}{\sqrt{\varepsilon}}\mathrm{e}^{-\mathrm{i}\phi}\mathrm{e}^{\pi\mathrm{i}/4}(fG_{\varepsilon,\phi})*G_{1/\varepsilon,\phi}(t)$$

则直接验证可知 $f_{\varepsilon,\phi}\in L^1(\mathbf{R})$，且

$$\widehat{f_{\varepsilon,\phi}}(\zeta)=\frac{1}{\sqrt{\varepsilon}}\mathrm{e}^{-\mathrm{i}\phi}\mathrm{e}^{\pi\mathrm{i}/4}\,(\widehat{fG_{\varepsilon,\phi}})(\zeta)\,\widehat{G_{1/\varepsilon,\phi}}(\zeta),(\zeta\in\mathbf{C})\tag{7.1.2}$$

定义了一个整函数(由于 $0<\phi<\frac{\pi}{2}$). 注意到在 **R** 上局部一致地有

$$G_{\varepsilon,\phi}\to 1(\varepsilon\to 0)$$

及

$\widehat{G_{1/\varepsilon,\phi}}(0)=\mathrm{e}^{\mathrm{i}\phi}\mathrm{e}^{-\mathrm{i}\pi/4}$，且从式(7.1.2)知，在实直线上一致地有

$$\widehat{f_{\varepsilon,\phi}}\to\hat{f}(\varepsilon\to 0)$$

因此当 $f\in L^1(\mathbf{R})$ 时，在缓增分布意义下就有

$$f_{\varepsilon,\phi}\to f(\varepsilon\to 0)$$

对 $\zeta=r\mathrm{e}^{\mathrm{i}\theta}$，

$$|\widehat{f_{\varepsilon,\phi}}(\zeta)|=\left|\frac{1}{\sqrt{\varepsilon}}\mathrm{e}^{-\mathrm{i}\phi}\mathrm{e}^{\pi\mathrm{i}/4}\,(\widehat{fG_{\varepsilon,\phi}})(\zeta)\,\widehat{G_{1/\varepsilon,\phi}}(\zeta)\right|\leqslant$$
$$\frac{1}{\sqrt{\varepsilon}}|(\widehat{fG_{\varepsilon,\phi}})(r\mathrm{e}^{\mathrm{i}\theta})||\widehat{G_{1/\varepsilon,\phi}}(r\mathrm{e}^{\mathrm{i}\theta})|$$

由式(7.1.1)可知

$$|\widehat{f_{\varepsilon,\phi}}(\zeta)|=$$
$$\frac{1}{\sqrt{\varepsilon}}\left|\int_{-\infty}^{\infty}f(x)G_{\varepsilon,\phi}(x)\exp(-2\pi\mathrm{i}xr\mathrm{e}^{\mathrm{i}\theta})\mathrm{d}x\right|\mathrm{e}^{-\pi\varepsilon r^2\sin 2(\theta+\phi)}\leqslant$$

$$\frac{1}{\sqrt{\varepsilon}}\left|\int_{-\infty}^{\infty}|f(x)||G_{\varepsilon,\phi}(x)|\mathrm{e}^{2\pi xr\sin\theta}\mathrm{d}x\right|\mathrm{e}^{-\pi\varepsilon r^2\sin 2(\theta+\phi)}\leqslant$$

$$\left(\int_{-\infty}^{\infty}|f(x)|\mathrm{e}^{-\pi\varepsilon x^2\sin 2\phi}\mathrm{e}^{2\pi xr\sin\theta}\mathrm{d}x\right)\mathrm{e}^{-\pi\varepsilon r^2\sin 2(\theta+\varphi)}=$$

$$\mathrm{e}^{-\pi\varepsilon r^2\sin 2(\theta+\varphi)}\mathrm{e}^{\pi r^2\sin^2\theta/(\varepsilon\sin 2\phi)}\int_{-\infty}^{\infty}|f(x)|\times$$

$$\mathrm{e}^{-\pi\varepsilon\sin 2\phi[x-r\sin\theta/(\varepsilon\sin 2\phi)]^2}\mathrm{d}x\leqslant$$

$$\|f\|_1\exp\left(\pi r^2\left[\frac{\sin^2\theta}{\varepsilon\sin 2\phi}-\varepsilon\sin 2(\theta+\phi)\right]\right)\tag{7.1.3}$$

取 $\zeta=\xi$，在式(7.1.3) 中令 $r=|\xi|,\theta=0$，就得

$$\left|\widehat{f_{\varepsilon,\phi}}(\xi)\right|\leqslant\|f\|_1\mathrm{e}^{-\pi\varepsilon\xi^2\sin 2\phi}\tag{7.1.4}$$

而且对 $\zeta=r\mathrm{e}^{\mathrm{i}\psi_0}$，由于 $\widehat{G_{\varepsilon,\phi}}$ 在直线 $\theta=0$ 和 $\theta=\psi_0$ 之间的扇形区域上满足 Gauss 衰减，所以

$$(\widehat{fG_{\varepsilon,\phi}})(r\mathrm{e}^{\mathrm{i}\psi_0})=\int_{-\infty}^{\infty}f(x)G_{\varepsilon,\phi}(x)\mathrm{e}^{-2\pi\mathrm{i}xr\mathrm{e}^{\mathrm{i}\psi_0}}\mathrm{d}x\overset{\text{用 Fourier 逆变换}}{=\!=\!=}$$

$$\mathrm{e}^{\mathrm{i}\psi_0}\int_{-\infty}^{\infty}f(x)\mathrm{e}^{-2\pi\mathrm{i}xr\mathrm{e}^{\mathrm{i}\psi_0}}\mathrm{d}x\times$$

$$\int_{-\infty}^{\infty}\widehat{G_{\varepsilon,\phi}}(s\mathrm{e}^{\mathrm{i}\psi_0})\mathrm{e}^{2\pi\mathrm{i}xs\mathrm{e}^{\mathrm{i}\psi_0}}\mathrm{d}s=$$

$$\mathrm{e}^{\mathrm{i}\psi_0}\int_{-\infty}^{\infty}\widehat{G_{\varepsilon,\phi}}(s\mathrm{e}^{\mathrm{i}\psi_0})\mathrm{d}s\times$$

$$\int_{-\infty}^{\infty}f(x)\mathrm{e}^{2\pi\mathrm{i}xs\mathrm{e}^{\mathrm{i}\psi_0}}\mathrm{e}^{-2\pi\mathrm{i}xr\mathrm{e}^{\mathrm{i}\psi_0}}\mathrm{d}x=$$

$$\mathrm{e}^{\mathrm{i}\psi_0}\int_{-\infty}^{\infty}\widehat{G_{\varepsilon,\phi}}(s\mathrm{e}^{\mathrm{i}\psi_0})\mathrm{d}s\times$$

$$\int_{-\infty}^{\infty}f(x)\mathrm{e}^{2\pi\mathrm{i}x(s-r)\mathrm{e}^{\mathrm{i}\psi_0}}\mathrm{d}x=$$

$$\mathrm{e}^{\mathrm{i}\psi_0}\int_{-\infty}^{\infty}\widehat{G_{\varepsilon,\phi}}(s\mathrm{e}^{\mathrm{i}\psi_0})\hat{f}((r-s)\mathrm{e}^{\mathrm{i}\psi_0})\mathrm{d}s$$

因此

$$|(\widehat{fG_{\varepsilon,\phi}})(re^{i\psi_0})| \leqslant$$

$$e^{i\psi_0}\int_{-\infty}^{\infty} | \widehat{G_{\varepsilon,\phi}}(se^{i\psi_0})||\hat{f}((r-s)e^{i\psi_0})|ds$$

由式(7.1.1)及假设条件,可知

$$|(\widehat{fG_{\varepsilon,\phi}})(re^{i\psi_0})| \leqslant C\int_{-\infty}^{\infty} e^{-\pi s^2\sin 2(\psi_0+\phi)/\varepsilon}e^{-\pi(r-s)^2/\alpha}ds =$$

$$Ce^{-\pi r^2/\alpha}e^{\frac{\pi r^2}{1+\alpha\sin 2(\psi_0+\phi)/\varepsilon}} \times$$

$$\int_{-\infty}^{\infty} e^{-\frac{\pi}{\alpha}(1+\alpha\sin 2(\psi_0+\phi)/\varepsilon)s^2} ds =$$

$$C\frac{\sqrt{\alpha}\,\varepsilon}{\sqrt{\varepsilon+\alpha\sin 2(\psi_0+\phi)}}e^{\frac{-\pi r^2\sin 2(\psi_0+\phi)}{\varepsilon+\alpha\sin 2(\psi_0+\phi)}}$$

从式(7.1.1)和式(7.1.2)知,在直线 $\theta=\psi_0$ 上,我们有估计

$$|(\widehat{f_{\varepsilon,\phi}})(re^{i\psi_0})| \leqslant C\sqrt{\alpha}\,e^{\frac{-\pi r^2\sin 2(\psi_0+\phi)}{\varepsilon+\alpha\sin 2(\psi_0+\phi)}}\frac{e^{-\pi r^2\varepsilon\sin 2(\psi_0+\phi)}}{\sqrt{\varepsilon+\alpha\sin 2(\psi_0+\phi)}} =$$

$$C\frac{\sqrt{\alpha}\,e^{-\pi r^2\sin 2(\psi_0+\phi)\left[\varepsilon+\frac{1}{\varepsilon+\alpha\sin 2(\psi_0+\phi)}\right]}}{\sqrt{\varepsilon+\alpha\sin 2(\psi_0+\phi)}} \quad (7.1.5)$$

式(7.1.5)中的衰减比 f 的假设慢一些,这是由式(7.1.4)中的衰减造成的.

$\widehat{f_{\varepsilon,\phi}}$ 的衰减估计允许我们把 Phragmen - Lindelöf 定理(第1章引理1.1.2)用于函数

$$h_{\varepsilon,\phi}(\zeta)=\widehat{f_{\varepsilon,\phi}}(\zeta)e^{-\pi i\varepsilon e^{2i\phi}\zeta^2}$$

其中,所考虑区域为在直线 $\theta=0$ 和 $\theta=\psi_0$ 之间的扇形区域.

首先,从式(7.1.3)有

$$|h_{\varepsilon,\phi}(\zeta)|=|\widehat{f_{\varepsilon,\phi}}(\zeta)|e^{\pi\varepsilon r^2\sin 2(\theta+\phi)} \leqslant$$

$$\|f\|_1 e^{\pi r^2\left[\frac{\sin^2\theta}{\varepsilon\sin 2\phi}-\varepsilon\sin 2(\theta+\phi)\right]}e^{\pi\varepsilon r^2\sin 2(\theta+\phi)} =$$

$$\|f\|_1 e^{\frac{\pi r^2\sin^2\theta}{\varepsilon\sin 2\phi}} \quad (7.1.6)$$

特别取 $\theta=0$，从式(7.1.6)立得

$$|h_{\varepsilon,\phi}(\zeta)|\leqslant\|f\|_1,\xi\in\mathbf{R}\tag{7.1.7}$$

而式(7.1.5)则给出

$$\begin{aligned}|h_{\varepsilon,\phi}(re^{i\psi_0})|\leqslant&\left|\widehat{f_{\varepsilon,\phi}}(re^{i\psi_0})e^{-\pi i\varepsilon e^{2i\phi}r^2e^{2i\psi_0}}\right|\leqslant\\&C\frac{\sqrt{\alpha}\,e^{-\pi r^2\sin 2(\psi_0+\phi)\left[\varepsilon+\frac{1}{\varepsilon+\alpha\sin 2(\psi_0+\phi)}\right]}}{\sqrt{\varepsilon+\alpha\sin 2(\psi_0+\phi)}}\times\\&\left|e^{-\pi i\varepsilon e^{2i\phi}r^2e^{2i\psi_0}}\right|\leqslant\\&C\frac{\sqrt{\alpha}}{\sqrt{\varepsilon+\alpha\sin 2(\psi_0+\phi)}}\end{aligned}\tag{7.1.8}$$

利用式(7.1.6)、式(7.1.7)、式(7.1.8)及Phragmen-Lindelöf定理(第1章引理1.1.2)可得到在直线 $\theta=0$ 和 $\theta=\psi_0$ 之间的扇形区域上，成立 $|h_{\varepsilon,\phi}(\zeta)|\leqslant C$. 于是从 $h_{\varepsilon,\phi}(\zeta)=\widehat{f_{\varepsilon,\phi}}(\zeta)e^{-\pi i\varepsilon e^{2i\phi}\zeta^2}$ 或 $\widehat{f_{\varepsilon,\phi}}(\zeta)=h_{\varepsilon,\phi}(\zeta)e^{\pi i\varepsilon e^{2i\phi}\zeta^2}$，得

$$\begin{aligned}\left|\widehat{f_{\varepsilon,\phi}}(re^{i\theta})\right|=&\left|h_{\varepsilon,\phi}(re^{i\theta})e^{\pi i\varepsilon e^{2i\phi}(re^{i\theta})^2}\right|\leqslant\\&Ce^{-\pi\varepsilon r^2\sin 2(\theta+\phi)},\quad(0\leqslant\theta\leqslant\psi_0)\end{aligned}$$

考虑积分

$$I=\int_{-\infty}^{\infty}\widehat{f_{\varepsilon,\phi}}(\xi)e^{2\pi i\xi w}d\xi$$

它在 $w\in\mathbf{C}$ 处定义了 $f_{\varepsilon,\phi}$. 在把 I 当做复平面中实直线上的围道积分后，我们希望证明 I 等于直线 $re^{i\psi_0}(-\infty<r<\infty)$ 上的围道积分

$$J=\int_{-\infty}^{\infty}\widehat{f_{\varepsilon,\phi}}(re^{i\psi_0})e^{2\pi ire^{i\psi_0}w}e^{i\psi_0}dr$$

这可以通过在扇形区域

$$S_1=\{\zeta=re^{i\theta}\in\mathbf{C};0\leqslant r\leqslant R,0\leqslant\theta\leqslant\psi_0\},\quad S_2=-S_1$$

的边界上应用Cauchy定理(即若一个函数在复平面内解析，则它的边界积分为0)及证明(在 S_1 的情形)，若围道 Γ_R 表示为

$$\gamma_R(\theta)=Re^{i\theta}\quad(0\leqslant\theta\leqslant\psi_0)$$

则

$$K_R=\int_{\Gamma_R}\widehat{f_{\varepsilon,\phi}}(\zeta)e^{2\pi i\zeta w}d\zeta\to 0\ (R\to\infty)\text{，对所有 } w$$

事实上，若 $w=se^{i\gamma}$，则

$$|K_R|=\left|\int_0^{\psi_0}\widehat{f_{\varepsilon,\phi}}(Re^{i\theta})e^{2\pi iRe^{i\theta}se^{i\gamma}}iRe^{i\theta}d\theta\right|$$

又因为

$$|\widehat{f_{\varepsilon,\phi}}(re^{i\theta})|\leqslant Ce^{-\pi\varepsilon r^2\sin 2(\theta+\phi)},\quad(0\leqslant\theta\leqslant\psi_0)$$

则有

$$|K_R|\leqslant CR\int_0^{\psi_0}e^{-\pi\varepsilon R^2\sin 2(\theta+\phi)}e^{-2\pi sR\sin(\gamma+\theta)}d\theta$$

但当 $0\leqslant\theta\leqslant\psi_0$ 时，有

$$\sin 2(\theta+\phi)\geqslant\min\{\sin 2\phi,\sin 2(\psi_0+\phi)\}=C(\psi_0,\phi)>0$$

所以

$$|K_R|\leqslant CRe^{-\pi\varepsilon R^2C(\psi_0,\phi)}\int_0^{\psi_0}e^{-2\pi sR\sin(\gamma+\theta)}d\theta\leqslant$$

$$Re^{-\pi\varepsilon R^2C(\psi_0,\phi)}e^{2\pi sR}\psi_0$$

当 $R\to\infty$ 时，它对所有 $w=se^{i\gamma}$ 均趋于零. 类似地，若 Γ'_R 表示为

$$\gamma'_R(\theta)=Re^{i\theta}\quad(\pi\leqslant\theta\leqslant\pi+\psi_0)$$

那么

$$K'_R=\int_{\Gamma_{R'}}\widehat{f_{\varepsilon,\phi}}(\zeta)e^{2\pi i\xi w}d\zeta\to 0\quad(R\to\infty)\text{ 对所有 } w$$

于是从 Cauchy 定理推得

$$I=\int_{-\infty}^{\infty}\widehat{f_{\varepsilon,\phi}}(\xi)e^{2\pi i\xi w}d\xi=$$

$$e^{i\psi_0}\int_{-\infty}^{\infty}\widehat{f_{\varepsilon,\phi}}(re^{i\psi_0})e^{2\pi ire^{i\psi_0}w}dr=J\tag{7.1.9}$$

这允许我们在复平面上把 $f_{\varepsilon,\varphi}$ 定义为沿直线 $re^{i\theta}(-\infty<r<\infty)$ 的 Fourier 积分. 根据式(7.1.5)，集合 $\{f_{\varepsilon,\phi}\}_{\varepsilon>0}$ 是解析的，且在

紧集上一致有界. 根据 Montel 定理(7.2 节引理 7.2.3), $\{f_{\varepsilon,\phi}\}_{\varepsilon>0}$ 存在子列在整个 **C** 上收敛于一个解析函数. 由于当 $\varepsilon\to 0$ 时, $f_{\varepsilon,\phi}\to f$(在缓增分布意义下), 所以这个解析函数是 f 的解析延拓. 对情形 $-\frac{\pi}{2}<\psi_0\leqslant 0$ 作类似讨论, 就完成了引理的证明.

定理 7.1.1 的证明: 在衰减估计式(7.1.5)中令 $\varepsilon\to 0$, 并应用式(7.1.9), 可得 f 的解析延拓满足

$$|f(w)|=\left|e^{i\psi_0}\int_{-\infty}^{\infty}\hat{f}(re^{i\psi_0})e^{2\pi i re^{i\psi_0}w}dr\right|\leqslant C_\alpha e^{\pi\alpha(\operatorname{Im} e^{i\psi_0}w)^2} \tag{7.1.10}$$

先设 f 是偶的, 即 $f(z)=\sum_n c_n z^{2n}$. 令 $h(z)=f(\sqrt{z})=\sum_n c_n z^n$, 则由式(7.1.10)得

$$|h(re^{i\theta})|\leqslant C_\alpha e^{\pi\alpha(\operatorname{Im} e^{i\psi_0}\sqrt{r}e^{i\theta/2})^2}=C_\alpha e^{\pi\alpha r\sin^2(\psi_0+\theta/2)} \tag{7.1.11}$$

即 h 是指数型的. 在直线 $\theta=2\theta_0$ 上, 由关于 $f(re^{i\theta_0})$ 的衰减假设, 得

$$|h(re^{2i\theta_0})|=|f(\sqrt{r}e^{i\theta_0})|\leqslant Ce^{-\pi\alpha r} \tag{7.1.12}$$

设 $0<\delta<\pi$ 和 $H_u(\zeta)=\exp\left(\frac{i\alpha\pi\zeta e^{i(-2\theta_0-\delta/2)}}{\sin\delta/2}\right)h(\zeta)$, 则由式(7.1.11)(令 $\zeta=re^{i\theta}$), 得

$$|H_u(re^{i\theta})|=\left|\exp\left(\frac{i\alpha\pi re^{i(\theta-2\theta_0-\delta/2)}}{\sin\delta/2}\right)\right||h(re^{i\theta})|=$$
$$C_\alpha\exp\left[\alpha\pi r\left(\sin^2(\psi_0+\theta/2)-\frac{\sin(\theta-2\theta_0-\delta/2)}{\sin\delta/2}\right)\right] \tag{7.1.13}$$

在直线 $\theta=2\theta_0$ 上, 由式(7.1.12)得估计

$$|H_u(re^{2i\theta_0})|\leqslant C_\alpha\exp\left(\frac{-\alpha\pi r\sin(-\delta/2)}{\sin\delta/2}\right)\times$$
$$\exp(-\alpha\pi r)=C_\alpha$$

而在直线 $\theta=2\theta_0+\delta$ 上, 我们有

$$|H_u(re^{i(2\theta_0+\delta)})| \leqslant C_\alpha e^{-\alpha\pi r\cos^2(\psi_0+\theta/2)} \leqslant C_\alpha$$

现在在扇形域 $2\theta_0 \leqslant \theta \leqslant 2\theta_0+\delta$ 上用 Phragmen-Lindelöf 定理(第 1 章引理 1.1.2)，得到

$$|H_u(re^{i\theta})| \leqslant C_\alpha$$

即

$$|h(re^{i\theta})| \leqslant C\exp\left(\frac{\alpha\pi r\sin(\theta-2\theta_0-\delta/2)}{\sin\delta/2}\right), 2\theta_0 \leqslant \theta \leqslant 2\theta_0+\delta$$

令 $\delta \to \pi^-$，得到在半平面 $2\theta_0 \leqslant \theta \leqslant 2\theta_0+\pi$ 上成立

$$|h(re^{i\theta})| \leqslant C\exp\left(\frac{\alpha\pi r\sin(\theta-2\theta_0-\pi/2)}{\sin\pi/2}\right) = Ce^{-\alpha\pi r\cos(\theta-2\theta_0)}$$

在半平面 $2\theta_0-\pi \leqslant \theta \leqslant 2\theta_0$ 上对函数 $H_l(\zeta) = \exp\left(\frac{-i\alpha\pi\zeta e^{i(-2\theta_0+\delta/2)}}{\sin\delta/2}\right)h(\zeta)$ 作类似分析，得到

$$|h(re^{i\theta})| \leqslant Ce^{-\alpha\pi r\cos(\theta-2\theta_0)}$$

所以 h 在复平面上满足该估计.

现在考虑函数 $\widetilde{H}(z) = \exp(\pi\alpha z e^{-2i\theta_0})h(z)$. 则 $\widetilde{H}(z)$ 是整函数，且从关于 h 的估计可得

$$|\widetilde{H}(re^{i\theta})| = |\exp(\pi\alpha z e^{-2i\theta_0})||h(z)| \leqslant Ce^{\pi\alpha r\cos(\theta-2\theta_0)}e^{-\alpha\pi r\cos(\theta-2\theta_0)} = C$$

由复平面上的 Liouville 定理(即复平面上的有界整函数必为常函数)，$\widetilde{H}(z) = C$，即

$$h(z) = Ce^{-\pi\alpha z e^{-2i\theta_0}}$$

因此

$$f(z) = h(z^2) = Ce^{-\pi\alpha z^2 e^{-2i\theta_0}}$$

这就在 f 为偶函数情形证明了结论.

如果 f 为奇函数，则 $z^{-1}f(z)$ 为偶函数且是解析的(因为 $f(0)=0$)，所以我们可利用上面的证明得到

$$f(z) = Cze^{-\pi\alpha z^2 e^{-2i\theta_0}}$$

但是我们看到 $f(re^{i\theta_0})$ 不满足假设，除非 $C=0$.

最后记 $f=f_e+f_o$，其中

$$f_e(z)=(f(z)+f(-z))/2$$

$$f_o(z)=(f(z)-f(-z))/2$$

由于

$$\widehat{(f_e)}=(\hat{f})_e,\quad \widehat{(f_o)}=(\hat{f})_o$$

所以 f_e,f_o 满足与 f 相同的假设，于是 $f_o\equiv 0$，$f=f_e$ 为偶函数，到此定理证毕.

7.2 多复变空间上的 Hardy 定理和旋转

本节将 7.1 节的 Hardy 定理和旋转推广到多复变空间 $\mathbf{C}^n(n>1)$ 上. 我们将证明，若函数 f 的解析延拓的局部化和 f 的 Fourier 变换 $\mathscr{F}f$ 的局部化都可以按照 $\mathbf{C}^n$ 中的任意平面上的某一方向的衰减来刻画，那么 f 可表示为实 Gauss 函数 $e^{-\pi\alpha x^2}$ $(\alpha>0,x\in\mathbf{R}^n)$ 在 $\mathbf{C}^n$ 上的解析延拓的旋转.

为叙述主要结果，引入下列记号和运算法则. $\mathbf{C}^n$ 中的任意一点 z 可以用 $z=(z_1,z_2,\cdots,z_n)=x+\mathrm{i}y$ 表示，其中 $z_j\in\mathbf{C}$,$(j=1,2,\cdots,n)$，$x,y\in\mathbf{R}^n$. z_j 平面表示 $\mathbf{C}^n$ 中的所有点 z 的第 j 个分量的全体所构成的集合. 点 z 的共轭点用 $\bar{z}$ 表示，$\bar{z}=x-\mathrm{i}y$. 对任意的 $z=(z_1,z_2,\cdots,z_n)\in\mathbf{C}^n$ 和 $\zeta=(\zeta_1,\zeta_2,\cdots,\zeta_n)\in\mathbf{C}^n$，$z\zeta=\sum_{j=1}^{n}z_j\zeta_j$ 定义为 z 和 ζ 的数量积，$|z|=\sqrt{z\bar{z}}=\sqrt{\sum_{j=1}^{n}|z_j|^2}$ 定义为 z 的模. 如果 $\gamma=(\gamma_1,\gamma_2,\cdots,\gamma_n)$ 表示具有非负分量的整数向量，则令 $z^\gamma=z_1^{\gamma_1}z_2^{\gamma_2}\cdots z_n^{\gamma_n}$. 向量 $(1,1,\cdots,1)$ 记为 $\boldsymbol{I}$，当不致引起混乱时，我们记 $z_1z_2\cdots z_n$ 为 $z^{\boldsymbol{I}}$，并记 $\mathrm{d}z_1\mathrm{d}z_2\cdots\mathrm{d}z_n$ 为 $\mathrm{d}z$. 对任意的 $\theta=(\theta_1,\theta_2,\cdots,\theta_n)\in\mathbf{R}^n$，令 $e^{\mathrm{i}\theta}=(e^{\mathrm{i}\theta_1},e^{\mathrm{i}\theta_2},\cdots,e^{\mathrm{i}\theta_1})\in T(n)$ ($T(n)$ 表示 n 维圆环面). 对任意的 $z\in\mathbf{C}^n$，$e^{\mathrm{i}\theta}$ 对 z 的作用定义为

$$e^{i\theta}z=(e^{i\theta_1}z_1,e^{i\theta_2}z_2,\cdots,e^{i\theta_1}z_3)$$

为了研究 $\mathbf{C}^n$ 上的旋转，本文假设函数 f 在 $\mathbf{C}^n$ 上有定义. 并且，在对 f 作适当限制后可定义 Fourier 变换为

$$\hat{f}(\zeta)=(\mathscr{F}f)(\zeta)=\int_{\mathbf{R}^n}f(x)e^{-2\pi i x\cdot\zeta}dx$$

和 Fourier 逆变换为

$$f(z)=\int_{\mathbf{R}^n}\hat{f}(\xi)e^{2\pi i\xi\cdot z}d\xi$$

对所有的 $\zeta,z\in\mathbf{C}^n$. 令 $\mathscr{F}_{j_1,j_2,\cdots,j_k}$ 为偏 Fourier 变换，$\mathscr{F}_{j_1,j_2,\cdots,j_k}f$ 表示分别对 f 的第 $j_1,j_2,\cdots,j_k$ 个分量进行 Fourier 变换，其中 $1\leqslant j_1\leqslant j_2\leqslant\cdots\leqslant j_k\leqslant n$.

本节的主要结果是在 $\mathbf{C}^n$ 上建立如下形式的 Hardy 定理和旋转：

定理 7.2.1　(1) 假定 $f\in L^1(\mathbf{R}^n)$，存在 $\psi^0=(\psi_1^0,\psi_2^0,\cdots,\psi_n^0)\in\mathbf{R}^n$，其中，$\psi_j^0\in\left(-\frac{\pi}{2},\frac{\pi}{2}\right)$，$(j=1,2,\cdots,n)$，使得积分

$$\hat{f}(e^{i\psi^0}s)=\int_{\mathbf{R}^n}f(x)\exp\left(-2\pi i x(e^{i\psi^0}s)\right)dx$$

对所有的 $s=(s_1,s_2,\cdots,s_n)\in\mathbf{R}^n$ 收敛，$\hat{f}$ 满足如下的有界性条件：

$$|\hat{f}(e^{i\psi^0}s)|\leqslant C_1e^{-\pi|s|^2/\alpha}$$

其中，C_1，α 都是大于零的常数. 那么 f 可以解析延拓到 $\mathbf{C}^n$.

(2) 此外，假定存在 $\theta^0=(\theta_1^0,\theta_2^0,\cdots,\theta_n^0)\in\mathbf{R}^n$，使得 f 在 $\mathbf{C}^n$ 上的解析延拓有界：

$$|f(e^{i\theta^0}r)|\leqslant C_2e^{-\pi\alpha|r|^2}$$

其中，C_2 和 α 是大于零的常数，$r=(r_1,r_2,\cdots,r_n)\in\mathbf{R}^n$. 那么 f 就可以表示为 $e^{-\pi\alpha x^2}$ 的常数倍在 $\mathbf{C}^n$ 上旋转 $-\theta^0$ 的角度（也就是说 f 就可以表示为 $e^{-\pi\alpha x^2}$ 的常数倍在每一个 z_j $(j=1,2,\cdots,n)$ 平面内关于相应的自变量 x_j $(j=1,2,\cdots,n)$ 旋转了 $-\theta_j^0$ $(j=1,2,\cdots,n)$ 的角度），即

$$f(z)=C\exp\left(-\pi\alpha\sum_{j=1}^{n}(\mathrm{e}^{-2\mathrm{i}\theta_j^0}z_j^2)\right)=C\exp(-\pi\alpha(\mathrm{e}^{-\mathrm{i}\theta^0}z)^2)$$

在这种情况下，$-\theta_j^0$ 与 ψ_j^0 相差 π 的整数倍，$|\psi_j^0|<\frac{\pi}{4}$，$j=1,2,\cdots,n$.

注：本定理的证明是在定理 7.1.1 和引理 7.1.2 成立的基础上进行的，(1) 的证明的关键是把 f 的解析延拓表达为 $\hat{f}$ 沿着 $\mathrm{e}^{\mathrm{i}\psi^0}s$ 的 Fourier 逆变换. 与引理 7.1.2 类似，这个关系的建立依赖于对 f 的正则化讨论. 不同之处是：这个关系需要对 f 的前 $n-1$ 个变量的偏 Fourier 变换进行估计，再对 n 进行迭代. 与多复变空间的大多数定理的证明过程类似，本定理的(2) 对 n 用归纳法来证明. 与 7.1 节类似，f 表示为复 Gauss 函数的结论要求关系式 $-\theta_j^0\equiv\psi_j^0 \bmod \pi$ 成立，这可以从(1) 的假设 $|\hat{f}(\mathrm{e}^{\mathrm{i}\psi^0}s)|\leqslant C_1\mathrm{e}^{-\pi|s|^2/\alpha}$ 来验证. 并且，$f\in L^1(\mathbf{R}^n)$ 要求结论 $|\psi_j^0|<\frac{\pi}{4},j=1,2,\cdots,n$ 成立.

我们还用到下面几个引理，他们在定理 7.2.1 的证明中具有重要的作用.

引理 7.2.2(Weierstrass 定理) 设 Ω 是 $\mathbf{C}^n$ 内一个连通开集，$\{f_k\}$ 是 Ω 上的解析函数列，在 Ω 的每个紧致子集上是一致收敛的，则 $f=\lim f_k$ 在 Ω 上解析.

证明：令 $a\in\Omega$, $\rho=\{\rho_1,\cdots,\rho_n\}$ 使得

$$\bar{P}(a,\rho)\subset\Omega$$

其中

$$P(a,\rho)=\{z'\in\mathbf{C}^n \mid z_1-a_1|<\rho_1,\cdots,|z_n-a_n|<\rho_n\}$$

令 $|z_j-a_j|\leqslant\frac{1}{2}\rho_j$. 则

$$f(z)=\lim f_k(z)=$$

$$\lim(2\pi\mathrm{i})^{-n}\int_{|\zeta_1-a_1|=\rho_1}\cdots\int_{|\zeta_n-a_n|=\rho_n}f_k(\zeta)\prod(\zeta_j-z_j)^{-1}\mathrm{d}\zeta_1\cdots\mathrm{d}\zeta_n=$$

$$(2\pi i)^{-n}\int_{|\zeta_1-a_1|=\rho_1}\cdots\int_{|\zeta_n-a_n|=\rho_n} f(\zeta)\prod(\zeta_j-z_j)^{-1}d\zeta_1\cdots d\zeta_n=$$

$$(2\pi i)^{-n}\int_{|\zeta_1-a_1|=\rho_1}\cdots\int_{|\zeta_n-a_n|=\rho_n} f(\zeta)\times$$

$$\sum_{\alpha\in\mathbf{N}^n}\prod\frac{(z_j-a_j)^{\alpha_j}}{(\zeta_j-a_j)^{\alpha_j+1}}d\zeta_1\cdots d\zeta_n$$

于是 f 在 a 的邻域是解析的. 证毕.

引理 7.2.3(Montel 定理)　设 $A=\{f\}$ 是 $\Omega\subset\mathbf{C}^n$ 上的一个解析函数族，并且对任一紧致集 $K\subset\Omega$，存在 $M=M_K>0$，使得

$$|f(z)|\leqslant M,\text{对 }\forall z\in K,\forall f\in A$$

则 A 中任一序列 $\{f_k\}$，$f_k\in A$，都包含有一个子序列，该子序列在 Ω 的紧致子集上一致收敛.

证明：对 $a\in\Omega$ 及 $f\in A$，令

$$f(z)=\sum c_\alpha(f,a)(z-a)^\alpha$$

在 a 的邻域，其中

$$c_\alpha(f,a)=$$

$$\int_{|\zeta_1-a_1|=\rho_1}\cdots\int_{|\zeta_n-a_n|=\rho_n} f(\zeta)\prod(\zeta_j-z_j)^{-\alpha_j-1}d\zeta_1\cdots d\zeta_n$$

则上面的级数在 $P(a,\rho)$ 内收敛且不依赖于 f. 由 Cauchy 不等式(即 $|D^\alpha f(a)|\leqslant M\alpha!\,\rho^{-|\alpha|}$，其中 $M=\sup\limits_{|z_j-a_j|=\rho_j}|f(z)|$) 及对 A 的假设，可知存在常数 $C>0$ 使得

$$|c_\alpha(f,a)|\leqslant Cr^{-\alpha},\text{对 } r=(r_1,\cdots,r_n),\ 0<r_j<\rho_j$$

因此，利用对角线方法，我们可找到子序列 $\{f_{k_\nu}\}$ 使得当 $k\to\infty$ 时有 $c_\alpha(f_{k_\nu},a)$ 收敛，对任意的 $\forall\alpha\in\mathbf{N}^n$. 我们有 $\{f_{k_\nu}\}$ 在 a 的邻域上一致收敛. 事实上，令 $U=P(a,r')$，$0<r'_j<r_j<\rho_j$. 则对 $z\in U$，有

$$|f_{k_\nu}(z)-f_{k_l}(z)|\leqslant$$

$$\sum_{|\alpha|\leqslant N}|c_\alpha(f_{k_\nu}-f_{k_l},a)|+2C\sum_{|\alpha|>N}r'^\alpha r^{-\alpha}$$

由 $r'_j < r_j$ 可知当 $N \to \infty$ 时，上式右端第二项关于 ν, l 一致趋于零. 并且当 $\nu, l \to \infty$ 时，上式右端第一项关于 α 一致趋于零. 从而我们有

$$\sup_{z \in U} | f_{k_\nu}(z) - f_{k_l}(z) | \to 0, \quad 对\ \nu, l \to \infty$$

若 $\{U_p\}_{p=1,2,\cdots}$ 是覆盖 Ω 的开集序列，并使得对每一个 p，A 的任意一个序列都有子序列在 U_p 上一致收敛，则根据对角线方法，任意一序列 $\{f_k\}$ 都有一子序列 $\{f_{k_\nu}\}$ 在 U_p 上一致收敛. 这个序列在 Ω 的任意紧致子集上一致收敛. 证毕.

引理 7.2.4(Hartogs 基本定理) 如果定义在 Ω 上的复值函数 $f(z)$ 对每一个复变量分别是解析的，那么它对全体复变量是解析的.

证明：我们利用归纳法来证明. 首先这个引理对 $n=1$ 是平凡的. 现在假设这个引理对 $\mathbf{C}^{n-1}$ 中的开集成立. 记

$$\Omega = \{z \in \mathbf{C}^n \mid | z_j | < R\} = \Omega' \times D$$

$$\Omega' = \{z' \in \mathbf{C}^{n-1} \mid | z_j | < R, j = 1, 2, \cdots, n-1\}$$

$$D = \{z_n \in \mathbf{C} \mid | z_n | < R\}$$

令 $\rho < R, \delta < R - \rho$, U' 是 Ω' 的开稠密子集使得 f 在 $K' \times K_\rho$ 上有界，其中 $K_\rho = \{z \in \mathbf{C} \mid | z | \leqslant \rho\}$，$K' \subset U'$ 是任意的紧集. 令 $a' \in U'$，$| a' | < \delta$. 则 f 在 $D' \times D_n$ 上解析并有界，其中 $D' = \{z' \in \mathbf{C}^{n-1} \mid | z' - a' | < \eta\}$，$\eta$ 足够小，及 $D_n = \{z \in \mathbf{C} \mid | z_n | < \rho\}$. 因此

$$f(z) = \sum_{\alpha \in \mathbf{N}^{n-1}} a_\alpha(z_n) (z_1 - a_1)^{\alpha_1} \cdots (z_{n-1} - a_{n-1})^{\alpha_{n-1}} \tag{7.2.1}$$

这个级数在 $D' \times D_n$ 的紧子集上一致收敛，且 a_α 在 D_n 上是解析的.

由 Cauchy 不等式，得到

$$| a_\alpha(z_n) | \leqslant M \eta^{-|\alpha|}, \quad M = \sup_{z \in D' \times D_n} | f(z) |, \quad \forall \alpha \in \mathbf{N}^{n-1}$$

另一方面，对 $|z_n|<R$，函数 $(z_1,\cdots,z_{n-1})\to f(z)$ 在 Ω' 是解析的，因此式(7.2.1)中的级数在 $\{z'\in\mathbf{C}^n \mid z_j|<R-\delta\}$ 的紧子集上一致收敛. 特别地，对每一个 z_n，存在 $A(z_n)>0$ 使得

$$|a_\alpha(z_n)|\leqslant A(z_n)\rho^{-|\alpha|},\ \rho<R-\delta,\ \forall\alpha\in\mathbf{N}^{n-1}$$

从上面两个估计，我们推出

$$|a_\alpha(z_n)|^{1/|\alpha|}<\infty,\quad \text{对 } z_n\in D_n,\alpha\in\mathbf{N}^{n-1}$$

$$\overline{\lim_{|\alpha|\to\infty}}\,|a_\alpha(z_n)|^{1/|\alpha|}\leqslant\frac{1}{\rho},\quad \text{对 } z_n\in D_n$$

因此，若 $\varepsilon>0,r<\rho$，则存在 $k_0>0$ 使得

$$|a_\alpha(z_n)|<(\rho^{-1}+\varepsilon)^{|\alpha|},\quad \text{对 } |z_n|\leqslant r,\ |\alpha|\geqslant k_0$$

于是对 $|z_n|\leqslant r$，$|z_1|\leqslant\dfrac{\rho}{1+2\varepsilon\rho}$，…，$|z_{n-1}|\leqslant\dfrac{\rho}{1+2\varepsilon\rho}$，式(7.2.1)中的级数一致收敛. 由于 $\varepsilon>0$ 与 $r<\rho$ 都是任意的，所以从引理 7.2.2 推出 f 在 $\{z\in\mathbf{C}^n \mid z_1|<\rho,\cdots,|z_n|<\rho\}$ 上是解析的. 证毕.

定理 7.2.1 的证明：这个证明分两个步骤来进行，第一步证明 f 可以解析延拓到整个多复变空间 $\mathbf{C}^n(n>1)$ 上. 第二步证明 f 的解析延拓可以表示为实 Gauss 式在 $\mathbf{C}^n$ 上的旋转.

第一步证明的关键是对 f 的正则化进行研究. 这里我们只讨论 $0\leqslant\psi_j^0<\pi/2(j=1,2,\cdots,n)$ 的情况，对其他情况的讨论类似. 固定 $\phi=(\phi_1,\phi_2,\cdots,\phi_n)$，其中 $\phi_j\in(0,\pi/2-\psi_j^0)(j=1,2,\cdots,n)$. 对任意的 $\varepsilon>0$，令

$$G_{\varepsilon,\phi}(z)=\exp(-\pi\mathrm{i}\varepsilon\,(\mathrm{e}^{-\mathrm{i}\phi}z)^2)=$$

$$\exp(-\pi\mathrm{i}\varepsilon\sum_{j=1}^n\mathrm{e}^{-2\mathrm{i}\phi_j}z_j^2),\ (z=(z_1,z_2,\cdots,z_n)\in\mathbf{C}^n)$$

那么，对 $z=\mathrm{e}^{\mathrm{i}\theta}r$，

$$G_{\varepsilon,\phi}(\mathrm{e}^{\mathrm{i}\theta}r)=\exp\,(-\pi\varepsilon\sum_{j=1}^n r_j^2\sin 2(\phi_j-\theta_j))$$

显然，当且仅当 $\phi_j - \frac{\pi}{2} < \theta_j < \phi_j$，$G_{\varepsilon,\phi}(e^{i\theta}r)$ 关于 $r \in \mathbf{R}^n$ 在无穷远处衰减. $G_{\varepsilon,\phi}$ 的 Fourier 变换为

$$\widehat{G_{\varepsilon,\phi}}(\zeta) = \int_{\mathbf{R}^n} G_{\varepsilon,\phi}(x)\exp(-2\pi i x\zeta)\mathrm{d}x =$$

$$\prod_{j=1}^{n}\int_{\mathbf{R}} \exp(-\pi i\varepsilon e^{-2i\phi_j}x_j^2)\exp(-2\pi i x_j\zeta_j)\mathrm{d}x =$$

$$\prod_{j=1}^{n} \varepsilon^{-\frac{1}{2}} e^{-\frac{\pi}{4}i} e^{i\phi_j}\exp(\pi i e^{2i\phi_j}\zeta_j^2/\varepsilon) =$$

$$\varepsilon^{-\frac{n}{2}} e^{-\frac{n}{4}\pi i} e^{i\phi I}\exp(\pi i(e^{i\phi}\zeta)^2/\varepsilon)$$

其中 $I = (1,1,\cdots,1)$ 表示 n 个分量都为 1 的向量，则

$$e^{i\phi I} = (e^{i\phi})^I = \prod_{j=1}^{n} e^{i\phi_j}$$

对 $\zeta = e^{i\theta}t$，

$$|\widehat{G_{\varepsilon,\phi}}(e^{i\theta}t)| = \varepsilon^{-\frac{n}{2}}\exp\left(-\pi\sum_{j=1}^{n} t_j^2\sin 2(\phi_j + \theta_j)/\varepsilon\right) \tag{7.2.2}$$

且当且仅当 $-\phi_j < \theta_j < \frac{\pi}{2} - \phi_j$，$\widehat{G_{\varepsilon,\phi}}(e^{i\theta}t)$ 关于 $t \in \mathbf{R}^n$ 在无穷远处衰减.

对上述固定的 ϕ 和任意的 $\varepsilon > 0$，定义 $f \in L^1(\mathbf{R}^n)$ 的正则化 $f_{\varepsilon,\phi}$ 为

$$f_{\varepsilon,\phi}(x) = f(x)G_{\varepsilon,\phi}(x)$$

根据式(7.2.2)，有

$$\int_{\mathbf{R}^n} |f_{\varepsilon,\phi}(x)|\,\mathrm{d}x = \int_{\mathbf{R}^n} |f(x)\|G_{\varepsilon,\phi}(x)|\,\mathrm{d}x \leqslant$$

$$\int_{\mathbf{R}^n} |f(x)|\,\mathrm{d}x < +\infty \tag{7.2.3}$$

因此，$f_{\varepsilon,\phi}(x) \in L^1(\mathbf{R}^n)$. 又 $G_{\varepsilon,\phi} \to 1(\varepsilon \to 0)$ 在 $\mathbf{R}^n$ 上局部地一致成立，这表明当 $\varepsilon \to 0$ 时，$f_{\varepsilon,\phi}$ 在 $\mathbf{R}^n$ 上按照 L^1 的范数一致收敛于

f. 这是因为

$$\int_{\mathbf{R}^n} |f_{\varepsilon,\phi}(x)-f(x)|\,dx=$$

$$\int_{\mathbf{R}^n} |f(x)\|G_{\varepsilon,\phi}(x)-1|\,dx\leqslant$$

$$\int_{|x|\leqslant M} |f(x)\|\exp\left(-\pi i\varepsilon\sum_{j=1}^{n}e^{-2i\phi_j}x_j^2\right)-1|\,dx+$$

$$2\int_{|x|>M} |f(x)|\,dx$$

对于充分大的正数 M，当 $\varepsilon\to0$ 时，上式任意小. $f_{\varepsilon,\phi}$ 的 Fourier 变换 $\widehat{f_{\varepsilon,\phi}}(\zeta)(\zeta\in\mathbf{C}^n)$ 定义了一个整函数，上式表明 $\widehat{f_{\varepsilon,\phi}}\to\hat{f}(\varepsilon\to0)$ 在 $\mathbf{R}^n$ 上一致成立.

令 $G_{\varepsilon,\phi}(z_j)=\exp(-\pi i\varepsilon e^{-2i\phi_j}z_j^2)$，根据 7.1 节定理 7.1.1 推出

$$G_{\varepsilon,\phi}(x)=\prod_{j=1}^{n}G_{\varepsilon,\phi}(x_j)=$$

$$\prod_{j=1}^{n}e^{i\psi_j^0}\int_{\mathbf{R}}\widehat{G_{\varepsilon,\phi}}(e^{i\psi_j^0}t_j)\exp(2\pi i x_j e^{i\psi_j^0}t_j)\,dt_j=$$

$$e^{i\psi^0 I}\int_{\mathbf{R}^n}\widehat{G_{\varepsilon,\phi}}(e^{i\psi^0}t)\exp(2\pi i x(e^{i\psi^0}t))\,dt \tag{7.2.4}$$

其中 ψ^0 同定理 7.2.1 中的一样，

$$e^{i\psi^0 I}=(e^{i\psi^0})^I=\prod_{j=1}^{n}e^{i\psi_j^0}$$

从式(7.2.4) 可以看出，$\widehat{f_{\varepsilon,\phi}}(\zeta)$ 对 $\zeta=e^{i\psi^0}s$ 可表达为

$$\widehat{f_{\varepsilon,\phi}}(e^{i\psi^0}s)=\int_{\mathbf{R}^n}f(x)G_{\varepsilon,\phi}(x)\exp(-2\pi i x(e^{i\psi^0}s))\,ds=$$

$$e^{i\psi^0 I}\int_{\mathbf{R}^n}f(x)\exp(-2\pi i x(e^{i\psi^0}s))$$

$$\int_{\mathbf{R}^n}\widehat{G_{\varepsilon,\phi}}(e^{i\psi^0}t)\exp(2\pi i x(e^{i\psi^0}t))\,dt\,ds=$$

$$e^{i\psi^0 I}\int_{\mathbf{R}^n}\widehat{G_{\varepsilon,\phi}}(e^{i\psi^0}t)\int_{\mathbf{R}^n}f(x)\exp\{-2\pi i x\cdot$$

$$(e^{i\psi^0}(s-t))\}dtds=$$

$$e^{i\psi^0 I}\int_{\mathbf{R}^n}\widehat{G_{\varepsilon,\phi}}(e^{i\psi^0}t)\hat{f}(e^{i\psi^0}(s-t))dt$$

因此，

$$\begin{aligned}|\widehat{f_{\varepsilon,\phi}}(e^{i\psi^0}s)|\leqslant&\int_{\mathbf{R}^n}|\widehat{G_{\varepsilon,\phi}}(e^{i\psi^0}t)||\hat{f}(e^{i\psi^0}(s-t))|dt\leqslant\\&C\varepsilon^{-n/2}\prod_{j=1}^{n}\int_{\mathbf{R}}e^{-\pi t_j^2\sin 2(\phi_j+\psi_j^0)/\varepsilon}e^{-\pi(s_j-t_j)^2/\alpha}dt_j=\\&C\prod_{j=1}^{n}\frac{\sqrt{\alpha}}{\sqrt{\varepsilon+\alpha\sin 2(\phi_j+\psi_j^0)}}\times\\&(\exp)\left(-\frac{\pi s_j^2\sin 2(\phi_j+\psi_j^0)}{\varepsilon+\alpha\sin 2(\phi_j+\psi_j^0)}\right)\leqslant\\&C'\exp(-\pi|s|^2/\beta)\end{aligned}\tag{7.2.5}$$

其中，

$$C'=C\prod_{j=1}^{n}\frac{\sqrt{\alpha}}{\sqrt{\varepsilon+\alpha\sin 2(\phi_j+\psi_j^0)}}>0$$

$$\beta=\max\left\{\frac{\varepsilon+\alpha\sin 2(\phi_j+\psi_j^0)}{\sin 2(\phi_j+\psi_j^0)}\right\}\to\alpha(\varepsilon\to 0)$$

在式(7.2.2)中，取$\theta=0$，对固定的$e^{i\psi_j^0}s_j(1\leqslant j\leqslant n-1)$，有

$$\begin{aligned}&\int_{\mathbf{R}}|(\mathscr{F}_{1,\cdots,n-1}f_{\varepsilon,\phi})(e^{i\psi_1^0}s_1,\cdots,e^{i\psi_{n-1}^0}s_{n-1},x_n)|dx_n\leqslant\\&\int_{\mathbf{R}^n}|f(x)G_{\varepsilon,\phi}(x)|\exp(2\pi\sum_{j=1}^{n-1}x_js_j\sin\psi_j^0)dx\leqslant\\&\int_{\mathbf{R}^n}|f(x)|\exp(-\pi\varepsilon\sum_{j=1}^{n}x_j^2\sin 2\phi_j)\times\\&\exp(2\pi\sum_{j=1}^{n-1}x_js_j\sin\psi_j^0)dx\leqslant\\&\exp(\pi\sum_{j=1}^{n-1}s_j^2\sin^2\psi_j^0/(\varepsilon\sin\phi_j))\int_{\mathbf{R}^n}|f(x)|dx<+\infty\end{aligned}\tag{7.2.6}$$

利用式(7.2.5)、式(7.2.6)及式(7.1.10)对 $f_{\varepsilon,\phi}$ 的前 $n-1$ 个分量的偏 Fourier 变换进行估计，得

$$|(\mathscr{F}_{1,\cdots,n-1}f_{\varepsilon,\phi})(e^{i\psi_1^0}s_1,\cdots,e^{i\psi_{n-1}^0}s_{n-1},x_n)|=$$

$$|\int_{\mathbf{R}}\widehat{f_{\varepsilon,\phi}}(e^{i\psi^0}s)\exp(2\pi ix_ne^{i\psi_n^0}s_n)ds_n|\leqslant$$

$$C'\exp(-\pi\sum_{j=1}^{n-1}s_j^2/\beta)\int_{\mathbf{R}}\exp(-\pi s_n^2/\beta)\times$$

$$\exp(-2\pi s_nx_n\sin\psi_n^0)ds_n\leqslant$$

$$C(x_n)\exp(-\pi\sum_{j=1}^{n-1}s_j^2/\beta)\tag{7.2.7}$$

其中，$C(x_n)=C'\sqrt{\beta}\exp(\pi\beta x_n^2\sin^2\psi_n^0)>0$ 是与 x_n 有关的常数.

下面对 n 进行迭代来证明第一步. 首先对 $n=2$ 进行讨论. 对 $x=(x_1,x_2)\in\mathbf{R}^2$，固定 x_2，由式(7.2.3)，有

$$\int_{\mathbf{R}}|f_{\varepsilon,\phi}(x_1,x_2)|dx_1\leqslant C(x_2)<\infty\tag{7.2.8}$$

因此根据式(7.2.7)、式(7.2.8)，引理 7.1.2 及引理 7.2.2 推出，$f_{\varepsilon,\phi}(x_1,x_2)$ 关于 x_1 可以解析延拓到 $\mathbf{C}^2$ 的 z_1 平面上，并且这个解析延拓满足：

$$f_{\varepsilon,\phi}(\omega_1,x_2)=e^{i\psi_1^0}\int_{\mathbf{R}}(\mathscr{F}_1f_{\varepsilon,\phi})(e^{i\psi_1^0}s_1,x_2)e^{2\pi ie^{i\psi_1^0}s_1\omega}ds_1\tag{7.2.9}$$

其中，$\omega_1\in\mathbf{C}$. 由式(7.2.5)、式(7.2.9)及 Fubini 定理有

$$|(\mathscr{F}_2f_{\varepsilon,\phi})(\omega_1,e^{i\psi_2^0}s_2)|=$$

$$|\int_{\mathbf{R}}f_{\varepsilon,\phi}(\omega_1,x_2)\exp(-2\pi ix_2e^{i\psi_2^0}s_2)dx_2|=$$

$$|\int_{\mathbf{R}}(\int_{\mathbf{R}}(\mathscr{F}_1f_{\varepsilon,\phi})(e^{i\psi_1^0}s_1,x_2)\exp(-2\pi ix_2e^{i\psi_2^0}s_2)dx_2)\times$$

$$\exp(2\pi ie^{i\psi_1^0}s_1\omega_1)ds_1|=$$

$$|\int_{\mathbf{R}}\widehat{f_{\varepsilon,\phi}}(e^{i\psi^0}s)\exp(2\pi ie^{i\psi_1^0}s_1\omega_1)ds_1|\leqslant$$

$$C\int_{\mathbf{R}} e^{-\pi(s_1^2+s_2^2)/\beta}\exp\left(-2\pi s_1 \operatorname{Im}\left(e^{i\psi_1^0}\omega_1\right)\right)ds_1 \mid \leqslant$$

$$C_\beta \exp\left(\pi\beta(\operatorname{Im}(e^{i\psi_1^0}\omega_1))^2\right)e^{-\pi s_2^2/\beta}$$

对固定的 ω_1，有

$$\left|(\mathscr{F}_2 f_{\varepsilon,\phi})(\omega_1, e^{i\psi_2^0}s_2)\right| \leqslant C_{\beta,\omega_1} e^{-\pi s_2^2/\beta} \tag{7.2.10}$$

其中，C_{β,ω_1} 是与 β,ω_1 有关的常数. 与式(7.2.8)类似，对固定的 x_1，有

$$f_{\varepsilon,\phi,x_1}(x_2) = f_{\varepsilon,\phi}(x_1,x_2) \in L^1(\mathbf{R}) \tag{7.2.11}$$

式(7.2.10)、式(7.2.11)及引理 7.1.2 推出，$f_{\varepsilon,\phi}(x_1,x_2)$ 关于 x_2 可以解析延拓到 $\mathbf{C}^2$ 的 z_2 平面上. 从而由 Hartogs 基本定理(引理 7.2.4)推出 $f_{\varepsilon,\phi}(x_1,x_2)$ 可以解析延拓到 $\mathbf{C}^2$ 上，并且 $f_{\varepsilon,\phi}$ 的解析延拓满足：

$$f_{\varepsilon,\phi}(\omega) = f_{\varepsilon,\phi}(\omega_1,\omega_2) = \int_{\mathbf{R}^2} \widehat{f_{\varepsilon,\phi}}(\xi) e^{2\pi i(\xi\cdot\omega)} d\xi =$$

$$\prod_{j=1}^{2} e^{i\psi_j^0}\int_{\mathbf{R}^2} \widehat{f_{\varepsilon,\phi}}(e^{i\psi_1^0}s_1, e^{i\psi_2^0}s_2)\times$$

$$\exp\left(2\pi i\sum_{j=1}^{2} e^{i\psi_j^0}s_j\omega_j\right)ds_1\,ds_2 =$$

$$e^{i\psi^0 I}\int_{\mathbf{R}^2} \widehat{f_{\varepsilon,\phi}}(e^{i\psi^0}s)\exp(2\pi i(e^{i\psi^0}s\omega))ds \tag{7.2.12}$$

事实上，对所有的 $\omega=(\omega_1,\omega_2)\in\mathbf{C}^2$，固定 ω_1，由式(7.2.10)、式(7.2.11)及式(7.1.10)，可知

$$f(\omega_1,\omega_2) = \int_{\mathbf{R}} (\mathscr{F}_2 f_{\varepsilon,\phi})(\omega_1,\xi_2)e^{2\pi i\xi_2\omega_2}d\xi_2 =$$

$$e^{i\psi_2^0}\int_{\mathbf{R}} (\mathscr{F}_2 f_{\varepsilon,\phi})(\omega_1, e^{i\psi_2^0}s_2)e^{2\pi i e^{i\psi_2^0}s_2\omega_2}ds_2 \tag{7.2.13}$$

令

$$g(\omega_1, e^{i\psi_2^0}s_2) = (\mathscr{F}_2 f_{\varepsilon,\phi})(\omega_1, e^{i\psi_2^0}s_2)e^{2\pi i e^{i\psi_2^0}s_2\omega_2}$$

根据式(7.2.3)，有

$$\int_{\mathbf{R}} |g(x_1,e^{i\psi_2^0}s_2)|\,dx_1=\int_{\mathbf{R}}\left|\int_{\mathbf{R}} f_{\varepsilon,\phi}(x_1,x_2)dx_2\right|dx_1\leqslant \int_{\mathbf{R}^2}|f_{\varepsilon,\phi}(x_1,x_2)|\,dx<\infty$$

及对固定的 ω_2，

$$|(\mathscr{F}_1 g)(e^{i\psi_1^0}s_1,e^{i\psi_2^0}s_2)|=|\widehat{f_{\varepsilon,\phi}}(e^{i\psi^0}s)e^{2\pi i e^{i\psi_2^0}s_2\omega_2}|\leqslant Ce^{-\pi s_1^2/\beta}e^{-\pi s_2^2/\beta-2\pi s_2\operatorname{Im}(e^{i\psi_2^0}\omega_2)}\leqslant C_{\beta,\omega_2}e^{-\pi s_1^2/\beta}$$

其中，C_{β,ω_2} 是与 β,ω_2 有关的常数. 因此，

$$g(\omega_1,e^{i\psi_2^0}s_2)=e^{i\psi_1^0}\int_{\mathbf{R}}(\mathscr{F}_1 g)(e^{i\psi_1^0}s_1,e^{i\psi_2^0}s_2)e^{2\pi i e^{i\psi_1^0}s_1\omega_1}ds_1= e^{i\psi_1^0}\int_{\mathbf{R}}\widehat{f_{\varepsilon,\phi}}(e^{i\psi_1^0}s_1,e^{i\psi_2^0}s_2)\exp\left(2\pi i\sum_{j=1}^{2}e^{i\psi_j^0}s_j\omega_j\right)ds_1 \tag{7.2.14}$$

从而，由式(7.2.13)和式(7.2.14)推出式(7.2.12)成立.

现在对 $n=3$ 进行讨论. 对所有的 $x=(x_1,x_2,x_3)\in\mathbf{R}^3$，固定 x_3，由式(7.2.3)、式(7.2.7)，有

$$\int_{\mathbf{R}^2}|f_{\varepsilon,\phi}(x_1,x_2,x_3)|\,dx_1dx_2\leqslant C(x_3)<\infty \tag{7.2.15}$$

及

$$|(\mathscr{F}_{1,2}f_{\varepsilon,\phi})(e^{i\psi_1^0}s_1,e^{i\psi_2^0}s_2,x_3)|\leqslant Ce^{-\pi(s_1^2+s_2^2)/\beta} \tag{7.2.16}$$

因此根据式(7.2.15)、式(7.2.16)及对 $n=2$ 的讨论过程可知，$f_{\varepsilon,\phi}(x_1,x_2,x_3)$ 关于 x_1 和 x_2 可以分别解析延拓到 z_1 平面和 z_2 平面上. 而且由式(7.2.12)可知这个解析延拓满足

$$f_{\varepsilon,\phi}(\omega_1,\omega_2,x_3)=\prod_{j=1}^{2}e^{i\psi_j^0}\int_{\mathbf{R}}(\mathscr{F}_{1,2}f_{\varepsilon,\phi})(e^{i\psi_1^0}s_1,e^{i\psi_2^0}s_2,x_3)\times \exp\left(2\pi i\sum_{j=1}^{2}e^{i\psi_j^0}s_j\omega_j\right)ds_1ds_2 \tag{7.2.17}$$

其中，$\omega_1,\omega_2\in\mathbf{C}$. 由式(7.2.5)和式(7.2.17)，有

$$\begin{aligned}&|(\mathscr{F}_3 f_{\varepsilon,\phi})(\omega_1,\omega_2,\mathrm{e}^{\mathrm{i}\psi_3^0}s_3)|=|\int_{\mathbf{R}} f_{\varepsilon,\phi}(\omega_1,\omega_2,x_3)\times\\&\quad \exp(-2\pi \mathrm{i}x_3\mathrm{e}^{\mathrm{i}\psi_3^0}s_3)\mathrm{d}x_3|=\\&\quad |\int_{\mathbf{R}}(\int_{\mathbf{R}^2}(\mathscr{F}_{1,2}f_{\varepsilon,\phi})(\mathrm{e}^{\mathrm{i}\psi_1^0}s_1,\mathrm{e}^{\mathrm{i}\psi_2^0}s_2,x_3)\times\\&\quad \exp(2\pi\mathrm{i}\sum_{j=1}^{2}\mathrm{e}^{\mathrm{i}\psi_j^0}s_j\omega_j)\mathrm{d}s_1\mathrm{d}s_2)\exp(-2\pi\mathrm{i}x_3\mathrm{e}^{\mathrm{i}\psi_3^0}s_3)\mathrm{d}x_3|=\\&\quad |\int_{\mathbf{R}^2}\widehat{f_{\varepsilon,\phi}}(\mathrm{e}^{\mathrm{i}\psi^0}s)\exp(2\pi\mathrm{i}\sum_{j=1}^{2}\mathrm{e}^{\mathrm{i}\psi_j^0}s_j\omega_j)\mathrm{d}s_1\mathrm{d}s_2\leqslant\\&\quad C\int_{\mathbf{R}^2}\mathrm{e}^{-\pi(s_1^2+s_2^2+s_3^2)/\beta}\exp(-2\pi\sum_{j=1}^{2}s_j\,\mathrm{Im}(\mathrm{e}^{\mathrm{i}\psi_j^0}\omega_j))\mathrm{d}s_1\mathrm{d}s_2\leqslant\\&\quad C_\beta\exp(\pi\beta\sum_{j=1}^{2}(\mathrm{Im}(\mathrm{e}^{\mathrm{i}\psi_j^0}\omega_j))^2)\mathrm{e}^{-\pi s_3^2/\beta}\end{aligned}$$

对固定的 ω_1,ω_2，有

$$|(\mathscr{F}_3 f_{\varepsilon,\phi})(\omega_1,\omega_2,\mathrm{e}^{\mathrm{i}\psi_3^0}s_3)|\leqslant C_{\beta,\omega_1,\omega_2}\mathrm{e}^{-\pi s_3^2/\beta}\qquad(7.2.18)$$

其中，$C_{\beta,\omega_1,\omega_2}$ 是与 β,ω_1,ω_2 有关的常数. 对固定的 x_1,x_2 有

$$f_{\varepsilon,\phi,x_1,x_2}(x_3)=f_{\varepsilon,\phi}(x_1,x_2,x_3)\in L^1(\mathbf{R})$$

由式(7.2.18) 可知，$f_{\varepsilon,\phi}(x_1,x_2,x_3)$ 关于 x_3 可以解析延拓到 z_3 平面上. 因此，Hartogs基本定理保证 $f_{\varepsilon,\phi}$ 可以解析延拓到 $\mathbf{C}^3$ 上. 并且，$f_{\varepsilon,\phi}$ 的解析延拓满足

$$\begin{aligned}&f_{\varepsilon,\phi}(\omega)=f_{\varepsilon,\phi}(\omega_1,\omega_2,\omega_3)=\int_{\mathbf{R}^3}\widehat{f_{\varepsilon,\phi}}(\xi)\mathrm{e}^{2\pi\mathrm{i}(\xi\cdot\omega)}\mathrm{d}\xi=\\&\quad \prod_{j=1}^{3}\mathrm{e}^{\mathrm{i}\psi_j^0}\int_{\mathbf{R}^3}\widehat{f_{\varepsilon,\phi}}(\mathrm{e}^{\mathrm{i}\psi_1^0}s_1,\mathrm{e}^{\mathrm{i}\psi_2^0}s_2,\mathrm{e}^{\mathrm{i}\psi_3^0}s_3)\times\\&\quad\quad \exp(2\pi\mathrm{i}\sum_{j=1}^{3}\mathrm{e}^{\mathrm{i}\psi_j^0}s_j\omega_j)\mathrm{d}s_1\mathrm{d}s_2\mathrm{d}s_3=\\&\quad\quad \mathrm{e}^{\mathrm{i}\psi^0 I}\int_{\mathbf{R}^3}\widehat{f_{\varepsilon,\phi}}(\mathrm{e}^{\mathrm{i}\psi^0}s)\exp(2\pi\mathrm{i}(\mathrm{e}^{\mathrm{i}\psi^0}s\omega))\mathrm{d}s\end{aligned}\qquad(7.2.19)$$

这是因为：对所有的 $\omega=(\omega_1,\omega_2,\omega_3)\in\mathbf{C}^3$，固定 ω_3，由式

(7.2.12)、式(7.2.15) 及式(7.2.16)，可知

$$f_{\varepsilon,\phi}(\omega_1,\omega_2,\omega_3)=\int_{\mathbf{R}^2}(\mathscr{F}_{1,2}f_{\varepsilon,\phi})(\xi_1,\xi_2,\omega_3)\times$$

$$\exp\left(2\pi\mathrm{i}\sum_{j=1}^{2}\xi_j\omega_j\right)\mathrm{d}\xi_1\mathrm{d}\xi_2=$$

$$\prod_{j=1}^{2}\mathrm{e}^{\mathrm{i}\psi_j^0}\int_{\mathbf{R}^2}(\mathscr{F}_{1,2}f_{\varepsilon,\phi})(\mathrm{e}^{\mathrm{i}\psi_1^0}s_1,\mathrm{e}^{\mathrm{i}\psi_2^0}s_2,\omega_3)\times$$

$$\exp\left(2\pi\mathrm{i}\sum_{j=1}^{2}\mathrm{e}^{\mathrm{i}\psi_j^0}s_j\omega_j\right)\mathrm{d}s_1\mathrm{d}s_2 \qquad (7.2.20)$$

令

$$g(\mathrm{e}^{\mathrm{i}\psi_1^0}s_1,\mathrm{e}^{\mathrm{i}\psi_2^0}s_2,\omega_3)=(\mathscr{F}_{1,2}f_{\varepsilon,\phi})(\mathrm{e}^{\mathrm{i}\psi_1^0}s_1,\mathrm{e}^{\mathrm{i}\psi_2^0}s_2,\omega_3)\exp\left(2\pi\mathrm{i}\sum_{j=1}^{2}\mathrm{e}^{\mathrm{i}\psi_j^0}s_j\omega_j\right)$$

根据式(7.2.3) 有

$$\int_{\mathbf{R}}|g(\mathrm{e}^{\mathrm{i}\psi_1^0}s_1,\mathrm{e}^{\mathrm{i}\psi_2^0}s_2,x_3)|\mathrm{d}x_3=$$

$$\int_{\mathbf{R}}\left|\int_{\mathbf{R}^2}f_{\varepsilon,\phi}(x_1,x_2,x_3)\mathrm{d}x_1\mathrm{d}x_2\right|\mathrm{d}x_3\leqslant$$

$$\int_{\mathbf{R}^3}|f_{\varepsilon,\phi}(x_1,x_2,x_3)|\mathrm{d}x<\infty$$

及对固定的$(\omega_1,\omega_2)\in\mathbf{C}^2$，

$$|(\mathscr{F}_3g)(\mathrm{e}^{\mathrm{i}\psi_1^0}s_1,\mathrm{e}^{\mathrm{i}\psi_2^0}s_2,\mathrm{e}^{\mathrm{i}\psi_3^0}s_3)|=$$

$$\left|\widehat{f_{\varepsilon,\phi}}(\mathrm{e}^{\mathrm{i}\psi^0}s)\exp\left(2\pi\mathrm{i}\sum_{j=1}^{2}\mathrm{e}^{\mathrm{i}\psi_j^0}s_j\omega_j\right)\right|\leqslant$$

$$C\exp\left(-\pi\sum_{j=1}^{3}s_j^2/\beta\right)\exp\left(-2\pi\sum_{j=1}^{2}s_j\,\mathrm{Im}(\mathrm{e}^{\mathrm{i}\psi_j^0}\omega_j)\right)\leqslant$$

$$C_{\beta,\omega_1,\omega_2}\mathrm{e}^{-\pi s_3^2/\beta}$$

其中，$C_{\beta,\omega_1,\omega_2}$ 是与 β,ω_1,ω_2 有关的常数. 因此，

$$g(\mathrm{e}^{\mathrm{i}\psi_1^0}s_1,\mathrm{e}^{\mathrm{i}\psi_2^0}s_2,\omega_3)=\mathrm{e}^{\mathrm{i}\psi_3^0}\int_{\mathbf{R}}\widehat{f_{\varepsilon,\phi}}(\mathrm{e}^{\mathrm{i}\psi_1^0}s_1,\mathrm{e}^{\mathrm{i}\psi_2^0}s_2,\mathrm{e}^{\mathrm{i}\psi_3^0}s_3)\times$$

$$\exp\left(2\pi i\sum_{j=1}^{3}e^{i\psi_j^0}s_j\omega_j\right)ds_3 \tag{7.2.21}$$

从而，由式(7.2.20)、式(7.2.21)及Fubini定理推出式(7.2.19)成立.

照此办法迭代下去，可推出 $f_{\varepsilon,\phi}$ 可以解析延拓到 $\mathbf{C}^n$ 上，并且 $f_{\varepsilon,\phi}$ 在 $\mathbf{C}^n$ 上的解析延拓满足

$$f_{\varepsilon,\phi}(\omega)=\int_{\mathbf{R}^n}\widehat{f_{\varepsilon,\phi}}(\xi)e^{2\pi i(\xi\cdot\omega)}d\xi=$$

$$e^{i\psi^0 I}\int_{\mathbf{R}^n}\widehat{f_{\varepsilon,\phi}}(e^{i\psi^0}s)\exp(2\pi i(e^{i\psi^0}s\omega))ds \tag{7.2.22}$$

其中，$\omega=(\omega_1,\omega_2,\cdots,\omega_n)\in\mathbf{C}^n$，$\psi^0=(\psi_1^0,\psi_2^0,\cdots,\psi_n^0)$ 同定理7.2.1定义的一样.

上式表明 $f_{\varepsilon,\phi}(\omega)(\omega\in\mathbf{C}^n)$ 可以定义为按照 $e^{i\psi^0}s(s\in\mathbf{R}^n)$ 的Fourier积分，并且解析函数列 $\{f_{\varepsilon,\phi}\}_{\varepsilon>0}$ 在紧致集上一致有界. 联合引理 7.2.2 和引理 7.2.3，推出 $\{f_{\varepsilon,\phi}\}_{\varepsilon>0}$ 包含有一个子序列，它们一致收敛于 $\mathbf{C}^n$ 上的一个解析函数. 这个解析函数就是 f 在 $\mathbf{C}^n$ 上的解析延拓，这是因为 $f_{\varepsilon,\phi}\to f(\varepsilon\to 0)$ 在 $\mathbf{R}^n$ 上一致成立. 对于 $-\pi/2<\psi_j^0\leqslant 0$ 的情况，应用类似的讨论即可. 第一步证毕.

在式(7.2.5)和式(7.2.22)中，令 $\varepsilon\to 0$，那么 f 的解析延拓满足：

$$f(\omega)=\int_{\mathbf{R}^n}\hat{f}(\xi)e^{2\pi i(\xi\cdot\omega)}d\xi=$$

$$e^{i\psi^0 I}\int_{\mathbf{R}^n}\hat{f}(e^{i\psi^0}s)\exp(2\pi i(e^{i\psi^0}s\omega))ds \tag{7.2.23}$$

现在，对 n 进行归纳来证明第二步. 由定理 7.1.1 可知，当 $n=1$ 时定理 7.2.1 的(2)的结论成立.

由归纳假设，若 f 对 $n-1$ 满足定理 7.2.1 的条件，那么 f 的解析延拓可以表示为实 Gauss 函数在 $\mathbf{C}^{n-1}$ 上旋转. 对$(z_1,z_2,\cdots,$

$z_{n-1}) \in \mathbf{C}^{n-1}$，令

$$h(z_1, z_2, \cdots, z_{n-1}) = f(z_1, z_2, \cdots z_{n-1}, 0)$$

有

$$h(z_1, z_2, \cdots, z_{n-1}) = C\exp\left(-\pi\alpha \sum_{j=1}^{n-1} e^{-2i\theta_j^0} z_j^2\right) \quad (7.2.24)$$

令 $\tilde{r}(\tilde{\theta}^0) = (r_1 e^{i\theta_1^0}, r_2 e^{i\theta_2^0}, \cdots, r_{n-1} e^{i\theta_{n-1}^0})$，其中 $r_j, \theta_j^0 (j = 1, 2, \cdots, n-1)$，同定理 7.2.1 条件中的一样. 对固定的 $\tilde{r}(\tilde{\theta}^0)$，令

$$H_{\tilde{r}(\tilde{\theta}^0)}(x_n) = f(e^{i\theta_1^0} r_1, e^{i\theta_2^0} r_2, \cdots, e^{i\theta_{n-1}^0} r_{n-1}, x_n),\ x_n \in \mathbf{R}$$

由式(7.2.23) 和 Fubini 定理可知，$H_{\tilde{r}(\tilde{\theta}^0)}(x)$ 的 Fourier 变换 $\hat{H}_{\tilde{r}(\tilde{\theta}^0)}(e^{i\psi_n^0} s_n)$ 满足：

$$\begin{aligned}
\hat{H}_{\tilde{r}(\tilde{\theta}^0)}(e^{i\psi_n^0} s_n) = &(\mathscr{F}_n f)(e^{i\theta_1^0} r_1, \cdots, e^{i\theta_{n-1}^0} r_{n-1}, e^{i\psi_n^0} s_n) = \\
&\int_{\mathbf{R}} f(e^{i\theta_1^0} r_1, \cdots, e^{i\theta_{n-1}^0} r_{n-1}, x_n) \times \\
&\exp(-2\pi i x_n e^{i\psi_n^0} s_n) dx_n = \\
&e^{i\psi^0 I} \int_{\mathbf{R}} \int_{\mathbf{R}^n} \hat{f}(e^{i\psi_1^0} s_1, \cdots, e^{i\psi_{n-1}^0} s_{n-1}, e^{i\psi_n^0} s'_n) \times \\
&\exp\left(2\pi i \sum_{j=1}^{n-1} e^{i\psi_j^0} s_j e^{i\theta_j^0} r_j\right) \exp(2\pi i e^{i\psi_n^0} s'_n x_n) \times \\
&\exp(-2\pi i x_n e^{i\psi_n^0} s_n) ds_1 \cdots ds_{n-1} ds'_n dx_n = \\
&e^{i\psi^0 I} \int_{\mathbf{R}^{n-1}} \hat{f}(e^{i\psi_1^0} s_1, \cdots, e^{i\psi_{n-1}^0} s_{n-1}, e^{i\psi_n^0} s_n) \times \\
&\exp\left(2\pi i \sum_{j=1}^{n-1} e^{i(\psi_j^0 + \theta_j^0)} s_j r_j\right) ds_1 \cdots ds_{n-1}
\end{aligned}$$

由归纳假设，对 $n-1$ 有：$\psi_j^0 + \theta_j^0 = k\pi, j = 1, \cdots, n-1$，$k$ 是整数. 根据定理 7.2.1(1) 中条件的假设，上式变成

$$\begin{aligned}
|\hat{H}_{\tilde{r}(\tilde{\theta}^0)}(e^{i\psi_n^0} s_n)| \leqslant &\int_{\mathbf{R}^{n-1}} |\hat{f}(e^{i\psi^0} s)| \exp\left(-2\pi \sum_{j=1}^{n-1} \sin(\psi_j^0 + \right. \\
&\left. \theta_j^0) s_j r_j\right) ds_1 \cdots ds_{n-1} \leqslant
\end{aligned}$$

$$C\int_{\mathbf{R}^{n-1}} e^{-\pi|s|^2/\alpha} ds_1 \cdots ds_{n-1} \leqslant Ce^{-\pi s_n^2/\alpha} \tag{7.2.25}$$

由定理 7.2.1(2) 中条件的假设可知，对某个 $\theta_n^0 \in \mathbf{R}$ 及所有的 $r_n \in \mathbf{R}$，有

$$|H_{\tilde{r}(\tilde{\theta}^0)}(e^{i\theta_n^0} r_n)| = |f(e^{i\theta_1^0} r_1, e^{i\theta_2^0} r_2, \cdots, e^{i\theta_{n-1}^0} r_{n-1}, e^{i\theta_n^0} r_n)| = |f(e^{i\theta^0} r)| \leqslant Ce^{-\pi\alpha|r|^2} \leqslant Ce^{-\pi\alpha r_n^2} \tag{7.2.26}$$

从式(7.2.25)、式(7.2.26) 及定理 7.1.1 推出，$H_{\tilde{r}(\tilde{\theta}^0)}$ 可以解析延拓到复平面上，并且解析延拓满足

$$H_{\tilde{r}(\tilde{\theta}^0)}(z_n) = C_{\tilde{r}(\tilde{\theta}^0)} \exp(-\pi\alpha e^{-2i\theta_n^0} z_n^2),\ z_n \in \mathbf{C}$$

其中，$C_{\tilde{r}(\tilde{\theta}^0)}$ 是与 $\tilde{r}(\tilde{\theta}^0)$ 有关的常数，$\psi_n^0 + \theta_n^0 = k\pi$. 用 $C_{\tilde{r}(\tilde{\theta}^0)} = C(e^{i\theta_1^0} r_1, e^{i\theta_2^0} r_2, \cdots, e^{i\theta_{n-1}^0} r_{n-1})$ 与 h 进行比较，可得

$$C_{\tilde{r}(\tilde{\theta}^0)} = C\exp(-\pi\alpha \sum_{j=1}^{n-1} e^{-2i\theta_j^0} (e^{i\theta_j^0} r_j)^2) = C\exp(-\pi\alpha \sum_{j=1}^{n-1} r_j^2)$$

因此，对任意的 $r \in \mathbf{R}^n$，及 $\theta^0 = (\theta_1^0, \cdots, \theta_{n-1}^0, \theta_n^0) \in \mathbf{R}^n$，有

$$f(e^{i\theta^0} r) = f(e^{i\theta_1^0} r_1, e^{i\theta_2^0} r_2, \cdots, e^{i\theta_{n-1}^0} r_{n-1}, e^{i\theta_n^0} r_n) = C\exp(-\pi\alpha \sum_{j=1}^{n} e^{-2i\theta_j^0} (e^{i\theta_j^0} r_j)^2) = C\exp(-\pi\alpha \sum_{j=1}^{n} r_j^2)$$

从而 f 在 $\mathbf{C}^n$ 上的解析延拓有

$$f(z) = f(z_1, z_2, \cdots, z_n) = C\exp(-\pi\alpha \sum_{j=1}^{n} e^{-2i\theta_j^0} z_j^2) = C\exp(-\pi\alpha (e^{-i\theta^0} z)^2)$$

第二步证毕. 因此定理 7.2.1 证毕.

习　题　7

证明 Cauchy 不等式：

$$|D^{\alpha}f(a)| \leqslant M\alpha!\,\rho^{-|\alpha|}$$

其中 $M = \sup\limits_{|z_j - a_j| = \rho_j} |f(z)|$.

第 8 章　关于 Schwartz 函数的 Hardy 不确定原理

本章分 2 节. 8.1 节讨论与 Schwartz 函数的短时 Fourier 变换相关的 Hardy 不确定原理, 8.2 节建立与 Schwartz 函数的 Weyl 变换相关的 Hardy 不确定原理.

8.1　与短时 Fourier 变换相关的 Hardy 不确定原理

本节通过对短时 Fourier 变换(Short - Time Fourier Transf orm, 以下简记为 STFT) 和十字 - Wigner 分布的衰减研究, 刻画 Schwartz 空间 $S(\mathbf{R}^d)$ 中的函数的特征, 然后对 Schwartz 函数建立与 STFT 相关的 Hardy 不确定原理.

量子力学和信号分析经常讨论对同时存在的时间-频率表示的不确定原理, 例如关于短时 Fourier 变换或 Wigner 分布的不确定原理. 这些时间-频率表示将 $\mathbf{R}^d$ 上的函数 f 映照到 $\mathbf{R}^d\times\hat{\mathbf{R}}^d$(所谓的相空间或时间-频率平面) 上的函数 Vf. 在这种情形下, 不确定原理表明 Vf 不能有任意多的顶点, 或它的本质支集的最小体积为 1.

本节将说明: 每个关于 f 和 $\hat{f}$ 的不确定原理都能转换成关于 STFT 或 Wigner 分布的不等式, 反之亦然. 作为此事实的非平凡叙述, 我们证明关于 STFT 和 Wigner 分布的 Hardy 定理.

定义 8.1.1　令 $g\in S(\mathbf{R}^d)$ 是一个固定的窗口函数. 那么 $f\in S'(\mathbf{R}^d)$(Schwartz 广义函数或缓增分布) 关于 g 的 STFT 定义

为相空间 $\mathbf{R}^d \times \hat{\mathbf{R}}^d$ 上的函数，形如

$$(V_g f)(x,\xi) = \int_{\mathbf{R}^d} f(t)\,\overline{g(t-x)}\,\mathrm{e}^{-2\pi i \xi t}\,\mathrm{d}t \tag{8.1.1}$$

对 Gauss 函数 $f(t) = \mathrm{e}^{-\pi t^2}$，我们将看到

$$(V_f f)(x,\xi) = 2^{-d/2}\,\mathrm{e}^{-\pi(x^2+\xi^2)/2}\,\mathrm{e}^{-\pi i \xi x} \tag{8.1.2}$$

这表明它是 STFT 的最优衰减.

关于 STFT 的 Hardy 不确定原理本质上是与试验函数的 Fourier 不变空间的定义相联系的. 试验函数是由光滑性条件和衰减条件定义的，以使得所得到的 Fréchet 空间在 Fourier 变换下是不变的. 这个不变性可以用来定义和研究对偶空间(分布的 Fréchet 空间) 上的 Fourier 变换. 为了得到关于 STFT 的 Hardy 定理，本节研究 Schwartz 函数的 STFT，并根据 STFT 的衰减性导出 Schwartz类的特征. 因此，通过其时间-频率性质，容易引进和研究 $S(\mathbf{R}^d)$. 在这种情况下，Hardy 定理反映了时间-频率平面上试验函数的衰减的本质极限.

定义 8.1.2　本章用到的 Fourier 变换为

$$\hat{f}(\tau) = \int_{\mathbf{R}^d} f(t)\,\mathrm{e}^{-2\pi i \tau t}\,\mathrm{d}t$$

那么 Parseval 等式

$$\langle f, g\rangle = \langle \hat{f}, \hat{g}\rangle$$

对所有的 $f, g \in L^2(\mathbf{R}^d)$ 成立；并且 Gauss 函数 $g_0(t) = \mathrm{e}^{-\pi t^2}$ 在 Fourier 变换下是不变的，即 $\hat{g}_0 = g_0$.

定义 8.1.3　平移和模分别定义为

$$(T_x g)(t) = g(t-x) \text{ 及 } (M_\xi g)(t) = \mathrm{e}^{2\pi i \xi t} g(t)$$

它们的复合是时间-频率转换

$$(M_\xi T_x g)(t) = \mathrm{e}^{2\pi i \xi t} g(t-x)$$

它的 Fourier 变换为

$$(\widehat{M_\xi T_x g})(\tau) = \int_{\mathbf{R}^d} \mathrm{e}^{-2\pi i \tau t}\,\mathrm{e}^{2\pi i \xi t}\,g(t-x)\,\mathrm{d}t =$$

$$\int_{\mathbf{R}^d} e^{-2\pi i(\tau-\xi)t} e^{2\pi i(\xi-\tau)x} g(t)\mathrm{d}t =$$

$$\hat{g}(\tau-\xi)e^{2\pi i(\xi-\tau)x} = e^{2\pi i\xi x} M_{-x} T_{\xi}\hat{g}(\tau)$$

即

$$\widehat{M_{\xi}T_x g} = e^{2\pi i\xi x} M_{-x} T_{\xi}\hat{g}$$

利用这些概念，f 关于 g 的短时 Fourier 变换(STFT) 可表示为

$$(V_g f)(x,\xi) = \int_{\mathbf{R}^d} e^{-2\pi i\xi t} f(t)\overline{g(t-x)}\mathrm{d}t =$$

$$(\widehat{f\overline{T_x g}})(\xi) = \int_{\mathbf{R}^d} f(t)\overline{e^{2\pi i\xi t} T_x g(t)}\mathrm{d}t =$$

$$\int_{\mathbf{R}^d} f(t)\overline{(M_{\xi}T_x g)(t)}\mathrm{d}t = \langle f, M_{\xi}T_x g\rangle$$

STFT 的主要性质包含在下面的引理中.

引理 8.1.4 对函数 $f, f_i, g, g_i, h \in S(\mathbf{R}^d)$，STFT 有如下性质

(ⅰ)(转换 f 和 g)

$$(V_f g)(x,\xi) = e^{-2\pi i\xi x}\overline{(V_g f)(-x,-\xi)}$$

(ⅱ)(逆公式)

$$\iint_{\mathbf{R}^d\times\hat{\mathbf{R}}^d} (V_g f)(x,\xi)(M_{\xi}T_x h)(t)\mathrm{d}x\mathrm{d}\xi = \langle h, g\rangle f(t)$$

(ⅲ)(正交关系)

$$\langle V_{g_1} f_1, V_{g_2} f_2\rangle_{L^2(\mathbf{R}^d\times\hat{\mathbf{R}}^d)} = \langle f_1, f_2\rangle_{L^2(\mathbf{R}^d)}\overline{\langle g_1, g_2\rangle_{L^2(\hat{\mathbf{R}}^d)}}$$

(ⅳ)(时间-频率转换的 STFT)

$$(V_g(M_{\zeta}T_z f))(x,\xi) = e^{-2\pi i(\xi-\zeta)z}(V_g f)(x-z,\xi-\zeta)$$

(ⅴ)

$$(V_{(M_{\zeta}T_z g)}(M_{\zeta}T_z f))(x,\xi) = e^{2\pi i(\zeta x-\xi z)}(V_g f)(x,\xi)$$

(ⅵ)(STFT 乘积的 Fourier 变换)

$$((V_{g_1}f_1)\widehat{\overline{(V_{g_2}f_2)}})(y,\eta)=((V_{f_2}f_1)\overline{(V_{g_2}g_1)})(-\eta,y)$$

证明:我们逐条加以检验.

(ⅰ)

$$(V_fg)(x,\xi)=\int_{\mathbf{R}^d}\mathrm{e}^{-2\pi\mathrm{i}\xi t}g(t)\overline{f(t-x)}\mathrm{d}t=$$

$$\overline{\int_{\mathbf{R}^d}\mathrm{e}^{2\pi\mathrm{i}\xi(\tau+x)}\overline{g(\tau+x)}f(\tau)\mathrm{d}\tau}=$$

$$\mathrm{e}^{-2\pi\mathrm{i}\xi x}\overline{\int_{\mathbf{R}^d}\mathrm{e}^{-2\pi\mathrm{i}(-\xi)\tau}\overline{g(\tau-(-x))}f(\tau)\mathrm{d}\tau}=$$

$$\mathrm{e}^{-2\pi\mathrm{i}\xi x}\overline{(V_gf)(-x,-\xi)}$$

(ⅱ)

$$\iint_{\mathbf{R}^d\times\hat{\mathbf{R}}^d}(V_gf)(x,\xi)(M_\xi T_xh)(t)\mathrm{d}x\mathrm{d}\xi=$$

$$\iint_{\mathbf{R}^d\times\hat{\mathbf{R}}^d}\widehat{f\,\overline{T_xg}}(\xi)\mathrm{e}^{2\pi\mathrm{i}\xi t}\mathrm{d}\xi h(t-x)\mathrm{d}x=$$

$$\int_{\mathbf{R}^d}f(t)\overline{g(t-x)}h(t-x)\mathrm{d}x=\langle h,g\rangle f(t)$$

(ⅲ)

$$\langle V_{g_1}f_1,V_{g_2}f_2\rangle_{L^2(\mathbf{R}^d\times\hat{\mathbf{R}}^d)}=$$

$$\iint_{\mathbf{R}^d\times\hat{\mathbf{R}}^d}(V_{g_1}f)(x,\xi)(\int_{\mathbf{R}^d}\overline{f_2(t)}g_2(t-x)\mathrm{e}^{2\pi\mathrm{i}\xi t}\mathrm{d}t)\mathrm{d}x\mathrm{d}\xi=$$

$$\int_{\mathbf{R}^d}(\iint_{\mathbf{R}^d\times\hat{\mathbf{R}}^d}(V_{g_1}f)(x,\xi)g_2(t-x)\mathrm{e}^{2\pi\mathrm{i}\xi t}\mathrm{d}x\mathrm{d}\xi)\overline{f_2(t)}\mathrm{d}t\overset{(ⅱ)}{=\!=}$$

$$\int_{\mathbf{R}^d}\langle g_2,g_1\rangle f_1(t)\overline{f_2(t)}\mathrm{d}t=$$

$$\langle f_1,f_2\rangle_{L^2(\mathbf{R}^d\times\hat{\mathbf{R}}^d)}\overline{\langle g_1,g_2\rangle}_{L^2(\mathbf{R}^d\times\hat{\mathbf{R}}^d)}$$

(ⅳ)

$$(V_g(M_\zeta T_zf))(x,\xi)=$$

$$\int_{\mathbf{R}^d}\mathrm{e}^{2\pi\mathrm{i}\zeta t}f(t-z)\overline{g(t-x)}\mathrm{e}^{-2\pi\mathrm{i}\xi t}\mathrm{d}t=$$

$$\int_{\mathbf{R}^d} f(t)\,\overline{g(t-(x-z))}\,\mathrm{e}^{-2\pi\mathrm{i}(\xi-\zeta)(t+z)}\,\mathrm{d}t=$$

$$\mathrm{e}^{-2\pi\mathrm{i}(\xi-\zeta)z}\int_{\mathbf{R}^d} f(t)\,\overline{g(t-(x-z))}\,\mathrm{e}^{-2\pi\mathrm{i}(\xi-\zeta)t}\,\mathrm{d}t=$$

$$\mathrm{e}^{-2\pi\mathrm{i}(\xi-\zeta)z}(V_g f)(x-z,\xi-\zeta)$$

(ⅴ)

$$(V_{M_\zeta T_z g}(M_\zeta T_z f))(x,\xi)=$$

$$\int_{\mathbf{R}^d}(M_\zeta T_z f)(t)\,\overline{(M_\zeta T_z g)(t-x)}\,\mathrm{e}^{-2\pi\mathrm{i}\xi t}\,\mathrm{d}t=$$

$$\mathrm{e}^{2\pi\mathrm{i}\zeta x}\int_{\mathbf{R}^d} f(t-z)\,\overline{g(t-z-x)}\,\mathrm{e}^{-2\pi\mathrm{i}\xi t}\,\mathrm{d}t=$$

$$\mathrm{e}^{2\pi\mathrm{i}(\zeta x-\xi z)}\int_{\mathbf{R}^d} f(t)\,\overline{g(t-x)}\,\mathrm{e}^{-2\pi\mathrm{i}\xi t}\,\mathrm{d}t=$$

$$\mathrm{e}^{2\pi\mathrm{i}(\zeta x-\xi z)}(V_g f)(x,\xi)$$

(ⅵ)(STFT 乘积的 Fourier 变换)

$$(\widehat{(V_{g_1}f_1)\overline{(V_{g_2}f_2)}})(y,\eta)=$$

$$\iint_{\mathbf{R}^d\times\hat{\mathbf{R}}^d}(V_{g_1}f_1)(x,\xi)\,\overline{(V_{g_2}f_2)(x,\xi)}\,\mathrm{e}^{-2\pi\mathrm{i}(xy+\xi\eta)}\,\mathrm{d}x\mathrm{d}\xi\overset{(\text{v})}{=\!=\!=}$$

$$\langle V_{g_1}f_1,V_{M_yT_{-\eta}g_2}M_yT_{-\eta}f_2\rangle\overset{(\text{iii})}{=\!=\!=}$$

$$\langle f_1,M_yT_{-\eta}f_2\rangle\,\overline{\langle g_1,M_yT_{-\eta}g_2\rangle}=$$

$$((V_{f_2}f_1)\overline{(V_{g_2}g_1)})(-\eta,y)$$

引理 8.1.5 若 $g_0(t)=\mathrm{e}^{-\pi t^2}$ 且 $f=g=M_{\zeta_0}T_{z_0}g_0$,那么

$$(V_g f)(x,\xi)=2^{-d/2}\mathrm{e}^{2\pi\mathrm{i}(\zeta_0 x-\xi z_0)}\mathrm{e}^{-\pi\mathrm{i}\xi x}\mathrm{e}^{-\pi(x^2+\xi^2)/2}$$

证明:对 $f=g=g_0$,有

$$(V_g f)(x,\xi)=\int_{\mathbf{R}^d}\mathrm{e}^{-\pi t^2}\mathrm{e}^{-\pi(t-x)^2}\mathrm{e}^{-2\pi\mathrm{i}\xi t}\,\mathrm{d}t=$$

$$\int_{\mathbf{R}^d}\mathrm{e}^{-\pi(s+x/2)^2}\mathrm{e}^{-\pi(s-x/2)^2}\mathrm{e}^{-2\pi\mathrm{i}\xi(s+x/2)}\,\mathrm{d}s=$$

$$e^{-\pi i\xi x}e^{-\pi x^2/2}\int_{\mathbf{R}^d}e^{-2\pi s^2}e^{-2\pi i\xi s}ds=$$

$$2^{-d/2}e^{-\pi i\xi x}e^{-\pi(x^2+\xi^2)/2}$$

根据引理 8.1.4 的(Ⅴ)，有

$$(V_g f)(x,\xi)=(V_{M_{\zeta_0}T_{z_0}g_0}(M_{\zeta_0}T_{z_0}g_0))(x,\xi)\overset{(\text{V})}{=\!=\!=}$$

$$e^{2\pi i(\xi_0 x-\xi z_0)}(V_{g_0}g_0)(x,\xi)=$$

$$2^{-d/2}e^{2\pi i(\xi_0 x-\xi z_0)}e^{-\pi i\xi x}e^{-\pi(x^2+\xi^2)/2}$$

我们现在描述 Schwartz 空间的特征.

快速衰减试验函数的 Schwartz 空间是由下面的半范数族

$$A=\{\|X^\beta D^\alpha f\|_{L^\infty}:\alpha,\beta\in N_0^d\}$$

生成的 $\mathbf{R}^d$ 上函数的 Fréchet 空间.

我们利用多指标概念：

$$D^\alpha f:=(\prod_{j=1}^{d}\frac{\partial^{\alpha_j}}{\partial t_j^{\alpha_j}})f \text{ 以及 } (X^\beta f)(t):=(\prod_{j=1}^{d}t_j^{\beta_j})f(t)$$

其中 $\alpha,\beta\in N_0^d$. 并且，$|\alpha|=\sum_{j=1}^{d}\alpha_j$，$\alpha\leqslant\beta$ 表示 $\alpha_j\leqslant\beta_j$，$j=1,\cdots,d$.

首先给出一个关于算子 $X^\beta D^\alpha$ 和 $M_\xi T_x$ 交换的代数引理.

引理 8.1.6　对 $g\in S(\mathbf{R}^d)$，有

$$X^\beta D^\alpha(M_\xi T_x g)=$$

$$\sum_{\delta\leqslant\beta}\sum_{\gamma\leqslant\alpha}\binom{\beta}{\delta}\binom{\alpha}{\gamma}x^\delta(2\pi i\xi)^\gamma M_\xi T_x(X^{\beta-\delta}D^{\alpha-\gamma}g)$$

证明：显然，有

$$(X^\beta T_x g)(t)=(\sum_{\delta\leqslant\beta}\binom{\beta}{\delta}x^\delta T_x X^{\beta-\delta}g)(t) \tag{8.1.3}$$

这从下式看出

$$(X^\beta T_x g)(t)=t^\beta g(t-x)=T_x((t+x)^\beta g(t))=$$

$$T_x(x+X)^\beta g(t)=T_x(x+X)^\beta g(t)=$$

$$(T_x \sum_{\delta\leqslant\beta}\binom{\beta}{\delta} x^\delta X^{\beta-\delta} g)(t) =$$

$$(\sum_{\delta\leqslant\beta}\binom{\beta}{\delta} x^\delta T_x X^{\beta-\delta} g)(t)$$

并且，Leibniz 法则推出

$$(D^\alpha M_\xi h)(t) = D^\alpha(\mathrm{e}^{2\pi\mathrm{i}\xi t} h(t)) = \sum_{\gamma\leqslant\alpha}\binom{\alpha}{\gamma}(D^\gamma \mathrm{e}^{2\pi\mathrm{i}\xi t})(D^{\alpha-\gamma} h(t)) =$$

$$\sum_{\gamma\leqslant\alpha}\binom{\alpha}{\gamma}(2\pi\mathrm{i}\xi)^\gamma M_\xi D^{\alpha-\gamma} h(t) \qquad (8.1.4)$$

结合式(8.1.3) 和式(8.1.4) 表明

$$X^\beta(D^\alpha M_\xi(T_x g)) =$$

$$X^\beta(\sum_{\gamma\leqslant\alpha}\binom{\alpha}{\gamma}(2\pi\mathrm{i}\xi)^\gamma M_\xi D^{\alpha-\gamma}(T_x g)) =$$

$$\sum_{\gamma\leqslant\alpha}\binom{\alpha}{\gamma}(2\pi\mathrm{i}\xi)^\gamma M_\xi(X^\beta T_x(D^{\alpha-\gamma} g)) =$$

$$\sum_{\gamma\leqslant\alpha}\binom{\alpha}{\gamma}(2\pi\mathrm{i}\xi)^\gamma M_\xi(\sum_{\delta\leqslant\beta}\binom{\beta}{\delta} x^\delta T_x X^{\beta-\delta}(D^{\alpha-\gamma} g)) =$$

$$\sum_{\gamma\leqslant\alpha}\sum_{\delta\leqslant\beta}\binom{\alpha}{\gamma}\binom{\beta}{\delta}(2\pi\mathrm{i}\xi)^\gamma x^\delta M_\xi T_x(X^{\beta-\delta} D^{\alpha-\gamma} g)$$

下面的命题表明了如何把 Schwartz 函数构建为时间-频率转换的重叠的.

命题 8.1.7 令 $g \in S(\mathbf{R}^d)$ 固定. 假设 $F:\mathbf{R}^{2d} \to \mathbf{C}$ 快速衰减，即对所有的 $n \geqslant 0$，存在常数 $C_n > 0$，使得

$$|H(x,\xi)| \leqslant C_n(1+|x|+|\xi|)^{-n}$$

那么积分

$$f(t) := \iint_{\mathbf{R}^{2d}} H(x,\xi)(M_\xi T_x g)(t)\,\mathrm{d}x\,\mathrm{d}\xi \qquad (8.1.5)$$

定义了 $S(\mathbf{R}^d)$ 上的一个函数.

证明：积分式(8.1.5)关于 t 是绝对收敛的. 于是只要所得积分在紧集上一致地绝对收敛，我们就可以在积分号下微分. 根据对 g 和 F 作的假设，这是成立的. 因此，由引理 8.1.6 得到

$$(X^\beta D^\alpha f)(t)=\iint H(x,\xi)X^\beta D^\alpha(M_\xi T_x g)(t)\mathrm{d}x\mathrm{d}\xi=$$

$$\sum_{\delta\leqslant\beta}\sum_{\gamma\leqslant\alpha}\binom{\beta}{\delta}\binom{\alpha}{\gamma}\iint H(x,\xi)x^\delta\ (2\pi\mathrm{i}\xi)^\gamma M_\xi T_x\times$$
$$(X^{\beta-\delta}D^{\alpha-\gamma}g)(t)\mathrm{d}x\mathrm{d}\xi$$

所以

$$\|X^\beta D^\alpha f\|_{L^\infty}\leqslant\sum_{\delta\leqslant\beta}\sum_{\gamma\leqslant\alpha}\binom{\beta}{\delta}\binom{\alpha}{\gamma}\iint|H(x,\xi)\|x^\delta\|\times$$
$$(2\pi\mathrm{i}\xi)|^\gamma\|X^{\beta-\delta}D^{\alpha-\gamma}g\|_{L^\infty}\mathrm{d}x\mathrm{d}\xi\leqslant$$
$$C\iint|H(x,\xi)|P(x,\xi)\mathrm{d}x\mathrm{d}\xi$$

其中 $C=\max_{\delta\leqslant\beta,\gamma\leqslant\alpha}\|X^{\beta-\delta}D^{\alpha-\gamma}g\|_{L^\infty}$，并且

$$P(x,\xi)=\sum_{\delta\leqslant\beta}\sum_{\gamma\leqslant\alpha}\binom{\beta}{\delta}\binom{\alpha}{\gamma}|x^\delta\|(2\pi\mathrm{i}\xi)^\gamma|=$$
$$\prod_{j=1}^{d}(1+|x_j|)^{\beta_j}(1+|2\pi\xi_j|)^{\alpha_j}$$

对 H 所作的假设保证了 $\|X^\beta D^\alpha f\|_{L^\infty}<\infty$，因此 $f\in S(\mathbf{R}^d)$. 证毕.

定理 8.1.8　令 $g\in S(\mathbf{R}^d)\backslash\{0\}$ 是固定的. 那么对 $f\in S'$，下列断言相互等价：

(i) $f\in S(\mathbf{R}^d)$；

(ii) $V_g f\in S(\mathbf{R}^{2d})$；

(iii) 对所有的 $n\geqslant 0$，存在 $C_n>0$ 使得

$|(V_g f)(x,\xi)|\leqslant C_n(1+|x|+|\xi|)^{-n}$，$\forall(x,\xi)\in S(\mathbf{R}^{2d})$

证明：(i)⇒(ii). 给定 $f,g\in S(\mathbf{R}^d)$，则函数 $H(x,t)=f(t)\overline{g(t-x)}$ 在 $S(\mathbf{R}^{2d})$ 中. 因为 S 在偏 Fourier 变换下是不变的，所以我们得到

$$(V_g f)(x,\xi)=\int_{\mathbf{R}^d} H(x,t)\mathrm{e}^{-2\pi\mathrm{i}\xi t}\mathrm{d}t=F_t H\in S(\mathbf{R}^d)$$

(ⅱ)⇒(ⅲ)是显然的.

(ⅲ)⇒(ⅰ). 令

$$f^*=\|g\|_2^{-2}\iint_{\mathbf{R}^{2d}}(V_g f)(x,\omega)(M_\omega T_x g)(t)\mathrm{d}x\mathrm{d}\omega$$

命题 8.1.7 推出 $f^*\in S(\mathbf{R}^d)$. 同时 STFT 的逆公式(引理 8.1.4(ⅱ))表明 $f^*=f$. 因此 $f\in S(\mathbf{R}^d)$. 证毕.

注:(ⅰ)定理 8.1.8 的证明取自参考文献[17]. 参考文献[33]在思想上与之相近,这个结果也可从关于幂零 Lie 群的平方可积表示[34]的光滑性的抽象结果推得.

(ⅱ)再作一些努力可以对超速衰减试验函数的 Björck 空间证明类似于定理 8.1.8 的结果. 关于此类试验函数的理论可参见文献[34].

(ⅲ)定理 8.1.8 中性质(ⅱ)与(ⅲ)的等价性表明 $V_g f$ 的衰减条件就可推出它的光滑性. 因此 STFT 的局部性质就由它的全局性质所决定. 这种现象也发生在别的函数空间上,例如 Feichtinger 代数 S_0[35].

下面证明几个 Hardy 形式的不确定原理. 我们的目标是要说明非零 STFT 的 Gauss 衰减

$$(V_g f)(x,\xi)=O(\mathrm{e}^{-\pi(x^2+\xi^2)/2})$$

蕴涵 f 和 g 都是同一个时间-频率转换 $M_{\zeta_0}T_{z_0}g_0$ 的倍数.

为证明这些结论,我们要用到一个具有显著不变性的辅助函数.

引理 8.1.9 对 $f,g\in S(\mathbf{R}^d)$,函数

$$H(x,\xi)=\mathrm{e}^{2\pi\mathrm{i}\xi x}(V_g f)(x,\xi)(V_g f)(-x,-\xi)$$

满足

$$\hat{H}(y,\eta)=H(-\eta,y)$$

证明：注意到由引理 8.1.4(ⅰ)，有

$$H(x,\xi)=(V_g f)(x,\xi)(V_g f)(-x,-\xi)\mathrm{e}^{2\pi\mathrm{i}\xi x}=(V_g f\,\overline{V_f g})(x,\xi)$$

所以由引理 1.4(ⅵ)，有

$$\hat{H}(y,\eta)=\widehat{(V_g f\,\overline{V_f g})}(y,\eta)=(V_g f\,\overline{V_f g})(-\eta,y)=H(-\eta,y)$$

得证. 证毕.

定理 8.1.10　令 $(g,f)\in S\times S'(\mathbf{R}^d)$，并假设

$$(V_g f)(x,\xi)=O(\mathrm{e}^{-\pi(x^2+\xi^2)/2})\tag{8.1.6}$$

并且 $V_g f$ 不恒为零. 那么对某个 $(z_0,\zeta_0)\in\mathbf{R}^d\times\hat{\mathbf{R}}^d$，成立

$$(V_g f)(x,\xi)=C\mathrm{e}^{2\pi\mathrm{i}(\zeta_0 x-\xi z_0)}\mathrm{e}^{-\pi(x^2+\xi^2)/2}\mathrm{e}^{-\pi\mathrm{i}\xi x}$$

并且 f 和 g 为 $\mathrm{e}^{2\pi\mathrm{i}\zeta_0 t}\mathrm{e}^{-\pi(t-z_0)^2}$ 的倍数.

证明：定理 8.1.8 和衰减条件式(1.6) 表明 $f\in S(\mathbf{R}^d)$，因此我们可以利用引理 8.1.4 的性质. 对 $(z,\zeta)\in\mathbf{R}^d\times\hat{\mathbf{R}}^d$，考虑函数

$$H_{z,\zeta}(x,\xi)=\mathrm{e}^{2\pi\mathrm{i}\xi x}\mathrm{e}^{-2\pi\mathrm{i}(\xi-\zeta)z}(V_g f)(x-z,\xi-\zeta)\times$$
$$\mathrm{e}^{-2\pi\mathrm{i}(-\xi-\zeta)z}(V_g f)(-x-z,-\xi-\zeta)\tag{8.1.7}$$

由引理 8.1.4(ⅳ)，

$$H_{(z,\zeta)}(x,\xi)=\mathrm{e}^{2\pi\mathrm{i}\xi x}(V_g(M_\zeta T_z f))(x,\xi)(V_g(M_\zeta T_z f))(-x,-\xi)$$

因此根据引理 8.1.9，

$$\widehat{H_{(z,\zeta)}}(y,\eta)=H_{(z,\zeta)}(-\eta,y)$$

从假设式(8.1.6) 得到

$$|H_{(z,\zeta)}(x,\xi)|\leqslant C^2\mathrm{e}^{-\pi/2((x-z)^2+(\xi-\zeta)^2)}\mathrm{e}^{-\pi/2((-x-z)^2+(-\xi-\zeta)^2)}=$$
$$C^2\mathrm{e}^{-\pi(z^2+\zeta^2)}\mathrm{e}^{-\pi(x^2+\xi^2)}=\widetilde{C}_{(z,\zeta)}\mathrm{e}^{-\pi(x^2+\xi^2)}$$

其中，$\widetilde{C}_{(z,\zeta)}=C^2\mathrm{e}^{-\pi(z^2+\zeta^2)}$. 因此，我们得到

$$|\widehat{H_{(z,\zeta)}}(y,\eta)|=|H_{(z,\zeta)}(-\eta,y)|\leqslant\widetilde{C}_{(z,\zeta)}\mathrm{e}^{-\pi(y^2+\eta^2)}$$

由欧氏空间上的 Hardy 不确定原理，上面两个式子推得

$$H_{(z,\zeta)}(x,\xi)=C_{(z,\zeta)}\mathrm{e}^{-\pi(x^2+\xi^2)}\tag{8.1.8}$$

其中

$$C_{(z,\zeta)} = H_{(z,\zeta)}(0,0) = e^{4\pi i\zeta z}(V_g f)^2(-z,-\zeta) \quad (8.1.9)$$

根据假设，存在(z,ζ)使得

$$|C_{(z,\zeta)}| = |(V_g f)(-z,-\zeta)|^2 \neq 0$$

因此，有

$$|H_{(z,\zeta)}(x,\xi)| = |(V_g f)(x-z,\xi-\zeta)||(V_g f)(-x-z,-\xi-\zeta)| = |C_{(z,\zeta)}| e^{-\pi(x^2+\xi^2)} \neq 0, \quad \forall (x,\xi) \in \mathbf{R}^d \times \hat{\mathbf{R}}^d$$

据此特别有$(V_g f)(x,\xi) \neq 0, \forall (x,\xi) \in \mathbf{R}^d \times \mathbf{R}^d$. 我们定义

$$G(x,\xi) := \ln((V_g f)(-x,-\xi))$$

因为$\mathbf{R}^d \times \hat{\mathbf{R}}^d$是单连通的，所以在选择对数在$G(0,0)$的某个分支后，我们可以得到有定义的连续函数$G: \mathbf{R}^d \times \mathbf{R}^d \to \mathbf{C}$. 结合式(8.1.7)～式(8.1.9)推出

$$e^{4\pi i\zeta z}(V_g f)^2(-z,-\zeta)e^{-\pi(x^2+\xi^2)} = e^{2\pi i\xi x}e^{-2\pi i(\xi-\zeta)z}(V_g f)(x-z,\xi-\zeta)e^{-2\pi i(-\xi-\zeta)z}(V_g f)(-x-z,-\xi-\zeta)$$

对上式取对数得

$$4\pi i\zeta z + 2G(z,\zeta) - \pi(x^2+\xi^2) = 2\pi i\xi x - 2\pi i(\xi-\zeta)z + G(z-x,\zeta-\xi) - 2\pi i(-\xi-\zeta)z + G(x+z,\xi+\zeta) + 2\pi ik$$

其中，$k \in \mathbf{Z}$. 令$(x,\xi)=(0,0)$，就推出$k=0$，并且得到

$$G((z,\zeta)+(x,\xi)) - 2G(z,\zeta) + G((z,\zeta)-(x,\xi)) = -\pi(x^2+\xi^2) - 2\pi i\xi x$$

这是一个非齐次的线性差分方程，我们可猜出该方程的特解为

$$G_0(x,\xi) = -\pi(x^2+\xi^2)/2 - \pi i\xi x$$

然后根据下面的引理 8.1.11，可知该方程的一般解为

$$G(x,\xi) = -\pi(x^2+\xi^2)/2 - \pi i\xi x + ax + b\xi + c$$

其中，$a,b \in \mathbf{C}^d, c \in \mathbf{C}$. 这等价于

$$(V_g f)(x,\xi)=C\mathrm{e}^{-\pi(x^2+\xi^2)/2-\pi\mathrm{i}\xi x+ax+b\xi}$$

因此，

$$|(V_g f)(x,\xi)|=|C|\,\mathrm{e}^{-\pi(x^2+\xi^2)/2-\mathrm{Re}\,(a)x-\mathrm{Re}\,(b)\xi}.$$

然而上式满足式(8.1.6)当且仅当 $\mathrm{Re}\,(a)=\mathrm{Re}\,(b)=0$. 因此，我们可以令

$$\zeta_0=\frac{-a}{2\pi\mathrm{i}},\ z_0=\frac{b}{2\pi\mathrm{i}}$$

进而对 $V_g f$ 得到定理要求的形式，即

$$(V_g f)(x,\xi)=C\mathrm{e}^{-\pi(x^2+\xi^2)/2-\pi\mathrm{i}\xi x+2\pi\mathrm{i}(\zeta_0 x-\xi z_0)}$$

由引理 8.1.4(ⅰ)，推出

$$(V_f g)(x,\xi)=(V_g f)(x,\xi)\Rightarrow f=g$$

由引理 8.1.4(ⅱ)的反演公式，有

$$\begin{aligned}f(t)=(V_g f)(x,\xi)=&\\ &\frac{1}{\langle f,f\rangle}\iint_{\mathbf{R}^d\times\hat{\mathbf{R}}^d}(V_g f)(x,\xi)(M_\xi T_x f)(t)\,\mathrm{d}x\,\mathrm{d}\xi=\\ &C\iint_{\mathbf{R}^d\times\hat{\mathbf{R}}^d}\mathrm{e}^{-\pi(x^2+\xi^2)/2}\,\mathrm{e}^{-\pi\mathrm{i}\xi x}\,\mathrm{e}^{2\pi\mathrm{i}(\zeta_0 x-\xi z_0)}\,\mathrm{e}^{2\pi\mathrm{i}\xi t}f(t-x)\,\mathrm{d}x\,\mathrm{d}\xi=\\ &C\mathrm{e}^{-2\pi(t-z_0)^2}\int_{\mathbf{R}^d}\mathrm{e}^{-\pi(x^2-2\mathrm{i}\zeta_0 x+2(z_0-t)x)}f(t-x)\,\mathrm{d}x=\\ &C\mathrm{e}^{-\pi\zeta_0^2}\,\mathrm{e}^{-2\pi\mathrm{i}z_0\zeta_0}\,\mathrm{e}^{2\pi\mathrm{i}t\zeta_0}\,\mathrm{e}^{-\pi(t-z_0)^2}\int_{\mathbf{R}^d}\mathrm{e}^{-\pi(x+z_0-t-\mathrm{i}\zeta_0)}f(t-x)\,\mathrm{d}x=\\ &C\mathrm{e}^{2\pi\mathrm{i}t\zeta_0}\,\mathrm{e}^{-\pi(t-z_0)^2}\end{aligned}$$

这表明 $f=g=M_{\zeta_0}T_{z_0}g_0$，于是 $V_g f$ 的确是结论的形式，这是由引理 8.1.5 保证的. 证毕.

定理 8.1.10 的证明中已用到了引理 8.1.11. 现在我们加以叙述和证明.

引理 8.1.11　$\mathbf{R}^d$ 上的齐次线性差分方程

$$f(x+y)-2f(x)+f(x-y)=0$$

的连续解为 $f(x)=a\cdot x+c$,其中 $a\in\mathbf{C}^d,c\in\mathbf{C}$.

证明：通过把 f 分成实部和虚部，我们可以设 f 是实值的. 对于 $d=1$ 情形是已知的，例如利用凸函数的理论即可得证. 当 $d>1$ 时，若 f 投影到 $\mathbf{R}^d$ 中的任意直线上，则归结到 $d=1$ 的情况，结论是显然的. 若考虑 $\mathbf{R}^d$ 中任意三个不在同一直线上的点，就得到 f 投影到任意三角形上，因此就投影到任意平面上. 通过归纳就可推出结论. 证毕.

推论 8.1.12 令 $(g,f)\in S\times S'(\mathbf{R}^d)$，并设对常数 $a,b>0$，有

$$(V_g f)(x,\xi)=O(\mathrm{e}^{-\pi(ax^2+b\xi^2)/2}) \tag{8.1.10}$$

那么下面三个结论成立：

（ⅰ）若 $ab=1$ 且 $V_g f\not\equiv 0$，那么 f 和 g 都是 Gauss 函数 $\mathrm{e}^{-a\pi tx^2}$ 的时间-频率转换的倍数.

（ⅱ）若 $ab>1$，那么 $V_g f\equiv 0$，从而 $f\equiv 0$ 或 $g\equiv 0$.

（ⅲ）若 $ab<1$，那么当 f 和 g 是 Hermite 函数的有限线性组合时，满足式(8.1.10).

证明：（ⅰ）令 $\rho=(b/a)^{1/4}$，$f_\rho(t)=\rho^{d/2}f(\rho t)$，及 $g_\rho(t)=\rho^{d/2}g(\rho t)$. 则

$$\begin{aligned}(V_{g_\rho}f_\rho)(x,\xi)=&\int_{\mathbf{R}^d}f_\rho(t)\,\overline{g_\rho(t-x)}\,\mathrm{e}^{-2\pi\mathrm{i}\xi t}\,\mathrm{d}t=\\&\int_{\mathbf{R}^d}\rho^{d/2}f(\rho t)\rho^{d/2}\,\overline{g_\rho(\rho t-\rho x)}\,\mathrm{e}^{-2\pi\mathrm{i}\xi t}\,\mathrm{d}t=\\&\rho^d\int_{\mathbf{R}^d}f(s)\,\overline{g(s-\rho x)}\,\mathrm{e}^{-2\pi\mathrm{i}\xi s/\rho}\,\mathrm{d}t=\\&(V_g f)(\rho x,\xi/\rho)\leqslant C\mathrm{e}^{-\pi(a\rho^2x^2+b\xi^2/\rho)/2}=\\&C\mathrm{e}^{-\pi\sqrt{ab}(x^2+\xi^2)/2}\end{aligned}$$

根据定理 8.1.10 可知，

$$f=g=\mathrm{e}^{2\pi\mathrm{i}\zeta_0 t}\mathrm{e}^{-a\pi(t-z_0)^2}=M_{\zeta_0}T_{z_0}\mathrm{e}^{-a\pi(t-z_0)^2}$$

（ⅱ）若 $ab>1$，且 $V_g f\not\equiv 0$，则对 $ab=1$，式(8.1.10) 也成立.

利用(ⅰ)及伸缩有

$$
\begin{aligned}
(V_g f)(x,\xi) = \mathrm{e}^{2\pi \mathrm{i}(\zeta_0 x - \xi z_0)} V_{\mathrm{e}^{-a\pi t^2}} \mathrm{e}^{-a\pi t^2} = \\
\mathrm{e}^{2\pi \mathrm{i}(\zeta_0 x - \xi z_0)} \int_{\mathbf{R}^d} \mathrm{e}^{-a\pi t^2} \mathrm{e}^{-a\pi(t-x)^2} \mathrm{e}^{-2\pi \mathrm{i}\xi t} \mathrm{d}t = \\
(2a)^{-d/2} \mathrm{e}^{2\pi \mathrm{i}\zeta_0 x} \mathrm{e}^{-\pi(ax^2+\xi^2/a)/2}
\end{aligned}
$$

这与假设 $ab > 1$ 矛盾. 因此 $V_g f \equiv 0$，从而由引理 8.1.4(ⅱ)得 $f \equiv 0$ 或 $g \equiv 0$.

(ⅲ) Hermite 函数 H_k 与 H_n 的 STFT 为

$$
(V_{H_k} H_n)(x,\xi) = L_{k,n}(\pi(x^2 + \xi^2))\mathrm{e}^{-\pi(x^2+\xi^2)/2}
$$

其中 $L_{k,n}$ 是 Laguerre 多项式. 通过适当的伸缩得到结论.

实际上,令

$$
\varphi_k(\xi) = b^{1/4} H_k(\sqrt{b}\xi)
$$

则

$$
(V_{\varphi_k}\varphi_n)(x,\xi) = L_{k,n}(\pi(bx^2 + a\xi^2))\mathrm{e}^{-\pi(bx^2+a\xi^2)/2}
$$

证毕.

注：本节已经证明了关于 STFT 的不确定原理. 在信号分析中，大量其他的时间-频率分布也通常被使用. 例如十字-模糊函数(有时也叫做 Fourier - Wigner 分布)

$$
A(f,g)(x,\xi) = \int_{\mathbf{R}^d} f(t + x/2)\overline{g(t - x/2)}\mathrm{e}^{-2\pi \mathrm{i}\xi t}\mathrm{d}t \quad (8.1.11)
$$

模糊函数为

$$
A(f) = A(f,f)
$$

再如十字- Wigner 分布为

$$
S(f,g)(x,\xi) = \int_{\mathbf{R}^d} f(x + t/2)\overline{g(x - t/2)}\mathrm{e}^{-2\pi \mathrm{i}\xi t}\mathrm{d}t
$$

Wigner 分布为

$$
S(f) = S(f,f)
$$

简单的积分变换表明

$$A(f,g)(x,\xi)=e^{-2\pi i\xi x/2}\int_{\mathbf{R}^d}f(s)\,\overline{g(s-x)}e^{-2\pi i\xi s}\,dt=$$
$$e^{\pi i\xi x}(V_gf)(x,\xi)$$

以及

$$S(f,g)(x,\xi)=\int_{\mathbf{R}^d}f(s)\,\overline{g(2x-s)}e^{-2\pi i\xi(2(s-x))}\,d2(s-x)=$$
$$2^de^{4\pi i\xi x}\int_{\mathbf{R}^d}f(s)\,\overline{g(2x-s)}e^{-2\pi i(2\xi)x}\,ds=$$
$$2^de^{4\pi i\xi x}(V_{g^-}f)(2x,2\xi)$$

其中 $g^-(t)=g(-t)$. 因此，我们可以对十字-模糊函数，通过用 $A(f,g)$ 替换式(8.1.10)中的 V_gf，立即得到推论 8.1.12. 而对十字-Wigner 分布，条件式(8.1.10)需要换为

$$S(f,g)(x,\xi)=O(e^{-2\pi(ax^2+b\xi^2)})$$

使得推论 8.1.12 中的结论也是成立的.

最后，我们证明下面的定理.

定理 8.1.13 若 $\lambda(\mathrm{supp}V_gf)<\infty$，那么 $V_gf\equiv0$，从而 $f\equiv0$ 或 $g\equiv0$.

证明：对 $(z,\zeta)\in\mathbf{R}^d\times\hat{\mathbf{R}}^d$，考虑式(8.1.7)中定义的 $F_{(z,\zeta)}$. 关于 V_gf 的假设保证推出 $F_{(z,\zeta)}$ 的支集有有限测度，再由引理 8.1.9，$\widehat{F_{(z,\zeta)}}$ 的支集也有有限测度. 因此就得到 $F_{(z,\zeta)}\equiv0$. 因为这对所有的 $(z,\zeta)\in\mathbf{R}^d\times\hat{\mathbf{R}}^d$ 成立，且

$$F_{(-z,-\zeta)}(0,0)=e^{4\pi i\zeta z}(V_gf)(z,\zeta)^2$$

从而得到 $V_gf\equiv0$. 证毕.

8.2 Schwartz 空间上与 Weyl 变换相关的 Hardy 不确定原理

这节首先给出关于 Schwartz 空间 $S(\mathbf{R}^n)$ 上函数的 Fourier-

Wigner 变换以及 Weyl 变换的一些性质. 然后证明与 Fourier 变换 $\hat{f}$ 及 Weyl 变换 $W(f)$ 相关的 Hardy 不确定原理，得到函数的显式表达式.

定义在 $\mathbf{R}^n$ 的分布 φ 上的位移算子和动量算子分别表示为

$$X_j\varphi(\xi)=\xi_j\varphi(\xi)$$

和

$$D_j\varphi=\frac{1}{2\pi i}\frac{\partial\varphi}{\partial\xi_j}$$

通常地，X_j 和 D_j 是 $S(\mathbf{R}^n)$ 或 $S'(\mathbf{R}^n)$ 上的连续算子. 通过这两个算子，Schrödinger 表示定义为

$$\rho(x,y)=e^{2\pi i(xX+yD)}$$

其中，

$$\begin{aligned}\rho(x,y)\varphi(\xi)=e^{2\pi i(xX+yD)}\varphi(\xi)=&\\ e^{2\pi ixX}(\exp(\sum y_j\frac{\partial}{\partial_{\xi_j}}\varphi(\xi)))=&\\ e^{2\pi ixX}\varphi(\xi+y)=&\\ e^{2\pi ix\xi+\pi ixy}\varphi(\xi+y),\ \varphi\in S(\mathbf{R}^n)&\end{aligned}\qquad(8.2.1)$$

因此，$f\in S'(\mathbf{R}^n\times\mathbf{R}^n)$ 的 Weyl 变换定义为如下算子

$$W(f)=\int_{\mathbf{R}^{2n}}f(x,y)\rho(x,y)\mathrm{d}x\mathrm{d}y$$

从而，由 Schrödinger 表示，知对任意的 $\varphi\in S(\mathbf{R}^n)$，

$$\begin{aligned}W(f)\varphi(\xi)=\int_{\mathbf{R}^{2n}}f(x,y)\rho(x,y)\varphi(\xi)\mathrm{d}x\mathrm{d}y=&\\ \int_{\mathbf{R}^{2n}}f(x,y)e^{2\pi ix\xi+\pi ixy}\varphi(\xi+y)\mathrm{d}x\mathrm{d}y&\end{aligned}\qquad(8.2.2)$$

基于 Schwartz 空间 S 和它的对偶空间 S' 在 Fourier 变换下是不变的，我们将研究 S 和 S' 上函数的 Weyl 变换、辛 Fourier 变换、Fourier - Wigner 变换与短时 Fourier 变换之间的关系，以得到这里的 Hardy 定理. 为此，我们回忆辛 Fourier 变换和 Fourier - Wigner 变换的定义.

$\mathbf{C}^n$ 上可测函数 f 的辛(symplectic)Fourier 变换定义为

$$F_s f(\omega)=\int_{\mathbf{C}^n} f(z)\mathrm{e}^{-\pi \mathrm{i}\,\mathrm{Im}(\omega\cdot\bar{z})}\mathrm{d}z \tag{8.2.3}$$

它与 $\mathbf{R}^{2n}$ 的欧氏 Fourier 变换有下列关系式

$$F_s f(u,v)=\hat{f}\left(\frac{v}{2},-\frac{u}{2}\right),\ (u,v)\in\hat{\mathbf{R}}^n\times\hat{\mathbf{R}}^n \tag{8.2.4}$$

现在给出 Schwartz 函数的一些性质.

引理 8.2.1 对于函数 $\varphi,\phi\in S(\mathbf{R}^n)$ 及 $f\in S(\mathbf{R}^n\times\mathbf{R}^n)$,我们给出如下关系式.

(ⅰ)(Schrödinger 表示的转置)

$$\langle\rho(x,y)\varphi,\phi\rangle=\langle\varphi,\rho(-x,-y)\phi\rangle$$

(ⅱ)(Weyl 变换和辛 Fourier 变换的关系)

$$\langle W(f)\varphi,\rho(u,v)\phi\rangle=(F_s f)(u,v)\langle\varphi,\phi\rangle$$

(ⅲ)(Fourier-Wigner 变换的 Weyl 变换或 Fourier-Wigner 变换的逆公式)

$$W(A_\varphi\phi)\psi(\xi)=\int_{\mathbf{R}^{2n}}(A_\varphi\phi)(-x,-y)\rho(x,y)\psi(\xi)\mathrm{d}x\mathrm{d}y=\langle\psi,\phi\rangle\varphi(\xi)$$

(ⅳ)(Schrödinger 表示的 Fourier-Wigner 变换)

$$(A_{\rho(\zeta_0,\eta_0)\varphi}\rho(\zeta_0,\eta_0)\phi)(x,y)=\mathrm{e}^{2\pi\mathrm{i}(\zeta_0 y-\eta_0 x)}(A_\varphi\phi)(x,y)$$

(ⅴ)(Fourier-Wigner 变换与短时 Fourier 变换的关系)

$$(A_\varphi\phi)(x,y)=\mathrm{e}^{\pi\mathrm{i}(-x)y}(V_\phi\varphi)(y,-x)$$

证明:

(ⅰ)直接计算得

$$\begin{aligned}\langle\rho(x,y)\varphi,\phi\rangle&=\int_{\mathbf{R}^n}\mathrm{e}^{2\pi\mathrm{i}x\xi+\pi\mathrm{i}xy}\varphi(\xi+y)\overline{\phi(\xi)}\mathrm{d}\xi=\\&\int_{\mathbf{R}^n}\mathrm{e}^{2\pi\mathrm{i}x\eta-\pi\mathrm{i}xy}\varphi(\eta)\overline{\phi(\eta-y)}\mathrm{d}\eta=\\&\langle\varphi(\eta),\mathrm{e}^{-2\pi\mathrm{i}x\eta+\pi\mathrm{i}xy}\phi(\eta-y)\rangle=\end{aligned}$$

$$\langle \varphi, \rho(-x, -y)\phi \rangle$$

（ⅱ）利用式(8.2.2)、式(8.2.3)及引理 8.2.1(ⅰ)，有

$$\langle W(f)\varphi, \rho(u,v)\phi \rangle =$$

$$\int_{\mathbf{R}^{2n}} f(x,y)\langle \rho(x,y)\varphi, \rho(u,v)\phi \rangle \mathrm{d}x\mathrm{d}y \overset{(\mathrm{i})}{=\!=}$$

$$\int_{\mathbf{R}^{2n}} f(x,y)\langle \rho(-u,-v)\rho(x,y)\varphi, \phi \rangle \mathrm{d}x\mathrm{d}y =$$

$$\int_{\mathbf{R}^{2n}} f(x,y)\langle \rho(x-u, y-v)\varphi, \phi \rangle \mathrm{e}^{-\pi \mathrm{i}\,\mathrm{Im}\,((u+\mathrm{i}v)(x-\mathrm{i}y))} \mathrm{d}x\mathrm{d}y =$$

$$(F_s f)(u,v)\langle \varphi, \phi \rangle$$

（ⅲ）根据式(8.1.11)，得

$$W(A_\varphi \phi)\psi(\xi) = \int_{\mathbf{R}^{2n}} (A_\varphi \phi)(-x,-y)\rho(x,y)\psi(\xi)\mathrm{d}x\mathrm{d}y =$$

$$\int_{\mathbf{R}^{2n}} \langle \rho(-x,-y)\varphi, \phi \rangle \rho(x,y)\psi(\xi)\mathrm{d}x\mathrm{d}y =$$

$$\int_{\mathbf{R}^{2n}} \int_{\mathbf{R}^{n}} \varphi(\zeta)\, \overline{\mathrm{e}^{2\pi \mathrm{i} x\zeta + \pi \mathrm{i} xy} \phi(\zeta + y)}\, \mathrm{d}\zeta\, \mathrm{e}^{2\pi \mathrm{i} x\xi + \pi \mathrm{i} xy} \psi(\xi + y)\mathrm{d}x\mathrm{d}y =$$

$$\int_{\mathbf{R}^{2n}} \widehat{\varphi\, \overline{T_{-y}\phi}}\,(x)\mathrm{e}^{2\pi \mathrm{i} x\xi}\mathrm{d}x\,\psi(\xi + y)\mathrm{d}y =$$

$$\int_{\mathbf{R}^{2n}} \varphi(\xi)\, \overline{\phi(\xi + y)}\, \psi(\xi + y)\mathrm{d}y =$$

$$\langle \psi, \phi \rangle \varphi(\xi)$$

（ⅳ）由式(8.1.11)，有

$$(A_{\rho(\zeta_0,\eta_0)\varphi}\,\rho(\zeta_0,\eta_0)\phi)(x,y) =$$

$$\langle \rho(x,y)\rho(\zeta_0,\eta_0)\varphi, \rho(\zeta_0,\eta_0)\phi \rangle =$$

$$\langle \rho(-\zeta_0,-\eta_0)\rho(x,y)\rho(\zeta_0,\eta_0)\varphi, \phi \rangle =$$

$$\langle \rho(-\zeta_0,-\eta_0)\mathrm{e}^{\pi \mathrm{i}(\zeta_0 y - \eta_0 x)} \rho(x+\zeta_0, y+\eta_0)\psi, \phi \rangle =$$

$$\langle \mathrm{e}^{2\pi \mathrm{i}(\zeta_0 y - \eta_0 x)} \rho(x,y)\varphi, \phi \rangle =$$

$$\mathrm{e}^{2\pi \mathrm{i}(\zeta_0 y - \eta_0 x)} (A_\varphi \phi)(x,y)$$

（ⅴ）利用式(8.1.11)，得

$$(A_{\varphi}\phi)(x,y)=\langle\rho(x,y)\varphi,\phi\rangle=$$
$$\int_{\mathbf{R}^n}e^{2\pi i x\xi+\pi i x y}\varphi(\xi+y)\overline{\phi(\xi)}d\xi=$$
$$e^{-\pi i x y}\int_{\mathbf{R}^n}\varphi(\eta)\overline{\phi(\eta-y)}e^{-2\pi i(-x)\eta}d\xi=$$
$$e^{\pi i(-x)y}(V_{\phi}\varphi)(y,-x)$$

引理 8.2.2 对 $\varphi_0(\xi)=e^{-\pi\xi^2}$，令 $\varphi=\phi=\rho(\zeta_0,\eta_0)\varphi_0$，则 φ 和 ϕ 的 Fourier - Wigner 变换为

$$(A_{\varphi}\phi)(x,y)=2^{-n/2}e^{2\pi i(\zeta_0 y-\eta_0 x)}e^{-\pi(x^2+y^2)/2}$$

证明:由定义式(8.1.11),

$$(A_{\varphi_0}\varphi_0)(x,y)=\int_{\mathbf{R}^n}e^{2\pi i x\xi+\pi i x y}e^{-\pi(\xi+y)^2}e^{-\pi\xi^2}d\xi=$$
$$\int_{\mathbf{R}^n}e^{2\pi i x(\eta-y/2)+\pi i x y}e^{-\pi(\eta+y/2)^2}e^{-\pi(\eta-y/2)^2}d\eta=$$
$$e^{-\pi y^2/2}\int_{\mathbf{R}^n}e^{2\pi i x\eta}e^{-2\pi\eta^2}d\eta=$$
$$2^{-n/2}e^{-\pi(x^2+y^2)/2}$$

再根据引理 8.2.1(iv) 得到结论.

引理 8.2.3 若 $f_0(x,y)=e^{-\pi(x^2+y^2)/2}$ 及 $\varphi_0(\xi)=e^{-\pi\xi^2}$，则 f_0 的 Weyl 变换对 φ_0 的作用表达为

$$W(f_0)\varphi_0(\xi)=e^{-\pi\xi^2}$$

证明:直接计算得

$$W(f_0)\varphi_0(\xi)=\int_{\mathbf{R}^{2n}}f_0(x,y)\rho(x,y)\varphi_0(\xi)dxdy=$$
$$\int_{\mathbf{R}^{2n}}e^{-\pi(x^2+y^2)/2}e^{2\pi i x\xi+\pi i x y}e^{-\pi(\xi+y)^2}dxdy=$$
$$e^{-\pi\xi^2}\int_{\mathbf{R}^{2n}}e^{-\pi(x^2-4ix\xi-2ixy)/2}e^{-3\pi y^2/2-2\pi\xi y}dxdy=$$
$$e^{-\pi\xi^2}\int_{\mathbf{R}^{2n}}e^{-\pi[x-(2i x+iy)]^2/2}e^{-2\pi(\xi+y)^2}dxdy=e^{-\pi\xi^2}$$

根据命题 8.1.7 容易推出下面的推论.

推论 8.2.4　对固定的 $\varphi \in S(\mathbf{R}^n)$，若 $f \in S(\mathbf{R}^{2n})$，则$W(f)\varphi \in S(\mathbf{R}^n)$.

下面叙述和证明主要定理.

定理 8.2.5　令 $f \in S'(\mathbf{R}^n \times \mathbf{R}^n)$ 及 $\varphi \in S(\mathbf{R}^n)$. 假设对$(u,v) \in \hat{\mathbf{R}}^n \times \hat{\mathbf{R}}^n$,有

$$\hat{f}(u,v) = C(\mathrm{e}^{-2\pi(u^2+v^2)}) \tag{8.2.5}$$

并且 $\hat{f}$ 不恒为 0,则对$(\zeta_0,\eta_0) \in \mathbf{R}^n \times \mathbf{R}^n$,有

$$f(x,y) = C\mathrm{e}^{2\pi\mathrm{i}(\zeta_0 x-\eta_0 y)}\mathrm{e}^{-\pi(x^2+y^2)/2}$$

再者,$W(f)\varphi$ 和 φ 都表达为 $\rho(\zeta_0,\eta_0)\mathrm{e}^{-\pi\xi^2}$ 的倍数.

证明:基于 S 在 Fourier 变换下是不变的事实及式(8.2.5)，得到 $f \in S(\mathbf{R}^{2n})$. 再利用推论 8.2.4，可知 $\forall \varphi \in S(\mathbf{R}^n)$, $W(f)\varphi$ 属于 $S(\mathbf{R}^n)$.

对$(u,v) \in \hat{\mathbf{R}}^n \times \hat{\mathbf{R}}^n$，根据式(8.2.4) 和式 (8.2.5),有

$$|F_s f(u,v)| = |\hat{f}(v/2,-u/2)| \leqslant C\mathrm{e}^{-\pi(u^2+v^2)/2} \tag{8.2.6}$$

因此由引理 8.2.1(ⅱ) 和(ⅴ)，得

$$|(V_{W(f)\varphi}\varphi)(u,v)| = |\mathrm{e}^{\pi\mathrm{i}uv}(A_\varphi W(f)\varphi)(v,-u)| =$$
$$|\overline{(F_s f)}(v,-u)\langle\varphi,\varphi\rangle| \leqslant C_1\mathrm{e}^{-\pi(u^2+v^2)/2}$$

其中,$C_1 = C\langle\varphi,\varphi\rangle$.

利用推论 8.1.12(ⅰ) 表明

$$(V_{W(f)\varphi}\varphi)(u,v) = c\mathrm{e}^{2\pi\mathrm{i}(\eta_0 u+\zeta_0 v)}\mathrm{e}^{-\pi(u^2+v^2)/2}\mathrm{e}^{-\pi\mathrm{i}uv} \tag{8.2.7}$$

其中,c 表示正常数，并且$W(f)\varphi(\xi)$ 和 $\varphi(\xi)$ 都是$\rho(\zeta_0,\eta_0)\mathrm{e}^{-\pi\xi^2}$ 的常数倍，这从

$$\mathrm{e}^{2\pi\mathrm{i}\zeta_0\xi}\mathrm{e}^{-\pi(\xi+\eta_0)^2} = C\mathrm{e}^{2\pi\mathrm{i}\zeta_0\xi+\pi\mathrm{i}\zeta_0\eta_0}\mathrm{e}^{-\pi(\xi+\eta_0)^2} = C\rho(\zeta_0,\eta_0)\mathrm{e}^{-\pi\xi^2}$$

可以看出. 对式(8.2.7) 用引理 8.2.1(ⅴ)，

$$(A_\varphi W(f)\varphi)(u,v) = c\mathrm{e}^{\pi\mathrm{i}(-u)v}(V_{W(f)\varphi}\varphi)(v,-u) =$$
$$c\mathrm{e}^{-2\pi\mathrm{i}(\zeta_0 u-\eta_0 v)}\mathrm{e}^{-\pi(u^2+v^2)/2} \tag{8.2.8}$$

所以，由引理 8.2.3(ⅱ)，有

$$(F_s f)(u,v)\langle\varphi,\varphi\rangle=\overline{(A_\varphi W(f)\varphi)}(u,v)=$$

$$c\mathrm{e}^{2\pi\mathrm{i}(\zeta_0 u-\eta_0 v)}\mathrm{e}^{-\pi(u^2+v^2)/2} \tag{8.2.9}$$

注意到引理 8.2.1(ⅱ)还可表达为

$$\int_{\mathbf{R}^{2n}} f(x,y)\,(A_\varphi\varphi)(x-u,y-v)\mathrm{e}^{\pi\mathrm{i}(uy-vx)}\mathrm{d}x\mathrm{d}y=$$

$$(F_s f)(u,v)\langle\varphi,\varphi\rangle \tag{8.2.10}$$

从式(8.2.8)～(8.2.10)，容易发现

$$\int_{\mathbf{R}^{2n}} f(x,y)\,\mathrm{e}^{-2\pi\mathrm{i}[\zeta_0(x-u)-\eta_0(y-v)]}\mathrm{e}^{-\pi[(x-u)^2+(y-v)^2]/2}\mathrm{e}^{\pi\mathrm{i}(uy-vx)}\mathrm{d}x\mathrm{d}y=$$

$$c\mathrm{e}^{2\pi\mathrm{i}(\zeta_0 u-\eta_0 v)}\mathrm{e}^{-\pi(u^2+v^2)/2}$$

上式等价于

$$\int_{\mathbf{R}^{2n}} f(x,y)\mathrm{e}^{-2\pi\mathrm{i}(\zeta_0 x-\eta_0 y)}\mathrm{e}^{-\pi x^2/2-\pi y^2/2+\pi xu+\pi yv+\pi\mathrm{i}uy-\pi\mathrm{i}vx}\mathrm{d}x\mathrm{d}y=c$$

即

$$\int_{\mathbf{R}^{2n}} f(x,y)\mathrm{e}^{-2\pi\mathrm{i}(\zeta_0 x-\eta_0 y)}\mathrm{e}^{-\pi[x^2+2(\mathrm{i}v-u)x]/2}\mathrm{e}^{-\pi[y^2-2(\mathrm{i}u+v)y]/2}\mathrm{d}x\mathrm{d}y=c$$

因为$(\mathrm{i}v-u)^2+(\mathrm{i}u+v)^2=0$，所以从上式对常数 $C_1>0$，有

$$f(x,y)=C\mathrm{e}^{2\pi\mathrm{i}(\zeta_0 x-\eta_0 y)}\mathrm{e}^{-C_1\pi(x^2+y^2)} \tag{8.2.11}$$

其中，C 满足 $C=c\,(C_1+1/2)^n$. 将式(8.2.11)作 Fourier 变换，有

$$\hat{f}(u,v)=C\int_{\mathbf{R}^{2n}}\mathrm{e}^{-C_1\pi(x^2+y^2)}\mathrm{e}^{2\pi\mathrm{i}(\zeta_0 x-\eta_0 y)}\mathrm{e}^{-2\pi\mathrm{i}(xu+yv)}\mathrm{d}x\mathrm{d}y=$$

$$C\mathrm{e}^{-\pi[(u-\zeta_0)^2+(v+\eta_0)^2]/C_1}\int_{\mathbf{R}^{2n}}\mathrm{e}^{-C_1\pi[x-\mathrm{i}(\zeta_0-u)/C_1]^2}\mathrm{e}^{-C_1\pi[y-\mathrm{i}(\eta_0+v)/C_1]^2}\mathrm{d}x\mathrm{d}y=$$

$$CC_1^{-n}\mathrm{e}^{-\pi[(u-\zeta_0)^2+(v+\eta_0)^2]/C_1}$$

将上式与式(8.2.5)比较，得到 $C_1=1/2$. 从而

$$f(x,y)=C\mathrm{e}^{2\pi\mathrm{i}(\zeta_0 x-\eta_0 y)}\mathrm{e}^{-\pi(x^2+y^2)/2} \tag{8.2.12}$$

定理 8.2.5 证毕.

定理 8.2.6 令 f 和 φ 与定理 8.2.5 中所定义的一样，假设对

常数 $a,b>0$,有

$$\hat{f}(u,v)=O(\mathrm{e}^{-2\pi(au^2+bv^2)}) \tag{2.13}$$

则(ⅰ)若 $\hat{f}$ 不恒为零且 $ab=1$,则

$$f(x,y)=C\mathrm{e}^{2\pi\mathrm{i}(\zeta_0\sqrt{b}x-\eta_0\sqrt{a}y)}\mathrm{e}^{-\pi(bx^2+ay^2)/2}$$

并且 $W(f)\varphi$ 和 φ 都是 $\rho(\zeta_0,\eta_0)\mathrm{e}^{-a\pi\xi^2}$ 的常数.

(ⅱ)若 $ab>1$,则 $W(f)\varphi\equiv 0$,从而 $f\equiv 0$ 或 $\varphi\equiv 0$.

(ⅲ)若 $ab<1$,则存在无限多个线性无关的函数(f 和 φ 都是 Hermite 函数经过适当伸缩后的有限线性组合)满足式(8.2.13).

证明:(ⅰ)条件式(8.2.12)、式(8.2.13)及与定理 8.2.5 类似的证明表明

$$(V_{W(f)\varphi}\varphi)(u,v)=O(\mathrm{e}^{-\pi(ax^2+by^2)/2})$$

从而根据推论 8.1.12(ⅰ),可知 $W(f)\varphi$ 和 φ 满足推论 8.1.12 的结论. 所以,由稍稍修改的式(8.2.8)、式(8.2.9)得

$$(A_\varphi W(f)\varphi)(u,v)=C\mathrm{e}^{-2\pi\mathrm{i}(\sqrt{b}\zeta_0u-\sqrt{a}\eta_0v)}\mathrm{e}^{-\pi(av^2+bu^2)/2}$$

及

$$(F_sf)(u,v)=C\mathrm{e}^{2\pi\mathrm{i}(\sqrt{b}\zeta_0u-\sqrt{a}\eta_0v)}\mathrm{e}^{-\pi(av^2+bu^2)/2}$$

与式(8.2.12)类似的计算推出

$$f(x,y)=C\mathrm{e}^{2\pi\mathrm{i}(\sqrt{b}\zeta_0u-\sqrt{a}\eta_0v)}\mathrm{e}^{-\pi(bx^2+ay^2)/2}$$

事实上,按照式(8.2.10),有

$$\int_{\mathbf{R}^{2n}}f(x,y)\mathrm{e}^{-2\pi\mathrm{i}(\sqrt{b}\zeta_0x-\sqrt{a}\eta_0y)}\mathrm{e}^{-\pi[bx^2+2(\mathrm{i}v-bu)x]/2}\mathrm{e}^{-\pi[ay^2-2(\mathrm{i}u+av)y]/2}\mathrm{d}x\mathrm{d}y=c$$

其中

$$b\left(\frac{\mathrm{i}v-bu}{b}\right)^2+a\left(\frac{\mathrm{i}u+av}{a}\right)^2=0$$

上式结合条件(8.2.13)推出 f 满足结论.

(ⅱ)若 $ab>1$,则从推论 8.1.12(ⅱ),可知 $W(f)\varphi\equiv 0$. 从而推出 $f\equiv 0$ 或 $\varphi\equiv 0$.

(ⅲ)对 n 维 Hermite 函数 H_α,特殊的 Hermite 函数 $H_{\alpha,\alpha}$ 定

义为

$$H_{\alpha,\alpha}(x,y)=(V_{H_\alpha}H_\alpha)(x,y)=L_\alpha(\pi(x^2+y^2))\mathrm{e}^{-\pi(x^2+y^2)/2}$$

其中,L_α 是 Laguerre 多项式. 通过对 $H_{\alpha,\alpha}$ 和 H_α 进行适当的伸缩，推出定理 8.2.6(ⅲ) 成立. 实际上，令

$$\varphi(\xi)=\sum_{|\alpha|=k}b^{n/4}H_\alpha(\sqrt{b}\xi)$$

及

$$f(x,y)=(V_\varphi\varphi)(x,y)=\sum_{|\alpha|=k}H_{\alpha,\alpha}(\sqrt{b}x,\sqrt{a}y)=$$

$$L_k^{n-1}(\pi(bx^2+ay^2))\mathrm{e}^{-\pi(bx^2+ay^2)/2}$$

因此 f 的 Fourier 变换满足式(8.2.13). 从而对上述的 f 和 φ，结论成立.

定理 8.2.7 若 $\operatorname{supp}\hat{f}$ 的 Lebesgue 测度有限，则 $W(f)\varphi\equiv 0$，从而 $f\equiv 0$ 或 $\varphi\equiv 0$.

定理 8.2.7 可直接从定理 8.1.3 推出.

习 题 8

(1) 证明式(8.2.4)

(2) 证明推论 8.2.4.

参考文献

[1] Astengo F. A class of L^p convolutions on harmonic extensions of H-type groups[J]. Journal of Lie Theorem, 1995, 5(2): 147-164.

[2] Anker J P. The spherical Fourier transform of rapidly decreasing functions. A simple proof a characterization due to Harish-Chandra, Helgason, Trombi and Varadarajan[J]. J. Funct. Anal., 1991, 96(2): 331-349.

[3] Astengo F, Camporesi R, Di Blasio B. The Helgason Fourier transform on a class of nonsymmetric harmonic spaces [J]. Bull. Austral. Math. Soc., 1997, 55(3): 405-424.

[4] Astengo F, Cowling M, Diblasio B, et al. Hardy's uncertainty principle on certain Lie groups[J]. J. London Math. Soc., 2000, 62 (2):461-472.

[5] Anker J P, Damek E, Yacoub C. Spherical analysis on harmonic AN groups [J]. Ann. Sconala Norm. Sup. Pisa., 1996, 23(4): 643-679.

[6] Barker W H. L^p harmonic analysis on $SL(2,\mathbf{R})$ [M]. Providence: Mem. Amer. Math. Soc., 1988.

[7] Björck G. Linear partial differential operators and generalized distributions[J]. Ark. Mat., 1966, 6(4-5): 351-407.

[8] Bray W. Generalized spectral projections on symmetric spaces of non-compact type: Paley-Wiener theorem [J]. J. Funct. Anal., 1996, 135(1): 206-232.

[9] Bagchi S C, Ray S K. Uncertainty principles like Hardy's

theorem on some Lie groups[J]. J. Austral. Math. Soc. (Series A), 1998(3), 65:289 - 302.

[10] Corwin L. Matrix coefficients of nilpotent Lie groups [C]. Lie group representations III, Lecture Notes in Math., 1077 (Springer, Berlin, 1984):1 - 11.

[11] Corwin L J, Greenleaf F P. Representations of nilpotent Lie groups and their applications, Basic theory and examples[M]. Cambridge: Cambridge University Press, 1990.

[12] Cowling M, Dooley A, Korányi A, et al. An approach to symmetric space of rank one via groups of Heisenberg type[J]. J. Geom. Anal., 1998(2), 8: 199 - 237.

[13] Cowling M G, Price J F. Generalizations of Heisenberg inequality in: Harmonic Analysis [C]. Cartona 1982 , Lecture Notes on Math., 1992 (Springer, Berlin, 1983): 443 - 449.

[14] Cowling M G, Sitaram A, Sundari M. Hardy's uncertainty principles on semisimple Lie groups[J]. Pacific J. Math., 2000, 192(2): 293 - 296.

[15] Dym H, McKean H P. Fourier series and integrals[M]. New York: Academic Press, 1972.

[16] Damek E, Ricci F. A class of nonsymmetric harmonic Riemannian spaces[J]. Bull. Amer. Math. Soc., 1992, 27(1): 139 - 142.

[17] Feichtinger H G, Zimmermann G. A Banach space of test functions for Gabor analysis, Gabor Analysis and Algorithms: Theory and Applications [C]. Appl. Numer. Harmon. Anal. (Birkhäuser, Boston, 1998):123 - 170.

[18] Folland G B. Harmonic analysis on phase space [M].

Princeton: Princeton University. Press, 1989.

[19] Folland G B, Sitaram A. The uncertainty principle: a mathematical survey[J]. J. Fourier Anal. Appl., 1997, 3(3): 207-238.

[20] Gabor D. Theory of communication[J]. J. Inst. Elec. Engr., 1946, 93(3): 429-457.

[21] Gelfand I M, Shilov G E. Generalized functions[M]. New York: Academic Press, 1968.

[22] Gröchenig K, Zimmermann G. Hardy's theorem and the short-time Fourier transform of Schwartz functions[J]. J. London Math. Soc., 2001, 63(2): 205-214.

[23] Harish Chandra. On the theory of the Eisenstein integral, Harish-Chandra collected papers[M]. New Delhi: Narosa Publishing House, 1985.

[24] Heisenberg W. Uber den anschaulichen Inhalt der quantentheoretischen Kinematic und Mechanik[J]. Z. Physik, 1927, 43(3/4): 172-198.

[25] Hardy G H. A theorem concerning Fourier transform[J]. J. London Math. Soc., 1933, 8(3): 227-231.

[26] Hörmander L. A uniqueness theorem of Beurling for Fourier transform pairs[J]. Ark. Mat., 1991, 29(2): 237-240.

[27] Helgason S. Groups and Geometric Analysis[M]. New York: Academic Press, 1984.

[28] Helgason S. Geometric Analysis on Symmetric Spaces [M]. Providence: Amer. Math. Soc., 1984.

[29] Hörmander L. An Introduction to Complex Analysis in Several Variables [M]. Amsterdam: North-

Holland, 1990.
[30] Havin V, Joricke B. The uncertainty principle in harmonic analysis[M]. Berlin: Springer, 1994.
[31] Hogan J A, Lakey J D. Hardy's theorem and rotations [J]. Proc. Amer. Math. Soc., 2006, 134(5): 1459 - 1466.
[32] Jensen M F. Paley-Wiener type theorems for a differential operator connected with symmetric spaces [J]. Ark. Mat., 1972, 10(1): 143 - 162.
[33] Kirillov A. Unitary representations of nilpotent Lie groups[J]. Russian Math. Surveys, 1962, 17(4): 53 - 104.
[34] Kaplan A. Fundamental solution for a class of hypoelliptic PDE generated by composition of quardratic forms[J]. Trans. Amer. Math. Soc., 1980, 258(1): 147 - 153.
[35] Kumar A, Bhatta C R. An uncertainty principle like Hardy's theorem for nilpotent Lie groups[J]. J. Austral. Math. Soc., 2004, 77(1): 47 - 53.
[36] Narasimhan R. Analysis on real and complex manifolds, Amsterdam: North Holland, 1985.
[37] Narasimhan R. Several Complex variables[M]. Chicago: the University of Chicago Press, 1971.
[38] Naragaman E K, Ray S K. L^p version of Hardy's theorem on semisimple Lie groups[J]. Proc. Ame. Math. Soc., 2002, 130(6): 1859 - 1866.
[39] Naragaman E K, Ray S K. The heat kernel and Hardy's theorem on symmetric space of noncompact type [J]. Proc. Indian Acad. Sci., 2002, 112(2): 321 - 330.
[40] Niu P, Tang S. Several uncertainty principles for two-step nilpotent Lie groups[J]. Journal of Contemporary

Analysis, 2005, 40(2): 71 - 83.

[41] Pati V, Sitara A, Sundari M, et al. An uncertainty principle for eigenfunction expansions[J]. J. Fourier Anal. Appl., 1996, 2(5): 427 - 433.

[42] Sundari M. Hardy's theorem for the *n*-dimensional Euclidean motion group[J]. Proc. Amer. Math. Soc., 1998, 126(4): 1199 - 1204.

[43] Sengupta J. An analogue of Hardy's theorem on semisimple Lie groups[J]. Proc. Amer. Math. Soc., 2000, 128(8): 2493 - 2499.

[44] Sengupta J. The uncertainty principle on Riemannian symmetric spaces of the noncompact type[J]. Proc. Amer. Math. Soc., 2002,130(4): 1009 - 1017.

[45] Sitaram A, Sundari M. An analogue of Hardy's theorem for very rapidly decreasing functions on semi-simple Lie groups[J]. Pacific J. Math., 1997, 177(1): 187 - 200.

[46] Sarkar R P, Sengupta J. Beurling theorem for $SL(2,\mathbf{R})$ [J]. Manuscripta Math., 2007,123(1): 25 - 36.

[47] Sitaram A, Sundari M, Thangavelu S. Uncertainty principle on certain Lie groups[J]. Proc. Indian Acad. Sci., 1995, 105(2): 135 - 151.

[48] Taylor M E. Noncommutative harmonic analysis, Mathematical surveys and Monographs [M]. Providence: American Mathematical Society, 1986.

[49] Thangavelu S. Hardy's theorem for the Helgason Fourier transform on noncompact rank one symmetric spaces [J]. Colloq. Math., 2002, 94(2): 263 - 280.

[50] Thangavelu S. Harmonic analysis on the Heisenberg

group[M]. Boston: Birkhäuser, 1998.

[51] Thangavelu S. An introduction to the uncertainty principle: Hardy's theorem on Lie groups [M]. Boston: Birkhäuser, 2003.

[52] Thangavelu S. Lectures on Hermite and Laguerre expansions, Math. Notes[M]. Princeton: Princeton University Press, 1993.

[53] Titchmarsh E C. The Theory of Functions[M]. Oxford: Oxford University Press, 1952.

[54] Tang S, Niu P. A version of Hardy's uncertainty theorem on symmetric spaces[C]. The Ninthth International Conferenceon Information and Management Sciences, Urumchi, 2010.

[55] Tang S, Niu P. Several new versions of Hardy's uncertainty principle on harmonic NA group [J]. J. Grad. Scho. Chin. Acad. Scie., 2009, 26(1): 1-8.

[56] Tang S, Niu P. Hardy's theorem and rotations on the several complex variables [J]. Anal. Math., 2009, 35 (4): 273-287.

[57] Warner G. Harmonic analysis on Semisimple Lie group [M]. Berlin: Springer-Verlag, 1972.

[58] Winner D N. I am a Mathematician [M]. Cambridge: MIT Press, 1956.